磁力と重力の発見

1

古代・中世

山本 義隆

みすず書房

目次

第二巻　ルネサンス　目次

第三巻　近代の始まり　目次

序文

◆本書は近代自然科学、とりわけ近代物理学がいかにして近代ヨーロッパに生まれたのか、という問題意識から発したものである。

二〇世紀後半には、一六・一七世紀のヨーロッパにおける近代自然科学の形成をめぐって、プラトン主義の復興に求める見解や、中世末期から近代初頭に発展した技術的実践に触発されたものであるという立場から、ルネサンス期の魔術思想のなかから誕生したという主張まで、広く論じられてきた。とくに魔術をめぐっては、魔術が近代科学の成立にはたした役割について、肯定的な評価から否定的な判断にいたるまで、これまで多くの所説が表明されている。フランセス・イエイツやパオロ・ロッシのような碩学の手による優れた書物も少なくない。しかしそれらはその時代の科学者や哲学者や魔術師と呼ばれた人たちの自然認識の方法や論理を読み解き位置づけたものであるにしても、特定の問題の解決や個別的な概念の形成についての追跡や分析ではない。

しかし歴史的な研究は、そのようなケース・スタディーが必要なのではないだろうか。つまり魔術や技術が科学の形成にはたした役割如何というときには、一般論として論じるかぎりでは、歴史資料にたいするアクセントの置き方によりどのような立場もそれなりに論証されることになり、議論がクリア・カットなかたちで決着をみるのはむつかしい。ましてや近代科学の成立根拠といった茫洋たる問題では、とらえどころがない。議論を一段階深化させるためには、近代自然科学の成立にとってキーとなる概念に議論を収斂させ、その概念形成をめぐり具体的に論ずることが必要とされる。

そして物理学にかぎるならば、そのキー概念はなにはさておき力——なかんづく万有引力——であろう。実際、天動説から地動説への転換が近代の宇宙像を特徴づけるものではあれ、物理学的な観点からすれば、太陽系の正しい理解は、ただ単に太陽を中心に置くことによってではなく、万有引力を導入し、その力で太陽がすべての惑星をその軌道につなぎとめていると考えることによってはじめて可能となった。すなわち「近代科学の端緒と見なしうるのは、力学で言う力の明確な把握と物理学の基本構造への力の組み込みであり[1]」、したがって一七世紀の段階では「遠隔作用の発見が西洋科学という組織における基石のひとつとなった[2]」のである。

物理学の歴史は、煎じ詰めると、古代ギリシャの原子論が充実した物質としての原子と空虚な空間を見出し、二千年後の一七世紀に空間をへだてて働く万有引力にゆきつき、その後、一九世紀に場が発見されて力は場に還元され、そして二〇世紀の量子の発見をへて今日の姿をとるにいたったとまとめ上げられる。その意味では遠隔作用は今ではたしかに過去のものになったけれども、しかし近代物理学の出発点が遠隔力としての万有引力の発見にあったことはまぎれもない事実で、一七・一八世紀の時点で遠隔力概念のはたした歴史的意義は決定的である。

くわしく語るとこうである。コペルニクスにはじまる宇宙像の変革は、ケプラーそしてフックをへてニュートンの手で太陽系の物理学的な秩序——世界の体系——が解明されたことで一応の完成を迎えることになる。そのさいコペルニクスは地球中心系から太陽中心系への幾何学的転換を唱えたが、それを物理学的・動力学的に基礎づけたのはケプラーとニュートンであり、その鍵が天体間に働く重力であった。つまり一六〇〇年にギルバートが地球は不活性な土塊ではなく能動的な力を有する一個の磁石であると語り、これを受けて一六〇九年にケプラーが磁力との連想から太陽が惑星に及ぼす力という観念を予感した。そしてケプラーの求めた惑星運動の法則からニュートンが距離の二乗に反比例しそれぞれの質量に比例した引力——万有引力——を導き出したことによって、アリストテレス-プトレマイオスの宇宙像にかわる新しい宇宙像の可能根拠が与えられ、ここに近代物理学が始まったのである。かくのごとく万有引力はニュートンの世界の体系の要《かなめ》なのである。

実際、物質や運動は古代から知られていたのであり、それだけでは物理学は生まれなかった。機械論的な物質観の確立と力学原理の定礎はデカルトやガリレイに多くを負っているが、しかしデカルトの力学は衝突による運動の受け渡しのみの可能な貧しい体系であり、ガリレイの力学も力概念を欠落させていたため、ガリレイは太陽系を動力学の問題として捉えることはできなかった。そしていずれもケプラーの発見の意義を理解できなかった。ケプラーとフックとニュートンが力概念をそのなかに持ち込んではじめて、太陽系は動力学の対象となり、ケプラーの法則はその真の意味を見出したのである。このように近代物理学は力の概念を獲得したことによってこそ、豊かな生命を獲得し、勝利の進軍の第一歩を踏み出すことができたのである。

したがって、追跡すべきはまずもって力概念の形成と発展である。

◆力という表象は、もともとは人が手で物を持ち上げたり運んだり、人間どうしがじかに押し合ったり引き合ったりするときの努力や抵抗の感覚から形成され獲得されたものであろう。そのように力は擬人的な観念であり、したがって当初から力は直接的な接触によってのみ働き、離在の物体への力の行使には摑まえる手や腕、一般的には介在するものが必要と見られたのは自然なことである。

すでに古代ギリシャで、プラトンは「琥珀や磁石がものを引きつけるというあの不思議な現象にしても、けっして〈引力〉は存在しないのです(3)」と説き、見かけ上の「引力」が接触作用に還元されるべきことを主張した。アリストテレスもまたほとんど自明のこととして

場所的に運動をひき起すものは、動かされるものに接触しているか連続しているかのどちらかでなければならない。……運動のそれから始まるその始まりとしての動かすものは、それによって動かされるものといっしょにある。私が〈いっしょに〉というのは、それらの中間になにもないということである。このことはすべての動かされるものと動かすものとの場合に共通である(4)。

と語っている。そして一三世紀には、ロジャー・ベーコンが「作用には必要条件として近接性が要求される (approximatio requiritur ad actionem necessaria conditio)」と断言し、[5] さらに近代初頭には、ギルバートが「接触による以外には、物質によるいかなる作用もありえない (Nulla actio a materia fieri potest nisi per contactum)」と明言しているのである。[6] 魔術的なものや超自然的なものを排除していった一七世紀の機械論・原子論の代表的な見方として、イギリスの原子論者チャールトンが

十分に摩擦された琥珀や黒玉や固い蜜蠟やその他の電気的物質が、その力の届く範囲に置かれた麦藁や木屑や羽毛や、その他のおなじように軽くて小さな物体を素早く引き寄せるのを私たちが見るとき、この引力は、カメレオンが舌を指し伸ばし素早く引き戻すことで小昆虫を捕獲するのと同様になされていると考えていけないわけはない。[7]

と、印象的に記したのは一六五四年——ニュートンの万有引力論登場の直前——であった。このようにある物が離れたところにある別の物に作用するにはその間に何らかの物質的介在物がなければならないというのは、古代以来、近代にいたるまで、ほとんどアプリオリに認められ要請されていたのである。

一七世紀前半、旧来のアリストテレス自然学にとってかわる新しい科学の覇権をめぐって、デカルトやガッサンディたちの機械論・原子論哲学とパラケルスス主義者の化学哲学が争ったことがあった。その論争のひとつの焦点になったのが、パラケルスス主義者の主張する悪名高い「武器軟膏」であった。それは刀傷の治療のために傷にではなく傷を負わせた刀のほうに塗ればよいという薬であり「それによりたとえ二〇マイル離れていたとしても傷ついた兵士は癒される」と語られたのである。もちろんこのような治療法は、機械論・原子論者からだけではなく、アリストテレス・ガレノス主義の医師たちからも、ナンセンスとして批判され、もしくは魔術として弾劾されていたが、しかしそれを否定する論理はつきつめればそのような遠隔作用はありえないという常識に帰着する。一六三一年にあるイギリス人アリストテレス主義者が「いかなる作用も距離をへだてて働くことはない（Nullum agens agit in distans）」と語ったのは、この武器軟膏を論駁するためであった(8)。

しかし武器軟膏の作用がその遠隔性ゆえに認められないのであれば、太陽が地球に及ぼす重力も、地球が月に及ぼす重力も同断ではないか。そんなわけでニュートンが天体間に働く重力を力学と天文学に導入して世界の体系を解き明かしたとき、いまでは考えられないくらいの厳しい批判が、一方では新しい科学の提唱者であるデカルトのエピゴーネンやライプニッツから、他方では守旧派とも言うべきアリストテレス主義者たちから浴びせられたのである。ガリレイが潮汐にたいする月の影響という古くから経験的に知られていた事実をかたくなに認めようとしなかったのも、まったくおなじ理由である。天体間の重力は魔術的・占星術的思考には馴染みよいものであったのにひきかえ、当時の新しい科学のリーダーにもあるいは旧来の科学の擁護者からも、同様に認め難いものであった。

◆ところで遠隔作用はありえないという古代以来の実感に真っ向から反していたものが、ほかでもない磁力の存在であった。「武器軟膏」による治療が別名「磁気治療」と呼ばれたのも、その遠隔性ゆえにであった。磁力は、すでに古代にアプロディシアスのアレクサンドロスが認めていたように、媒介する腕や手をともなわない、直接的な接触なしの遠隔力のほとんど唯一の顕著な例を与えていたのである。実際、自然の説明に余計なものを持ち込むべきではないという方法論上の格率を提唱した一四世紀のウィリアム・オッカムは、端的に「磁石は媒質を介してではなく、直接遠隔的に作用する(lapis immediate agit in distans non agendo in medium)」と言いきっている。[9] 経験をあるがままに受けとめれば、そういうことになるであろう。そんなわけで一般論としては遠隔作用を否定したはずのギルバートが、こと磁力については遠隔作用を認めざるをえなかったのである。

武器軟膏の発案者のように言われたパラケルススは、星や月の地上への影響を信じていた。精神病について記した『人から理性を奪う病気』で、そのことを次のように語っている。

星辰はわれわれの身体を傷つけ弱らせ、健康と疾病に影響を及ぼす力を有している。それらの力は物質的にないし実体的にわれわれのもとに達するのではなく、磁石が鉄を引きつけるのと同じように、見えない感じられない形で理性に影響を及ぼす。[10]

遠く離れた天体が地上に及ぼす不可視の作用は、直截に磁力を連想させるものであったことがわかる。これは一六世紀のことであるが、一七世紀の初めにフランシス・ベーコンは、磁力を物体と作用の「離別の事例」と見ているだけではなく、逆に遠隔力一般すなわち「遠距離から大きい物塊に作用し、……接触によって始まるものではなく、その作用を接触に至らせるものでもない」作用を「月が海水を引き上げ、……恒星天が惑星をその遠地点に引き寄せ、あるいは太陽が金星と水星を一定の距離以上に遠ざからぬように牽引するもの」であると例示し、それらを端的に「磁気運動」と命名している。遠隔作用はもっぱら磁力によって表象されていたのである。(11)

しかし磁石は接触なしに働くがゆえに、不思議なもの・謎めいたもの・神秘的なものとして、古来、ときに生命的なものないし霊魂的なものと見なされ、しばしば魔術的なものとさえ思念されてきた。「哲学者たちは多くの秘密を説明するにあたって、わけがわからなくなり議論にゆきづまると、きまって磁石や琥珀を持ち出し、理屈っぽい神学者もまた人智を越える神の秘密を磁石や琥珀によって説明しようとしてきた」(12)とギルバートが語ったのは一六〇〇年であった。そして一八世紀には経済学者アダム・スミスが「磁石が動くと、その後これにしたがって鉄片が動くのを観察するとき、私たちは目を見張って立ち止まり、二つの出来事のあいだに結合関係が欠如しているのを異常と感じる」(13)と記している。一九世紀のバルザックの小説には「説明することもできない磁気的な魅力」(14)という一節があるが、かくのごとく磁力は近代になっても説明不可能の代名詞であった。いや、現代人にとっても、予備知識がなければやはりそうである。二〇世紀の物理学者アインシュタインは幼児期の記憶を次のように語っている。

精神世界の発展は、ある意味では「驚くべきこと」に不断に触発されることにある。この手の驚異を、私は四歳か五歳の子供のころ、父から羅針儀を示されたときに経験した。羅針儀の針がかならず一定のふるまいをするということは、私が無意識に作り上げていた概念世界、すなわち「接触」にむすびついている作用に属しているどの現象にも似ていなかった。(15)

教育による刷り込みがなければ、「接触作用」でない力は今でもやはり不可解なのである。

かくして磁石は、古代以来、ときには宗教的祭儀に供され魔術の小道具に使用され、さらには医療の効能ばかりか魔除けのような超自然的な能力までが仮託されてきた。理論的な反省をかいくぐっても、事態はさほど変わらなかった。実際、古代ギリシャにおいて非神話的な自然説明という意味ではじめて自然学が語られた時点で、磁力をめぐっては、一方に不可視の粒子や不可秤の流体に依拠した機械論的で還元主義的な近接作用論が提唱され、他方では、磁力をそれ以上説明の不可能な生命的で霊魂的な働きと見る物活論的な解釈が唱えられることになった。

しかし中世になると、前者の還元主義はほぼ見失われ、後者の立場が圧倒的に支配的になる。しかもこの後者の立場には、自然を「隠れた力」とか「共感と反感」と称される遠隔作用のネットワークによって有機体的に結合した統一体と見なす自然観が投影されることになる。そして「隠れた力」の存在はつねに磁力によって代表され例証されてきた。一三世紀にトマス・アクィナスは「自然的事物は人がその理由を指摘することのできないある種の隠れた力を有している。たとえば磁石が鉄を引き寄せるのがそうである[16]」と語り、一六世紀のピエトロ・ポンポナッツィも「磁石は鉄を引き寄せ、ダイヤモンドはその働きを妨げる。サファイアは潰瘍を追い出し、眼をよくする。このような隠れた力はいくつもある[17]」と記しているが、これは当時広く語られていたことである。実際、磁力は「隠れた力」の典型であり、そのほとんど唯一の現実的な例であった。そしてこの有機体的自然観こそが、ルネサンスの魔術思想の根拠であった。

のみならず磁石は、みずから北を指し、また鉄針を磁化して北に向けさせるという特異な能力をもつために、磁石のその指北性が発見された当初、磁石は北極星ないし天の極から引かれ、天からその力を授かっていると考えられ、それゆえ天と地の交感を直接体現し、天体の地上物体への占星術的影響を立証しているものとさえ見られていた。それは「磁石が鉄を引き寄せるのは、それがある種の天の力を分ち持つからである[18]」と語ったトマス・アクィナスや、あるいは「〔磁石で擦られた針が北を向くのは〕小熊座の力がこの石のなかにおいて優っているからである。その力は磁石から鉄に移植され、磁石と鉄をともに小熊座のほうに引き寄せるからである。この種の力は小熊座の光線によって当初から染み込まされ、そしてまた不断に強められている」という一四〇〇年代ルネサンスのフィチーノの明言[19]にその端的な表現を見出すことができる。

そして他方で、磁石・磁針の指北性の航海への利用は、地球磁場の発見をもたらし、やがて不活性な土塊というそれまでの地球像を越える新しい能動的な地球像を産み出すにいたる。

という次第で、一六〇〇年に地球が巨大な磁石であることを発見したギルバートも、地球を霊魂をもつ生命的な存在と見なし、そのことをもって当時地動説に求められていた地球の活動性を保証したのである。そしてそのギルバートの影響をうけてケプラーが天体間の重力を構想したのも、遠隔作用としての霊魂的な、あるいは魔術的・占星術的な磁力からの連想によるものであった。ケプラーによれば

磁石が磁石や鉄を、その物質の類似性によって引きつけるのと同様に、月がそれに類似の物体である地球によって動かされるということは、どちらの場合もあいだにいかなる物体的な接触もないけれども、信じられないことではない。(20)

のである。天体間にはたらく重力という表象を獲得するさいに磁力からの連想がはたした役割は、今ではほとんど忘れられていて奇異な感すら抱かせるが、現実には絶大なるものであった。実際、一六五一年に公開されたギルバートの遺稿には「月は地球に磁気的に結びつけられている(Luna magnetice alligatur terrae)」とあり、(21)そして重力は距離の二乗に反比例して減少すると最初に語った一人であるフックは「ギルバートが最初に重力を地球に内在する磁気的な引力と考え、高貴なヴェルラム

〔フランシス・ベーコン〕もまた部分的にこの見解を受けいれ、そしてケプラーはそれをすべての天体つまり太陽や恒星や惑星に内在する性質であるとした」と一六六六年に記しているのである[22]。だとすれば、近代科学成立以前の磁石をめぐる魔術的な言説や実践を無視しては、力概念——万有引力概念——の形成と獲得はケプラーやニュートンの天才の閃きということでしか説明がつかないことになり、ひいては近代物理学の出現も理解できなくなるであろう。

◆本書は近代科学の成立の謎を探るという問題意識のもとに、古代以来、近代初頭にいたるまでのヨーロッパにおける力概念の発展、なかんづく磁力と重力の発見過程を歴史的に追跡したものである。とくにその過程で魔術と技術がどのような役割をはたしたのかに焦点をあてて論じる。

もちろん、電気や磁気の歴史についての書物がこれまでなかったわけではない。しかしこれまでの多くの自然科学史を見ると、近代科学の諸概念の萌芽をギリシャ哲学に求めながら、実際にはその後一挙に千年以上も飛んで、ルネサンスから近代初頭にかけてアリストテレス哲学との格闘をとおして、近代の科学が誕生していったという筋書きになっている。このあたりの欠陥は、力学史ではデューエム以来かなり改善されてきてはいるが、電磁気学史ではまだまだの状態にある。その典型がホイッテーカーの『エーテルと電気の歴史』で、それはアリストテレス哲学が一三世紀にトマス・アクィナスの影響により西ヨーロッパに広まり、一四世紀のオッカムによるトマス派哲学からの解放の努力をとおしてルネサンスの開花とコペルニクスとケプラーの登場が準備された、という書き出しで始まっている。この傾向は物理学史にかぎられない。ホールの『生命と物質』は古代ギリシャから現代にいたるまでの生命論の系譜をたんねんに追跡した生物学史・医学史の研究書であるが、しかしその記述は紀元二世紀のガレノスの次にルネサンスが論じられ、その間の千年余は完全に空白になっている。

というのも、これまでの科学史は、現代の科学から見て意味をもたない、ないしネガティブな意味しかもたないたぐいの事項――迷信や臆見や伝承そして宗教上の言説――を「無意味」とか「反動」の一言でかたづけて無視する傾向にあったからである。たとえば、玉髄が静電引力を示すことを初めて記したのは一一世紀にマルボドゥスが宝石のもつ超自然的な力を謳った詩であり、それは琥珀と黒玉の引力につぐ発見であるが、そのことは――筆者の管見の及ぶかぎり――これまでの電磁気学史では完全に見落とされてきた。その点では、トマス・アクィナスについても同様で、磁石はその力を天の物体から得ているという彼の所説がルネサンス期にどのように受け継がれたのかは、ほとんど語られたことはない。あるいはまた、ルネサンス期にデッラ・ポルタの『自然魔術』が磁気研究にはたした役割は、無視とはいわないまでも、過小に評価されてきたことは否めない。

一九四〇年代に書かれた磁気学の詳細な歴史であるミッチェルの論文では「この問題の歴史を薄める（dilute）ことになる伝説上の事柄」については触れないし、また「鉄にたいする磁石の引力がなんらかの教義の例証のためにのみもちいられ、あきらかに磁気の科学への真面目な寄与を意図したものではない初期の教父たちからの大部分の文献は取り上げないことにした」とはっきり断られている。(23)かくして教父アウグスティヌスは無視される。しかし「真面目な寄与」ではないとあっても、それは現代の観点からの判断であって、当時の状況では、大真面目であったことを忘れてはならない。実際には、アウグスティヌスの「真面目な」思想が一千年の長丁場にわたって磁力認識にあたえた影響は具体的かつ顕著であり、そのことを無視しては、一二世紀に発見されたアリストテレス哲学の衝撃も、あるいはまたルネサンス期魔術思想の先進性もすべて理解できないことになる。

アナール学派の歴史学者ジャン゠クロード・シュミットは、一九八八年の『中世の迷信』の序文に

あまりに長いこと、キリスト教の歴史を研究する者は、とりわけみずからが聖職者である場合、教会が伝えてきた概念を使って教会の伝統を研究することができると思ってきました。しかし実は、こういった遺産の筆頭に属しているもっともよく浸透した概念、〈魔術〉や〈迷信〉だけでなく〈宗教〉の概念すら、再検討する必要があるのです。キリスト教文化を歴史的に相対化するとは、その語彙にたいして批判的な距離をおくこと、すなわち、歴史家がみずから使うために作ってゆかねばならない学問用語とキリスト教文化の語彙を混同するのではなく、後者を学問的な調査対象にすることを前提とします。(24)

と記している。中世社会の底辺では、実際にはキリスト教が土着の民間宗教や古代以来の異教と共存・競合していたのであり、その時代を土俗の宗教が洗い流されキリスト教のみが唯一の勝者となった後の時代の眼差しで判断してはならないということであろう。そしてここで「キリスト教」をなんらかの個別科学たとえば「物理学」、「教会」を「学会」、「聖職者」を「科学者」と置き換えれば、こ

の指摘はほぼそのまま中世の科学史にも通用するであろう。

この後には「逆説をおそれずに言いましょう。最近までその篤信が称えられてきたこの長い時代において、〈宗教史〉は存在しないのです」と続けられている。とすれば、自然にたいして宗教的自然観や魔術的自然観といった多様な見方が共存・競合していた時代の歴史を、近代科学のみが正しいものと認定されるようになった現代の尺度で裁断することにたいしても、同様の反省があってしかるべきである。ここでも「宗教史」を「科学史」と置き換えてみればよい。中世には固有の意味での——現代的な意味での——「物理学史」はないのである。そして、近代物理学の誕生を問題にするときには、近代以前における力をめぐる言説をそういう見方で見る必要があるだろう。

もとより筆者は、物理学の教育のみを受けた一介の物理の教師にすぎず、それがこのようなことを言えば大風呂敷のそしりは免れないし、そもそも本書の執筆それ自体が、僭越をとおり越してほとんど無免許運転にも近い無謀であることは重々承知している。しかしこれまでの物理学史が見誤っていたとまでは言わないにせよ、見落としていた、あるいは過小に見積っていた部分にあえて照明を当てることは、物理学ひいては近代科学そのものの成立根拠——出生の秘密——をあらためて問い直すことに繋がるのではないだろうか。あえて無謀に挑んだ所以である。読者の海容を願いたい。

第一章　磁気学の始まり——古代ギリシャ

1　磁力のはじめての「説明」

古代ギリシャ・エーゲ海世界において、知られているかぎりで最初に磁石に言及したのは、商業と海運で栄えたイオニアの港町ミレトスのタレス（紀元前六二四—五四六）と言われている。といってもタレス自身が書いたものは残されていないし、そもそもタレスが書物を著したかどうかさえわかっていない。彼の教説は後世の人間が言及したものに読み取れるだけである。そのひとつが約二世紀後のアリストテレスの『霊魂論』における「タレスも、人々が記録していることから判断して、もし磁石（λίθος）は鉄を動かすがゆえに霊魂を持つと言ったとすれば、霊魂を何か動かすことのできるものと解したように見える」という記述である。[1] いまひとつは、さらに五世紀後、紀元三世紀にディオゲネス・ラエルティオスが書き残した『ギリシャ哲学者列伝』における「アリストテレスやヒッピアスの述べているところによると、タレスは磁石や琥珀を証拠にして無生物にさえも霊魂を賦与した」というくだりである。(2) ただしヒッピアスの書いたものも残されていないから、タレスが本当に磁石だけではなく琥珀（ἤλεκτρον）の引力（静電気力）をも知っていたのかどうかはわからないが、残されているアリストテレスの著作には琥珀の力に触れている箇所はない。

アリストテレスの記述でもディオゲネス・ラエルティオスのものでも、タレスは「霊魂（プシュケー）」の働きを説明するために磁力を持ち出し、万物に「霊魂」が備わっていることを主張するために磁石を引き合いにだしているのであって、磁力そのものを説明しようとしているわけでも、まして磁力を新奇な発見として語っているのでもない。このことは当時すでに磁石の存在や作用それ自体はかなり知られていたことを示唆している。ところでギリシャ語の「プシュケー」とそれに対応するラテン語の anima は、日本語では「霊魂」ときには「精神」、英語では通常は soul などと訳されているが、実際にはその日本語や英語の語感よりも広く、現代英語では soul と life さらには mind にまたがる茫洋とした意味をもち、「生命的なもの」全般ないし「生命原理」そのものを指すようである。(3) つまり、タレスの根底にある思想は自然万有に生命の内在を認める「物活論（hylozoism）」であり、磁石の存在はそのことの直截の例証と見られていたのであった。

タレス自身は、磁力についてそれ以上何を語ったかは知られていないけれども、「万物は水である」と語ることによって、移り変わる自然をそれ自体は変わることのない「始源物質（アルケー）」でもって説明するという思想をはじめて提起した。科学的な自然説明の端緒である。それにたいして「始源物質」が「変わることのないもの」であるとしたならば、ではなぜ事物はさまざまな様態で存在するのか、「変化」はいかに説明されるのかと問い、その問いにたいして——知られているかぎりで——はじめて答えたのが、やはりミレトスのアナクシメネス（前六世紀）であった。アナクシメネスは「始源物質」として宇宙をみたす「空気」を措き、物質の変化はその希薄化と濃密化によるものと考えた。すなわち「空気」は「薄くなると火となり、濃くなると風となり、ついで雲となり、さらに濃くなると水となり、そして土となり石となり、また他のものもこれらから生ずる。(4)」その発想の基底には、水は冷えると氷結し温められると気化（蒸発）するという日常の経験があったのはたしかであろう。その意味では「火」を始源とみたヘラクレイトス（前五四〇—四八〇頃）の発想もその延長線上にある。いずれにせよタレスの「水」もアナクシメネスの「空気」もヘラクレイトスの「火」も、ともに霊魂を有する生命的存在であった。そのいずれもが生命の維持に欠かせないことが経験的に知られていたからであろう。この時代には宇宙全体が生きていたのである。そして磁力は、無生物をもふくむ自然の事物の有する生命の端的なしるしであった。

ミレトスの哲学者たちは感覚に捉えられる世界をこのようにあるがままに受け入れたが、前五世紀前半のイタリア半島南部エレアのパルメニデス（前五一五頃—四四五頃）は、理性（ロゴス）だけが信じることのできるもので、感覚は人を欺くと考えた。この自覚的な異議申し立てによってはじめて、純粋思惟が感覚的認識の上位に置かれ、認識における合理論が経験論に対置されたのである。パルメニデスは、「有らぬもの」が有ることは論理的に考えられないが、変化や運動はその「有らぬもの」

の存在を前提とするゆえ不可能であり、したがって生成や消滅あるいは質的変化は見せかけにすぎないと論じた。その後の哲学にとっては、パルメニデスが突きつけたこの「変化の否定」というラディカルな問いにいかに答えるかが焦眉の課題となったのである。

紀元前五世紀後半に、ギリシャ本土をはさんでイオニアとは反対側のシチリアのエンペドクレス（前四九五―四三五）が四元素説を提唱し、他方でミレトスのレウキッポス（前四八〇頃―?）とトラキアのデモクリトス（前四六〇頃―三七〇頃）が原子論を唱えたのも、つきつめればこのパルメニデスの問いかけに答えるためのものであろう。それらは移ろいゆくなかに規則性を示す自然を合理的に捉えるための基本戦略の提示であり、自然の説明原理としての「変わることのない始源物質」というタレスの思想を、現実に見られる物質の多様性やその様態の不断の変化と調和させるための二通りの路線であった。原子論では、原子は数多くの種類を持つけれども、それらすべての原子は同一物質から成ると考えられていて、この点で四元素理論と原子論では始源物質の理解は異なる。しかしいずれにせよ、複雑に見える自然的世界がわずかな種類の始源物質から構成され、感覚に捉えられる物質世界のめまぐるしい変化や多彩な性質がこれらの始源物質から説明されるべきだと考える還元主義的な立場を採る点では一致していた。

そして磁力のそれなりに合理的な「説明」を最初に試みたのも、このエンペドクレスとデモクリトス、そして「空気」を万物を支配するものと見たアポロニアのディオゲネス（前四五〇頃）であった。

エンペドクレスは、それまでの単一の「始源物質」にかわって、「土・水・空気・火」の四元素を万物の「根（リゾーマタ）」として考える。ここに言う「水」はもちろんH_2Oの意味での水ではなく液体性一般の原基であり、同様に「土」と「空気」は固体性一般と気体性一般の原基を指し、「火」は現代的解釈ではエネルギーということになるのだろうか。しかしエンペドクレスにあっては、それらは固体状態・液体状態・気体状態のように物質の相互に移行可能な相（様態）ではない。それら四つの「根」はいずれも不生・不滅で、すべての物質はこの四つに還元されるが、この四つは物質のそれ以上還元不可能な構成要素であるという意味で「元素」とされている。このように元素のそれぞれは変化しないが、自然界に見られるさまざまな物質はそれぞれが四元素のある比率での結合状態であり、物質の変化はその分離と混合によると考え、その変化をもたらす基本的作用因としてエンペドクレスは「愛と諍」を想定する。用語はいささか擬人的であるが、エンペドクレスによる「比率」という見方の導入は、その後の物質理論の発展にとってきわめて大きな意味を有していた。少々の危険を承知のうえであえて現代風に潤色すれば、相互の「引力と斥力」により「定比例の法則」にのっとって結合と分離をくりかえす諸元素ということになるだろう。この四元素理論は、その後さまざまに変容をともないながらも、西欧の物質思想に長期にわたって影響を及ぼしつづけることになる。

そのエンペドクレスの磁力理論は、アリストテレスの注釈家である紀元二世紀のアプロディシアスのアレクサンドロスが著した『問題集』に伝えられている。それは「磁石と鉄の両方から生じる流出物と、鉄からの流出物に対応する磁石の通孔とによって、鉄が磁石の方へ運ばれる」というものであり、くわしくは次のように説明されている。

磁石からの流出物は、鉄の通孔を覆っている空気を押しのけて、それらを塞いでいる空気を動かす。一方、その空気がその場を離れたとき、いっしょに流れ出す流出物のあとに鉄がついてゆく。そして、その鉄からの流出物が磁石の通孔まで運ばれると、それらの流出物がそれらの通孔に対応して適合するがゆえに、鉄もいっしょにそれらの流出物のあとについて運ばれる。(5)

磁力にたいするミクロ機械論にもとづく説明の——知られているかぎりでの——最初のものである。いや、磁力にたいしてだけではない。「エンペドクレスはすべての感覚について同様の仕方で語り、個別の感覚の通孔にたいして〈何かが〉適合することによって感覚が成立すると言っている」(6)とも伝えられている。物理的なものも生理的なものも問わず、すべての作用にたいしてこのような機械論的説明が考えられていたのだ。というより、この時代には物理的なものと生理的なものの間に区別がなかったと言う方が正確であろう。アリストテレスの『生成消滅論』にはエンペドクレスや「他の誰か」の考えによれば「すべてのものが作用を受けるのは……作用者がある通孔を通って入り込むためである」と記されている。(7)「他の誰か」とは「感覚の通る通孔」なるものを考えたクロトナの医師アルクマイオン（前五〇〇頃）を指している。(8)物質的物体は眼には見えないが微細な通孔を有し、感覚器官をふくめ物体にたいするすべての作用はそこに出入りするやはり不可視の流体ないし粒子の刺激によるというモデルは、その後近代にいたるまでの機械論や原子論による作用の説明の原型を与えるものとなった。

この説明にたいしてアレクサンドロスは、「流出物」という仮定を認めたとしても、それでは鉄だけが一方的に磁石にむかってゆくのはなぜなのか、「磁石のほうがそれに固有の流出物につきしたがって鉄の方に動かされることにならないのはいったいなぜなのか」と疑問を呈している。彼は磁石は動かず、鉄だけが引かれると考えていたのである。

アレクサンドロスとエンペドクレスのあいだは約六五〇年ほど隔たりがあるけれども、エンペドクレスの時代の人たちもやはり鉄だけが引かれて磁石は動かないと考えていたようである。そして力のその非相互性の理由を同様に「流出物」の仮説でもって説明しようとしたのが、エンペドクレスとほぼ同時代のアポロニアのディオゲネスであった。後の時代の同名のディオゲネス・ラエルティオスによれば、アポロニアのディオゲネスの見解では、「空気が万物の基本要素」[9]であり、「空気は濃密化されたり希薄化されたりすることによってもろもろの世界を生み出す」とある。この点ではディオゲネスはアナクシメネスの一元論に先祖返りしているが、しかしその磁力の説明はエンペドクレスのミクロ機械論につらなるもので、やはりアレクサンドロスによって次のように伝えられている。

すべて延性をもつもの（金属）は、ものによって多い少ないの差はあるが、本性的に自分から何らかの「水分」を放出するとともに、外部から引き入れる。だがもっと多く放出するのは銅と鉄であり、このことを証示するのは、それらが火に入れられると何かが焼かれ、それらから消え去るということ、そしてまた酢やオリーブ油を塗られると錆がつくということである。というのも酢がそれらから「水分」を吸い取るためにそのような変容が生じるのである。……さて鉄は水分を吸い込み、さらに多くを放出するが、磁石は鉄よりも粗目（空疎）で土性が強いので、そばにある空気からもっと多くの水分を吸い込んだり放出したりする。その場合、磁石は本性上親近な水分はこれを吸って自分のなかに受け入れ、親近でない水分は押し出す。鉄は磁石と親近であり、それゆえ磁石は鉄からの水分を吸い込み、自己の内に受容する。そしてその水分の吸い込みゆえに、すなわち鉄の内部に含まれる水分を一挙に吸い寄せるために、鉄をもまた自分に引き寄せるのだが、しかし鉄は磁石からの水分を一挙に受け入れられるほどに粗目（空疎）ではないので、鉄が磁石を引き寄せるということまでは起らない。(10)

磁石と鉄の引力が相互的ではないという言明、および「流出物」が「水分」となっていることをのぞいて、概略はエンペドクレスの説明原理と変わらない。磁石と鉄の間の力の「非相互性」の説明に成功しているか否かはともかく、磁力の機械論的な説明のひとつの典型である。

他方、レウキッポスとならんで紀元前四〇〇年頃に原子論を提唱したトラキア地方の都市アブデラ生まれのデモクリトスは——伝えられるところによれば——それまで存在が否定されていた「空虚」の存在を認め、諸存在の素材として延長と不可透入性を有する「それ以上分割できないもの（原子）」を想定する。つまり世界は「空虚（ケノン）」とその中を動きまわる充実した「原子（アトム）」からなると考える。原子自体は単一均質の物質からなり、その大きさと形状のみをさまざまに異にする粒子であり、多種多様な物質にみられる状態や性質の違いは、構成原子の「形状・向き・配列」の違いによって説明される。つまり「さまざまな形状をしたもののそれぞれが異なった結合状態におかれると別の様態のものになる」のである。さらにデモクリトスは「甘いものは〔その原子が〕丸くて適度な大きさのもの、酸っぱいものは〔原子の〕形状が大きく粗く角が多く丸くはないもの」であり、原子から合成される物質の色は「それら〔原子〕の〈並び方〉と〈形〉と〈向き〉による」と語ったと言われる[11]。これをアリストテレスは「デモクリトスは味を形状に還元している」と断じたが[12]、感性的な性質がそれ自体としては無性質な原子の幾何学的形状や配置や結合状態から説明されるべきであるというこの還元主義こそが、その後近代にいたるまでの原子論と機械論の基本思想である。

私たちの主題である磁石について言うならば、ディオゲネス・ラエルティオスによればデモクリトスにも『磁石について』という著書があったとされているが[13]、残念なことにこれも失われていて、その中身はやはり後の人たちが言及したものによってでしか窺い知ることはできない。

シンプリキオスによれば、デモクリトスは「自然本来的に、相似たものは相似たものによって動かされ、類縁的なものどうしはおたがいにむかって運動する」と語ったとされる[14]。「似たものは似たものといっしょになって」という発想は「鉄は磁石と親近であり」それゆえ磁石によって引き寄せられるというディオゲネスの主張にも見られるが、さかのぼればホメロスの『オデュッセイア』にある「神様は似たものどうしを合わせられる」という一節に由来するようである[15]。これは、もともとは同種の動物は群れをなすという経験の物質世界への投影として、物活論的な立場から、ないし生物態的自然観から語られたのであろう。しかしデモクリトスにおいては、このことは神意によってではなく機械論的に説明されるべき現象であった。まさにその点が神話と科学の分水線である。実際、紀元二世紀のセクストス・エンペイリコスはデモクリトスの語ったこととして次のように記している。

動物も類を等しくする動物と群れる、鳩が鳩と、鶴が鶴と、というように……。だがまた生命をもたぬものについても同様である。ちょうど篩《ふるい》にかけられた種子や砂浜の小石に見ることができるように。というのもあたかも事物のうちにおける類似性が事物を集める力をもっているかのように、前者においては、篩の渦巻にしたがって豆が豆と、大麦が大麦と、小麦が小麦と弁別的に配列され、後者においては波の動きにしたがって細長い小石は細長い小石とおなじ処に押しやられ、丸い小石は丸い小石とおなじ処に押しやられるからである。(16)

つまりデモクリトスにあっては「類似のものどうしが集まる」のも、あくまで篩や波の機械的な働き——形状と運動の無機的な作用——の結果として理解されるべきものであった。なお、ディオゲネス・ラエルティオスによれば、原子論の始祖レウキッポスもほぼ同様のことを語っている。(17)

しかし「類似のものどうしが引き合う」というこのテーゼは、後にプラトンが『ティマイオス』に記したこともあって、「類似のものの間の共感」というどちらかと言うと擬人的なないし生物態的な意味合いにおいて、もしくは魔術的でさえある意味で、それ以上の遡及の不可能な自然の作用として受けとられ、中世において原子論が衰退していたあいだもふくめてヨーロッパに連綿と語り伝えられ、二千年余の長丁場にわたって持続的な影響を及ぼすことになる。

たとえば紀元一六〇年頃にガレノスは磁力を「質の親近性」によるとし、それから千年後の一一五七年にイングランド王リチャード一世と同じ日に産まれ乳兄弟として育てられ、後に聖アルバンの僧となるアレクサンダー・ネッカムが一二世紀末頃に書いた『事物の本性について』には、「磁石は類似の部分で引き合い、似ていない部分で反撥しあう（magnes ex parte similitudinis trahit, ex parte quadam dissimilitudinis repellit）」とある。配置により引力だけではなく斥力をも示す磁石の奇妙なふるまいを解釈しようとしたものであるが、類似のものは引き合うというドグマに囚われていたため、磁石は北極と南極の間で引き合うという真実をネッカムは捉えそこねた。そして一三世紀中期のロジャー・ベーコンにとっても「磁石は鉄をその本性の類似ゆえに引き寄せる」と見られていた[18]。

のみならずその影響は、近代初頭にまで及ぶ。実際、一五三七年にドイツの医師パラケルススは「等しいものは等しいものといっしょになり」と記し、そして一五四〇年にヴェニスで出版されたイタリア人技術者ビリングッチョの『デ・ラ・ピロテクニア』には「自然はつねに類似のものを熱望するのと同じ理由で、磁石は鉄を熱望する」とある[19]。一五四〇年といえばコペルニクスの『天球の回転について』が世に出るわずか三年前のことである。そしてこの時期になって議論は磁力から重力へと広がってゆく。実際、コペルニクスの太陽中心説を楕円軌道で完成させた一六〇九年のヨハネス・ケプラーの『新天文学』にさえ重力とは、類似の物体間の合一ないし合体しようとする相互的で物体的な傾向（affectio corporea mutua inter cognata corpora ad unitionem seu conjunctionem）のことである。磁気の作用もこれと同等のものである。

と明記されているのである。[20] そのケプラーこそは、天体間の重力をはじめて構想した人物であった。少々先走ってしまったので、話を戻すと、上述のアレクサンドロスも「デモクリトス自身もまた、似たものが似たものにむかって動かされることは認めるが」とした上で、デモクリトスの磁力理論を次のように紹介している。

磁石も鉄も類似したアトムから構成されているが、磁石を構成するアトムの方がより微細であり、また磁石は内部がより希薄で空虚をより多く含んでいる。このような理由で、磁石のアトムは運動がいっそう容易に可能であるから、鉄の方向へとよりすばやく動かされる（なぜなら移動は似たものの方向にむかって起るからである）。そして鉄の通孔へと入り込み、その微細さのゆえにその内部の諸物体を通り抜けてゆきわたりながらその諸物体を動かす。他方で、動かされた物体は外へと運ばれ、流出し、さらに構成するアトムとの類似性と磁石がより多く空虚を含んでいることのゆえに、磁石の方向へと動く。鉄はその流出した物体につきしたがって動くのであるが、その理由は、動かされた物体がまとめて一度に切り放されて移動することによって鉄自身も磁石にむかって動くからである。しかし、磁石が鉄の方向に動くということはない。それは鉄のうちには磁石の場合に匹敵するほどの空虚が存在しないからである。(21)

ここでも、磁石は動かず鉄だけが一方的に磁石に引き寄せられると見られている。

エンペドクレスとディオゲネスとデモクリトスの議論は、四元素説と原子論という違いはあるにしても、また細部における相違は認められるものの、磁力のメカニズムの説明としてその大筋は酷似している。これらがたがいにあるいは一方向に影響を及ぼしあったようにも思えるが、地理的にあるいは年代的に見るとそういうことは考えにくい。おなじ時期には人はおなじように考えるということなのか、それとも後に書き記した人物が同一人物であるためおなじように理解したということであろうか。いずれにせよ、以上の三つが磁力のはじめての「説明」の試みであり、これらの試みは、現代の私たちから見ていかに稚拙に映るにせよ、試みられたこと自体が意味を持っている。つまり磁力は、霊的ないし生命的な力あるいは神意や魔力としてそれ以上踏み込んだ説明を拒否するものではけっしてなく、無機的な自然についての一般的な原理にもとづいて理解され解明されるべきものであるという立場を明確に打ち出したという点において、それらは時代を劃しているのである。「始源物質」というイオニアの哲学者たちが産み出した自然思想の最高の到達地点である。しかしソクラテスの登場とともにギリシャ哲学の関心は自然から人倫に移りゆき、自然哲学の衰退をむかえる。

2 プラトンと『ティマイオス』

ヨーロッパにおいて、中世・ルネサンス・近代をとおしてその影響の大きかった思想家といえば、やはりソクラテスの弟子プラトン（前四二七—三四七）を第一に挙げなければならないであろう。そのプラトンの著作は——なにしろプラトンがみずからアテナイに創設した学園アカデミアが実に九〇〇年にわたって存続したため——現代まで数多く残されているが、その膨大な著作のなかでプラトンが磁石に触れているのは、わずか二箇所しかない。そのかぎりでは、プラトンが磁石に特段に強い関心を寄せていたとは思われない。

プラトンのかなり初期の対話篇である『イオン』には、ホメロス語りを得意とする吟誦詩人イオンとソクラテスの対話が記されている。

ホメロスについてなら、言葉に詰まることもなく見事に語ることができるのに、それ以外の詩人については、そうはゆかないのはどうしてなのかと問うイオンにたいして、ソクラテスはそれは「神的な力」による、つまり「神気を吹きこまれ神がかりにかかることによって、その美しい詩のいっさいを語っているのである」と答え、そのことの意味を次のように説明している。

それはちょうど、エウリピデスがマグネシアの石と名づけ、他の多くの人々がヘラクレイアの石と名づけている、あの石〔磁石〕にある力のようなものだ。* つまり、その石もまた、たんに鉄の指輪そのものを引くだけでなく、さらにその指輪の中へひとつの力を注ぎこんで、それによって今度はその指輪がちょうどその石がするのとおなじ作用すなわち他の指輪を引く作用をすることができるようにするのだ。その結果、ときには鉄片や指輪がたがいにぶら下がりあってきわめて長い鎖となることがある。これらすべての鉄片や指輪にとって、その力はかの石に依存しているわけだ。これとおなじように、ムッサの女神もまた、まずみずからが神気を吹きこまれた人々をつくる。すると、その神気を吹きこまれた人々を介して、その人々とは別の、霊感を吹きこまれた人々の鎖がつながりあってくることになるのだ。[22]

ここからは、磁石について、直接に鉄を引き寄せる力だけではなく鉄を磁化する能力〔磁気誘導〕もが、この時代にすでに知られていたという事実が読みとれる。いくつもの小さな鉄環が、たがいにリンクしていないのに、磁石の下であたかも鎖のように吊り下がることはやはりきわめて不思議なことと思われたようだ。この現象は鉄鉱山のあったプリギュアのサモトラケーで最初に見出されたと伝えられ、そのため「サモトラケーの環」とか「サモトラケーの鉄」と呼ばれ、古代から中世にかけての文書にしばしば登場することになる。

* 「マグネシアの石（*μαγνησίη λίθος*）」の語源については後述（本書第二章3、第三章4）。「ヘラクレイアの石（*λίθος ἡράκλεια*）」も古代に天然磁石（磁鉄鉱）を指すのにもちいられた言葉であるが、それがリュディアにある地名「ヘラクレイア（Heraklea）」に由来するのか、それとも怪力で知られるギリシャ神話の英雄「ヘラクレス（Heracles）」に因んだものであるのか、その点はよくわからない。

しかしここでプラトンは、磁化作用を説明しているのではない。優れた詩人の作品の持つ超自然的な影響力・感化力――「ムッサの女神〔文芸・詩歌・舞踏等の女神〕の霊感」――を説明するために、玄妙不可思議な磁石の能力を引き合いにだしているのである。つまり「霊感による憑依〔神がかり〕」は「磁石による鉄の磁化」に比すべきものとされているのだ。そのかぎりで、ここでは磁石の能力は自然学的な意味での説明の対象とは見なされていない。

プラトンが磁力に言及しているいまひとつは、プラトン思想の円熟期に属する著作でピュタゴラスの影響も色濃く見られる『ティマイオス』である。『ティマイオス』はまた、中世をとおしてラテン・ヨーロッパに伝えられた数少ないプラトンの著作のひとつ――早くからラテン語に訳された唯一の対話篇――として、西ヨーロッパの哲学と神学思想に持続的な影響を与えたものでもあり、すこしくわしく見てゆこう。(23)

『ティマイオス』では、はじめに「宇宙の構築者〔デミウルゴス〕」すなわち「神」が「構築者自身によく似たものになるように」と望み、「無秩序な状態から秩序へと」導くことによって宇宙を創ったとする、なかば神話的な創世説が語られている。すなわち「理性によって把握されるもののうちでも、もっとも立派な、あらゆる点で完結しているものに、一番よくこの宇宙を似せようと神は欲して、……この宇宙を構築したのです〔30D〕」。その詳細はさておき、神が無秩序を秩序に導くことで世界を創ったということは、プラトンにあっては、理性によって把握されるものとしての幾何学にのっとって神が物質の根源〔元素〕を創ったことを意味している。すなわち火・空気・水・土の根源粒子は

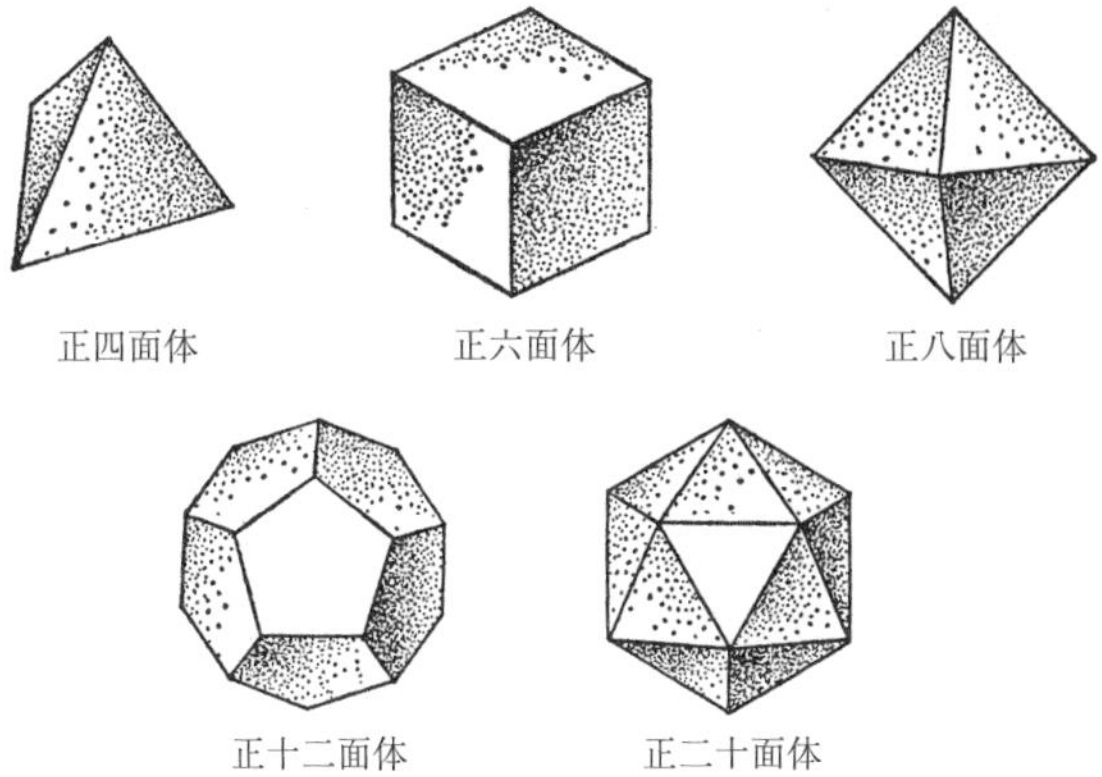

図 1.1　プラトンの五つの正多面体

神によって「およそ可能なかぎり立派な善いものに」作られたのであり、したがってそれらはもっとも単純でもっとも基本的な幾何学的形状を有していなければならない。このように論じてプラトンは、それらの根源粒子のそれぞれに正多面体を割り振る。すなわち一番小さい火の粒子は正四面体であり、空気の粒子は正八面体で、水の粒子は正二〇面体、土の粒子は正六面体（立方体）である。

くわしく言うと、次のようになる。三点を決めれば平面が決まり、その平面で囲まれた空間として物体が決まる。それゆえに物体の基本要素は三角形である。そのさい、三角形のうちで基本となるのは正三角形を等分したものと正方形を等分したものの二種類の直角三角形——現在の三角定規に使われているもの——である。ところが正一二面体の面である正五角形はこの二種類の直角三角形からは作れないから、正一二面体はまず除外されなければならない。また、この二種の基本三角形のうち、後者の直角二等辺三角形からは正方形が作られ、それから土の元素の正六面体が構成される。前者の正三角形の半分の直角三角形からは正三角形が作られ、それでもって正四面体、正八面体、正二〇面体が構成され、そのそれぞれに火の粒子、空気の粒子、水の粒子が割り振られる。このように火と空気と水の元素はすべて面が正三角形で、そのためたがいに他の粒子の間に入り込むことも、また移り変わることも容易である。それにたいして正六面体の土の粒子だけは面が正方形であるため、他の元素への変成が困難であり、それゆえ土はもっとも不活性でもっとも動きにくい。

現代人がこういうのを読むと、現実離れしたフィクションとの印象を持つ。「科学的観点から言えば『ティマイオス』はただ一箇の常軌逸脱にすぎない」と切り捨てたのは二〇世紀イギリスの古典学者ファリントンである(24)。

実を言うと、プラトン自身も——現代人とは異なる立場から——『ティマイオス』の議論を「ありそうな言論」であるとくり返し断り、それが確証された真理であることを自分で否定している。というのも、プラトンにあっては「真の意味で知ることのできるもの」、したがって学問的考察の対象となりうるものは、個々の事物とは離れてある永遠に変わることなく存続する「真実在」としての「イデア」とされているからである。すなわちイデアの世界こそが「思惟されるもの」の世界、理性の働きによって把握される世界であり、そこにおいてのみ真に確実な認識が可能である。それにたいして「見られるもの」の世界、すなわち人間の感覚が捉えるはてしなく変化に富んだ現象世界はイデア世界の影ないし似像でしかなく、したがってそこでは厳密に正しい言論は不可能で、せいぜいが「ありそうな言論」、もっともらしい憶測しか語れない。実際『ティマイオス』においてプラトンは「人が寛ぎのために、永遠の存在についての言論をしばらくお預けにして、生成にかんする〝ありそうな話〟を検討することで後味の悪くない快楽を得るような場合には、生活のうちに節度ある知的な遊戯ができることになる（59C）」とはしなくもその本音を漏らしている。はっきり言って『ティマイオス』の議論は、プラトン思想の本筋であるイデア論からの逸脱であった。

とはいえ根源粒子にたいするプラトンのこの正多面体理論は、素粒子の世界は三次元特殊ユニタリー変換（*SU*(3)）にかんする対称性を有し、素粒子は *SU*(3) 群の既約表現で分類され記述されるという現代物理学の理論と、その根本思想においてそう遠くにあるわけではない。もちろん実験的根拠の有無という点でも数学的精巧さという面でも、プラトンの理論が現代の素粒子論と比べようもないにしても、物質世界を究極的に構成していると想定される基体は、感覚には捉えられないけれどもしかし数学的に単純な構造を有し、したがって数学的に厳密に理解できるはずであるという思想を最初に提起したことにおいて、それは決定的な歩みであった。そのことを考えれば、プラトンの空想は二千数百年先の物質理論のありようを予兆したと言えないことはない。

3　プラトンとプルタルコスによる磁力の「説明」

プラトンにおいては、こうして作られた世界は「あるもの」と「場」と「生成」からなる。「場」

は「受容者」とも呼ばれ、「その中になにかがあるところの、空間、場所」を意味しているが、しかし「空虚」とは異なるようで、プラトン自身は「空虚」を積極的に認めるデモクリトス等の原子論者とは立場をやや異にしている。他方で四元素がたがいに入れかわりうると考える点では、プラトンの立場はエンペドクレスの四元素理論とも異なる。しかしプラトンは、エンペドクレスとデモクリトスの両者から多くのものを借り受けている。それればかりか、四元素の根源粒子が幾何学的存在であり、その性質はもっぱらその幾何学的形状に起因すると考えることによって、『ティマイオス』においてプラトンは四元素理論を実質的に原子論の基本思想と統合したのだ。たとえば「火が熱い」ということの根拠をプラトンは、火の粒子である正四面体の「稜の薄さ、角の鋭さ、粒子の小ささ、運動の速さなど」に求める。すなわち「こうした性質のすべてのために、火は激烈で切断力のあるものになって、出会うものをいつでも鋭く切るのであり……、現に熱いと呼ばれる性質とその名称とを、当然の結果としてもたらすことになった」のである（61E）。物の性質を構成粒子の形状と運動に帰するこの議論は、その後の原子論による物性の説明論理に他ならない。実際、一七世紀に原子論者ピエール・ガッサンディは、私たちが冷たい物体に触れたときに刺すような感じを受けるのは「冷の原子」がピラミッド型をしていて、鋭く尖った角《かど》あるいは歯を持つからであると主張しているのである。[25]

したがって『ティマイオス』における磁力の議論もまた、一転してきわめて機械論的である。そこでは磁力は「呼吸」についての議論に関連して触れられている。呼吸の作用を吸水器の働きになぞらえて最初に流体力学的に説明しようとしたのはエンペドクレスのようだが、[26]『ティマイオス』においても呼吸は無機的な流体の力学的運動として捉えられている。それは空虚の否定と物質の不可透入性にもとづく次のような議論である。

およそ運動するどんなものにしても、それが入り込んでゆくことのできるはずの空虚というものは少しも存在せず、しかもまた「息」はわれわれのところから外へと運動するのですから、その結果どうなるかということはもう誰にも明らかでしょう。つまり、息は空虚にむかって出てゆくのではなく、隣接するものをその座から押し出すことになります。ところが押されるものはその都度それに隣接するものを追い出し、そしてこの必然性にしたがって全体はぐるぐるまわりに追われながら一巡して、先に息が出ていったそのもとの座へと入り込んでその座を埋め、先の息のすぐ後に続くことになります。そしてこのことは、まるで車輪が回転する場合のように、全部が同時におこなわれることになります。(79B)

すなわち、空虚が存在しえないからには、ある物体が押し出されたならば、それが他の物体を押し、まわりまわってその最初の物体の位置にかならず何かが戻ってくる、そのような素早い循環的運動だけが可能であり、結果的にその位置にその何かの物体が引き寄せられたように見えるというのである。こうしてプラトンは「琥珀や磁石がものを引きつけるというあの不思議な現象にしても、それらすべてのどれにも、けっして〈引力(ὁλκή)〉は存在しないのです(80C)」と断じ、磁力は引力によるのではなく、直接接している物体の押しの結果であると解釈する。なお、この一節は、琥珀の示す静電

引力——琥珀現象*——について、西洋で残されているかぎりでのはじめての言及でもある。(27)

* 科学史ではこれは通常「琥珀効果（amber effect）」と呼ばれているが、実際には琥珀がそれ自体で示す効果ではなく、摩擦されたときに生じる付帯的現象であるから「琥珀現象」という言い方の方が適切と思われる。

もともとこの一節は磁力や琥珀現象（静電引力）を主題的に論じたものではなく、呼吸を説明するためのものであり、事のついでに磁石に触れているのであるが、いずれにせよこの議論は、『イオン』における磁力の扱いとの整合性は問わないにしても、これだけではあまりにも曖昧で不明瞭である。磁力と琥珀現象を同列に扱っていることはまだしも、それらも呼吸も原理的におなじメカニズムで説明しうるということからして、けっして自明のことではない。結局のところプラトンは、磁石そのものにそれほどの関心を寄せていなかったのであろう。そのためであろうか、『ティマイオス』が中世をとおしてヨーロッパで知られていたにもかかわらず、この機械論的な磁力説明は、一六世紀のカルダーノまでほとんど顧みられることはなかったのである。

唯一の例外は紀元一世紀のカイロネイアのプルタルコス（四六—一二五）——『英雄伝』のプルタークと言ったほうが通りがよい——の『モラリア』である。そこではプラトンによるこの磁力論が詳解され敷衍されている。「運動の循環押圧作用」と名づけて展開されているその解説は単なる注解にとどまらない独自の見解を打ち出していることもあり、時代を四五〇年ほど先走ることになるが、あえてここでとりあげよう。

プルタルコスは、琥珀や磁石は「その傍らに置かれたものを何ひとつ引き寄せることはしない」し、また「近くにあるものの何かが、自分のほうからこれらのものに飛びついてくるのでもない」と語って「引力」の存在をきっぱりと否定し、電磁力の原因を次のように説明している。

磁石の場合は、重さを持った気体状のある流出物を放出しており、この流出物によって近接する空気が押し戻されると、その空気は自分の先にある空気を押す。すると押された空気は〔次々に押しながら〕ぐるりと一巡してきて、ふたたび空いたままの場所に収まるが、そのときに鉄を、力づくで自分といっしょにひきずってゆくのである。

他方、琥珀のほうは、含んでいるのは焔のような、もしくは風のような物質であって、表面を擦られるとその細孔が開かれるため、この物質を排出することになる。するとそれは、外に出されると磁石における物質とおなじ作用をするのであるが、ただ、それ自体が微細で弱いため、近くにあるもののうちでもっとも軽くて乾いているものだけを引きずってゆく。なぜならそれは力強いものではないし、重さもなければ、磁石のように自分より大きなものを制御しうるほど大量の空気を押しやれるだけの推進力も持ち合わせていないからである。(28)

プラトン自身によるものでは、呼吸にさいして体内から放出された「息」により空気の循環が生まれ、磁力や琥珀の力もそれと同様の説明が可能だとされていた。とはいえ、磁石や琥珀の場合に動物の「息」に相当するものが何であるのか、何が磁性体や琥珀から放出されるのかが語られていなかったために、それは実際にはほとんど理解不可能であった。その点をプルタルコスは独自の判断で補足し明確にしたと言えよう。つまり、磁石の場合と琥珀の場合でそれぞれ異なる気体状の物質——一方が可秤流体、他方は不可秤流体——が放出され、その物質が空気を押すことによって、空気の循環運動がひき起され、その「循環押圧作用」により結果的に鉄やその他の物質が磁石や琥珀のほうに押しやられることになるというのである。「磁石からの流出物」という表象はエンペドクレスやディオゲネスから借用したものであろうが、しかしここではじめて、第一に、磁石の力と琥珀の力が別物であり、別様に説明されなければならないという認識が明確に打ち出されたことになり、第二に、近代になってくり返し語られるようになる「磁気発散気」「電気発散気」なる二通りの表象の萌芽が提唱されたことになる。その場合、「磁気発散気」が可秤、「電気発散気」が不可秤という区別は、通常見られるところでは磁力は強くて重い鉄を引き寄せ吊り下げるのに、琥珀は軽いものしか引き寄せないという相違にもとづくようである。

さらにここでは、プルタルコスが琥珀現象の要因を摩擦それ自体に求め、摩擦にともなう熱に言及していないことに注目しておこう。というのも、その後の論者は静電引力の要因を摩擦ではなく、それにともなう熱に求めたのであり、この点の混乱が解消され、要因が摩擦それ自体であることがあらためて確認されるためには、一六〇〇年のギルバートの登場をまたねばならなかったのである。

なおプルタルコスの議論は、これだけでは、琥珀と異なり磁石は鉄しか引き寄せないという磁力の特異な選択性を説明することができない。この難点にプルタルコス自身も気づいていたようであり、上記の引用の後にこう続けている。

それでは、空気が石にも木にも作用せず、ただ鉄だけを押して磁石に近づけるのはなぜであろうか。この点は、物体がくっつき合う現象を、磁石の引きつけによると考えている人々にとっても、また鉄が伝達されていくことによると見なしている人々にとっても、共通の問題であるが、しかしそれは、プラトンによってこんなふうに解説されるであろう。すなわち鉄は、その構造が木片のようにひどく粗くもなければ、金や石のようにひどく密であるということもない、いや、それは小孔や通路を持ち、また構造が均一でないために、空気とうまく適合できる粗さを備えている。そのため空気が磁石のほうへ進んでゆくさいに鉄と出会うと、空気はこれをすり抜けてしまわずに、ある種の落ち着き場所と、自分にうまく適合する絡み合いを備えた反撥力につかまって、力づくで鉄を前方に押すことになるのである。

ともあれ『ティマイオス』と『モラリア』におけるこの機械論的で近接作用論的な電磁力の説明方式は、一六世紀までほとんど注目されることはなかった。中世では『ティマイオス』はもっぱらキリスト教的な関心の及ぶ範囲で読まれていたようである。その後の磁力理解にたいする『ティマイオス』の影響について言うならば、「同種のものどうしが、どれも、自分自身の仲間のほうへと動いてゆく（81A）」というデモクリトスのくだんのテーゼだけが、アレクサンドロスの批判にもかかわらずプラトンのテーゼとして古代・中世をとおして連綿と語り継がれてゆくことになった。

4　アリストテレスの自然学

プラトンとならんでギリシャの哲学と科学を代表し、プラトンについでその後のヨーロッパの思想と科学に多大な影響を与えたのは、スタゲイラ生まれの巨匠アリストテレス（前三八四―三二二）である。マケドニア王の侍医を父に持つアリストテレスは、プラトンの主宰する学園アカデミアに二〇年間学んだのちに、みずから学園リュケイオンを開き、ひとつの学派を形成し、独自の壮大な哲学体系を構築した。その哲学と論理学と自然学はとりわけ中世後期――一三世紀以降――のヨーロッパに甚大な影響を及ぼすことになる。

ところでプラトンが磁力について語っているのは上記の二箇所だけで、プラトンが磁力にとくに注目したようには思われないが、その点では、アリストテレスは輪をかけて無関心に見える。端倪すべからざる学識の持ち主であるアリストテレスが自然界のありとあらゆる事物と事象をおのれの壮大な哲学体系の内にことごとく位置づけ説明しようとしていたことを顧慮するならば、磁石についてのこのいちじるしい無関心は、かえって意図的なものさえ感じさせる。

その膨大な著作群のなかでアリストテレスが磁石に触れているのは、「磁石は霊魂をもつ」というタレスについての先の言及をのぞけば、「磁石のように、最初の動かすものは、それが動かしたところのものを、今度はそれ自身が他のものを動かすことができるようなものにする」という『自然学』

における記述だけでしかない[29]。このかぎりでは、アリストテレスも磁力を説明しているのではなく、磁石が他から作用を受けることなく鉄を引き寄せ、その引き寄せられた鉄がさらに別の鉄を引き寄せるという磁石の作用を周知の事実として、それを「最初の動かすもの」なる概念の例解に使用しているだけである。したがってアリストテレスの磁力についての見解を知るには、彼の言う「最初の動かすもの」が何であるのかを知らなければならない。そこで必要最小限の範囲でアリストテレスの自然観を瞥見しておくことにしよう。

「イデア」こそが「真実在」だと見るプラトンと異なり、アリストテレスにとっては、感性的感覚に捉えられる個物の世界こそが基本的な実在であり、知の対象である。それゆえアリストテレスも四元素理論を継承しているが、それはプラトンとはまったく異なる理論的枠組においてである。プラトンは元素の幾何学的形状でもってその性質を「説明」するが、アリストテレスにとっては逆に性質こそが基本で、元素は性質を物化したものに他ならない。すなわちアリストテレスは、感覚可能な物体を触知可能なものと捉えたうえで、感覚に捉えられるそれらのすべての性質が硬軟・粗滑・粘脆等の対立性質において現れると論じ、さらに議論を進めてそれらすべての対立性質を温冷・乾湿の二組の対立に還元し[30]、その二組の対立性質の可能な四通りの組み合せ、すなわち「温と乾」「温と湿」「冷と湿」「冷と乾」にたいして、その基体ないし担体として「火」「空気」「水」「土」の四元素を想定する。その意味でアリストテレスの四元素は、エンペドクレスを継承したものであるにせよ、エンペドクレスの「根」にくらべてはるかに現実世界・感性的事物の世界に引き寄せられている。

アリストテレスの四元素理論は、とくに次の二点において、それまでのものと決定的に異なる。

第一には、アリストテレスにあってはそれらの元素自体の「質的変化」が認められていることにある。エンペドクレスの理論では元素は不変と考えられていたが、アリストテレスの理論では、基本的な質が対立する質に転化することによって元素自体が変化する。たとえば氷の融解は「冷と乾」から「冷と湿」への、そして水の気化は「冷と湿」から「温と湿」への、転換と解釈される。一般的に言うならば「およそ生成するものはすべてその反対のものから、あるいはそれらの中間のものから生成するのであり、消滅するのはすべてその反対のものに、あるいはそれらの中間のものに消滅してゆくのである。[31]」かくして自然の活動性は、土が水になり水が空気になり空気が火に変わるように、ひとつの元素がそれに質的に隣り合った他の元素に変化してゆくことによって産み出される。それゆえ四元素から合成された地上の諸物体には、生成と消滅は避けられない。[32]

そして第二には、アリストテレスの四元素が空間的ヒエラルキーに厳密に対応づけられていることにある。つまり「空気」と「火」は「軽いもの」であり、これら「軽いもの」は宇宙の中心から離れたところすなわち月の天球の凹面を本来固有の場所とし、他方、「土」と「水」は「重いもの」であり、これら「重いもの」は宇宙の中心を本来固有の場所とする。ここに「宇宙の中心」とあるが、アリストテレスの宇宙像はもちろん天動説で、しかも地球は単に太陽系の中心であるだけではなく宇宙全体の中心に位置しているから、重いものの本来の場所は結果的に地球の中心に一致している。そのため、高所に持ち上げられた土や水は自由にされれば直線的に地上に落下するが、それは物体がその本来の場所に戻ろうとする自発的運動であり、地球から引かれたからではない。重量物体は、物体としての地球に引かれるのではなく、絶対的な位置としての宇宙の中心に向かうのである。その意味で現代の私たちが理解している「地球の重力」なるものは存在しない。同様に、無風状態では炎や煙はまっすぐに上昇するが、それもまたその本来の場所にむかう自発的運動である。物体の本性にしたがったこのような運動は「自然運動」と呼ばれる。それはその物本来の位置に戻るという「自己目的」の実現過程である。それにたいして、石が上方や水平に投げ出されたり、風によって炎がゆれ煙がなびき流れるのは、いずれも自然に反した「強制運動」と見なされる。以上が地上に見られる諸運動――位置変化としての狭義の運動――にたいするアリストテレスの説明である。ところでそれらの運動は「自然運動」にせよ「強制運動」にせよやがてかならず止む時がくる。それゆえ地上物体の運動には永遠はない。

それにたいして天上の世界には変化が見られない。すなわち『天体論』によれば「過去全体にわたって伝承されてきた記録によれば、至上の天は全体においても、またそれに固有などの部分においても、明らかになんら変化があったとは見えない」。実際、恒星の配置は古来変わらず、すべての天体は永遠の周回運動を続けている。そのためアリストテレスは、天の物体は如上の四元素とは本質的に異なる「第五元素」からなると考え、それを「アイテール」と呼んだ。「アイテール」は「それみずからの本性にしたがって円運動をするように決まっているところの単純物体」であり、「軽さや重さをもたず、……不生・不滅・不増・不変である。」その意味で第五元素「アイテール」は完全な元素であり、したがって「アイテール」から成る天体は「自然運動」として終ることなき円運動を続け、「地上のあらゆるものよりも神的でかつ先なるものである。」つまるところアリストテレスの世界は、直接的経験の即自的論理化と言えよう。[33] ともあれ以上の議論は、地球の不動性としたがって天動説とを自然学的に根拠づけることになる。

ところで、アリストテレスによれば、「動くものはすべて何かによって動かされる。[34]」ただしそのさい、「他によって動かされるもの（無生物）」と「それ自身によって動かされるもの（生物）」が区別される。

そして無生物の運動も二つに分類される。すなわち「火や土は、それが自然に反して動かされるときには、強制的に何かによって動かされるのであり、それが可能的にしかじかのものであることによってそれ自身の現実活動にむかって動かされるときには、自然的に何かによって動かされるのである。[35]」前者つまり「強制運動」が「何か」によって動かされるというのはわかりやすい。その「何か」つまり「強制運動」の原因をアリストテレスは「動力因」と呼んだ。それは投石器で石が投げられるとか風によって煙がたなびくというようなときの投石器や風を指す。そしてこの投石器や風は、それ自体、他の物体や空気によって動かされたものであるように、「動力因」はみずからも他に動かされたことによって他にたいする「動力因」たりえているのである。他方、後者つまり「可能的にしかじかのものであることによってそれ自身の現実活動にむかって動かされる」ところの「自然運動」というのは、わかりにくい表現であるが、具体例で言うならば次のようなことを指している。たとえば熱せられた水は蒸気となって上昇するが、それは「可能的に」蒸気であった水が熱の働きによって気化したことによって「現実的に」蒸気になり、そこではじめてその「自然運動」としての上昇をおこなったのであり、その意味で他によって「自然運動を現実化させられた」のである。あるいはまた、台上に静止していた石が、その落下を妨げていた台が取り除かれたことによって現実に落下し始める場合なども「自然運動の現実化」と解釈される。つまりこの場合の動かす「何か」とは、「自然運動」実現の契機を作ったものということになる。というわけで結局「強制運動」はもとより「自然運動」でさえも、ともに「他の何かによって動かされた」のである[36]。

そこで無生物の場合に、これらの運動の直接的原因としての「動かすもの」を順に遡及してゆくならば、無限後退を許さないかぎり、やがては運動の究極の起源つまり「最初に動かすもの」にたどり着かなければならないであろう。『自然学』は、自分自身は動くことのないその「最初の動かすもの（第一動者）」は、永遠の円運動を引き起すもの、すなわち恒星天の日周運動や惑星や太陽・月の周回運動を無限の時間をかけて引き起すものであり、どんな大きさも部分も持たない非物体的なものであるという結論で終っている。さらに『形而上学』では、この「運動の究極の原理」としての「不動の動者」は、あたかも「愛されるものが〔愛するものを〕動かすように」、「天界で運行させられているところの神的諸物体〔惑星〕」を動かすとある[37]。じつはアリストテレスによれば、みずからは動くことなく他を動かす運動のこの第一原因こそが、宇宙の秩序の原理であり「永遠にして最高善たる神」に他ならないのである。この「運動の第一原因」によってまず最初に第一天（恒星天球）が動かされ、ついで第一天により惑星や太陽や月が順に動かされ、それらの動きによって地上での四季の変化が生まれ、地球をとりまく大気の循環や気象の変化が生じる。これがアリストテレスの描き出した宇宙(ウラノス)であり世界(コスモス)である。

しかしこのかぎりにおいて、地上的存在でありながら他からは動かされることなく他を動かす磁石は、アリストテレスの自然学と四元素理論には適合する位置を見出しえない。そもそもがアリストテレスは「場所的に物体的運動を引き起すものは、動かされるものに接触しているか連続しているかのどちらかでなければならない」と語り[38]、ほとんどアプリオリに近接作用を主張しているのであるが、鉄にたいする磁石の作用は見かけ上それに反し、この点でも磁石は納まりが悪い。

ただしここまでの議論は無生物についてのものである。

それにたいして生物は「他のものによってではなしにそれ自身によって動かされる[39]」。つまり生物では「動かされるもの」としての身体にたいする「動かすもの」は「霊魂」に他ならない。アリストテレスにとっては「霊魂」とは、「生きている物体の原因あるいは原理」であり、端的に生物を無生物から区別するものである。そして、わかりにくい議論の結果であるが「霊魂が身体を動かす」こと、および「霊魂は動くことができない」ことは明らかと論じられている[40]。

とするならば、みずからは動かされることなく鉄を引き寄せ、さらには鉄を磁化さえしうる磁石は、アリストテレスにとっても「霊魂」を有し「生きている」と言えるであろう。しかし他方で磁石は、経験的にはあきらかに鉱物に属し、それを生物に分類するには困難がある。実際、アリストテレスは

図 1.2　アリストテレスの世界と宇宙．16 世紀に描かれたもの．

中央に「地球（yearth）」その表面に「水（water）」その上に「空気（aer）」「火（fier）」そして，月，水星，金星，太陽，……の球が続き，その上に「透明な蒼穹（cristalline firmament）」の球があって，最上部に「第一動者（primum mobile）」が存在している．

『霊魂論』第二巻第九章で「霊魂」のもつ能力として、植物と動物に共通する栄養と生長の能力、動物に見られる場所的運動と感覚の能力、そして人間に見られる表象と理性の能力を挙げているが、この分類では磁石の入るところがない。アリストテレスが磁石に積極的に触れようとしなかった消息はこのあたりにあるのではないだろうか。のちにアリストテレス哲学を受け入れ、第一原因としての神をキリスト教の神と読み替えたトマス・アクィナスが、霊魂のこのヒエラルキーを緻密化してそこに鉱物の霊魂を組み込むことになるが、それによってはじめて磁力はアリストテレス自然学のうちに位置づけられるようになったのである。

5　テオプラストスとその後のアリストテレス主義

そもそもアリストテレスは、磁石にかぎらず鉱物一般について、まとまったものを書き残していない。

その時代にアリストテレス主義の立場から鉱物についてのモノグラフを書き残したのは、レスボス島エルソスに生まれたテオプラストス（前三七二―二八八）であった。テオプラストスは、当初プラトンに学び、その後アリストテレスに師事し、学園リュケイオンで師アリストテレスの片腕として働き、師の死後、二代目学頭として師の衣鉢を継ぎ三五年にわたってリュケイオンを指導した。その意味ではアリストテレスにもっとも忠実な弟子と考えられる。実際、アリストテレス亡き後のアリストテレス学派——いわゆる「逍遥学派」——の中心になったのは、このテオプラストスであった。しかしテオプラストスは学問上アリストテレスべったりというわけではなく、目的論にかんしてはアリストテレスに批判的であり、のみならず土・水・空気にたいして火は異質であるとして、アリストテレスの四元素説に異を唱えている。[41]

ディオゲネス・ラエルティオスによれば、テオプラストスは「きわめて聡明で勤勉」でみずから「学問一筋」と称していたとあるから、大変な学究であったようで、事実、多くの著書を書いたと伝えられるが、現在残されているものは、アリストテレスの動物学書に匹敵すると言われる『植物学』をふくめてわずかしかない。しかし彼が紀元前三二一年頃に書いた『石について』はほぼ完全な形で残されていて、くわしい注釈のついた希英対訳も出されている。[42] その英訳者の書いた「序文」によると、この『石について』は「アリストテレスの原理にもとづいて鉱物を分類しようとする試み」であり、「鉱物を系統的なやりかたで研究する、知られているかぎりの初めての試み」として科学史的な観点からはとくに興味深いものとある。

はじめに石の分類の指標として、色彩や透明度や輝度、そして硬さや脆さや滑らかさといった外見的で感性的な性質が挙げられ、次のように語られている。

しかしながら石（リソス）は、これらの相違を有する以外に、他の物質に作用する能力をもつか否か、ないし他から作用を受けるか否かによっても異なる。というのもあるものは溶けるが他のものは溶けないし、あるものは燃えるが他のものは燃えないし、その他にもこの種の相違を有する。……そしてヘラクレイアの石と呼ばれるもの〔磁石〕やリュディアの石と呼ばれるもののように、あるもの〔前者〕は引き寄せる力を有し、他のもの〔後者〕は金や銀を試金することができる。（段落4）

鉱物全体の分類基準が感性的で外見的な性質であったり、可燃性や可溶性といった化学的・物理的性質であったり、あるいは磁力や静電気力であったり、一貫性がないように見えるけれども、すくなくとも他にたいする引力の有無が鉱物分類の徴表のひとつに挙げられていることは注目に価する。実際、そのため琥珀と磁石がともに引力をもつということで、次のようにおなじ分類に入れられている。

> 琥珀（ἤλεκτρον）も石であり、……この石もまた引力を有する。鉄を引き寄せる石はもっとも顕著で特異な例である。これもまた珍しくわずかな場所にしか生じない。この石もまた同様の力を有するものとして列挙されるべきである。（段落29）

しかし、鉱物の分類基準のひとつに引力の有無が挙げられているということは、引力が磁石と琥珀だけに見られる特別な性質ではなく、他にも引力を持つ鉱物がありうるという認識を示唆している。事実「リングリオン（λυγγούριον）」すなわち「大山猫の尿（lynx-urine stone）」なる鉱物についてこれは琥珀と同様に引力を持ち、ある人たちが言うには、麦藁や小さい木片を引き寄せるだけではなく、薄い破片であれば銅や鉄をも引き寄せる。それは冷たくてきわめて透明であり、それは飼い馴らされた個体のものよりも野生の個体からのものが、そして雌より雄からのもののほうが良質である。というのも、雄と雌では食べ物と活動量において差があり、一般的にその体の違いがあり、そのため一方は乾燥していて他方は湿っぽいからである。（段落28）

と記されている。「リングリオン」が「琥珀」と別ものであるとしたならば、これは琥珀以外の物質について静電引力（琥珀現象）を記した初めてのものということになる。もっともこの「リングリオン」が何であるのかについては、諸説がある。紀元一世紀のプリニウスの『博物誌』には「リンクリウム（lyncurium, lapis lyncurius）」とあり、それは「琥珀」と同一のもので、テオプラストスが伝えている話は「全部嘘」であると断言されている。[43] 実際「リングリオン」はどうも「琥珀」と同じものを指すらしいが、たとえそうだとしても、その引力が麦藁や羊毛にだけではなく、小さい金属片にまで――要するにほとんどあらゆる種類の物体にまで――及び、その点で磁力とは異なる性質のものであることをはじめて語ったものとして、この『石について』の記述は十分注目に値する。

つけ加えるならば、テオプラストスは『石について』の冒頭で「金属については別の場所で論じたので、ここでは石について語る」と補足している。これはアリストテレスが『気象論』で語った「大地の中に生じるもの」には「鉱物」と「金属」の二種類あり、「鉱物」は「溶解しない石の類」、他方

「金属」は「溶かされ延ばされたりしうるもの」という分類に対応している。(44) 金属は熱で溶けるが石は溶けないとされたので、四元素理論では金属は主要に水の元素から成り、石は主要に土の元素から成ると思われていたのである。この分類では、簡単には溶けない磁石はどうしても石に含められることになる。そして磁石を「金属」ではなく「石」に含めるこの区分は、実に近代にまで引き継がれることになった。実際、一七世紀のロバート・ボイルでさえ「鉄（iron）と磁石（loadstone）を区別している比重や延性やその他の性質〔可溶性〕を考えあわせるならば、金属（metal）が石（stone）に変わるなどというようなことをたやすく信じることはできない」と語り、鉄が磁化によって磁石に変わるという説に異を唱えているのである。(45)

ともあれテオプラストスの『石について』においてなによりも注目されるのは、ただこれらの力を示す石が存在するという事実が記されているだけで、その作用を「説明する」というエンペドクレス以来プラトンにいたるまでのギリシャ哲学を特徴づけていた指向がすでに見失われていることである。アリストテレス哲学は、すくなくともこの段階では磁力の説明を完全に放棄していたのである。

＊

古代ギリシャは、遠隔的に作用するように見える磁力を原子論やプラトンのように眼に見えない物質の近接作用に還元するか、それともタレスのように霊的で生命的な働きと見るか（物活論）、その二通りの路線において磁力を説明するという思想をはじめて産み出し、その意味で「力の発見」の第一歩を踏み出した。

すこし先まわりして言っておくと、アリストテレスから約二〇〇〇年後の一六世紀末に地球が磁石であることを発見したイギリス人ギルバートも「磁力は霊魂を有する、もしくは霊魂に似ている(vis magnetica animata est, aut animam imitatur)」と語っている。そんなわけでギルバートによれば「タレスが磁石は霊魂を持つと主張したのは理由がなくはない(Thales non sine causa animatum lapidem magnetem esse voluit)」のである。(46) ギルバートは基本的にアリストテレス主義者であり、物活論の立場に立っている。ところでアリストテレスにとって「有魂のものは無魂のものから〝生きている〟ことによって区別される」のであり、ここに「霊魂」とは「運動と静止の原理を自分自身のうちにもつ物体の本質」であり、堅苦しく言えば「霊魂は可能的に生命を持つ自然的物体の第一の現実態」とされる。(47) それゆえ地球を磁石と見たギルバートが地球を死せる土塊ではなく生命を有する活動的な物体と捉えることになるのは、不思議ではない。しかしこのことは、実は同時にアリストテレス宇宙論――古代天動説――の前提と鋭い対立を引き起すことになる。

アリストテレスの四元素（土・水・空気・火）と第五元素（アイテール）が空間のヒエラルキーに対応していることはすでに述べたが、それはまた価値の位階にも対応していた。つまり最上位の「アイテール」が神的でもっとも高貴な存在であるのにひきかえ、最下位にあり地球を構成する「土」は生命にもっとも遠い賤しい存在と見なされていたのである。このような見方は、古くはミレトスの一元論者たちが始源物質に「水」や「空気」や「火」を選んできたが「土」を始源に提唱した者はいないという事実に、あるいはプラトンの四元素においても「土」だけが他と移り変わることのできない形をしているということに、通底するものである。かくのごとくギリシャ哲学発祥以来、「土」だけは霊魂も生命も有さない存在であり、それゆえ主要に土よりなる地球は必然的に不活性で不動と思念されていたのである。天動説——地球不動説——を支える自然学的根拠であり深層心理であった。(48)

ところがギルバートは、他でもないその地球自体を霊魂を有する磁石であり活動的な物体と捉えたのである。このことは、これまであまり注目されなかったが、その当時は天動説から地動説への転換を自然学的に根拠づけるものと思念されていた。実際ここにはじめて、コペルニクスが語った地球の活動性の自然学的根拠が、現代から見ればいささか見当ちがいの方向であれ、慣性概念の未確立な段階で曲がりなりにも与えられ、また地球が物体に力を及ぼすという観点が産み出されたのである。一言で言ってコペルニクス説をめぐる議論が天文学の問題から自然学の問題に変ったのである。このギルバートに影響を受けて天体間の重力を構想したのがケプラーであった。その経緯と顚末は本書全体の重要なテーマであり、やがて後章でくわしく見ることになるであろう。

古代ギリシャ哲学史上最大の巨人アリストテレスが死んだのが紀元前三二二年であった。ファリントンはギリシャ科学の歴史は九〇〇年に及び、それはそれぞれ約三〇〇年の三つの時期に分けられ、その最初の時期がアリストテレスの死とともに幕を閉じるとしている。(49)実際、政治的に見ても、その少し前、紀元前三三八年にはアテネとテーベの連合軍がフィリッポス二世の率いるマケドニアに敗退し、ギリシャはマケドニアに統合される。その翌年、フィリッポスの死とともにマケドニアの王位に就いたのが、少年時代にアリストテレスに学んだアレクサンドロス（アレクサンダー大王、前三五六―三二三）であった。アレクサンドロスが小アジアとエジプトそして中央アジアを越えてインドにいたるまで遠征したことはよく知られている。そのアレクサンドロスが死んだのが、アリストテレスの死ぬ前年である。アレクサンドロスの東征はギリシャ世界を一挙に拡大することになったが、彼の死後、その大帝国はエジプトのプトレマイオス王朝、アジアのセレウコス王朝、そしてマケドニアのアンティゴノス王朝に分裂し、ヘレニズムの時代を迎えることになる。ギリシャの都市国家はかつての力をなくし、事実上マケドニアの支配下に置かれることになった。それゆえここでひとまず第一章を閉じることにしよう。

第二章　ヘレニズムの時代

1　エピクロスと原子論

ヘレニズム諸国家のうちでもっとも強固な中央集権を実現したプトレマイオス王朝は、組織的な科学研究を推進した最初の国家としても知られる。実際、プトレマイオス一世（在位前三二三—二八五）と同二世（在位前二八五—二四六）はアレクサンドリアに図書館や動物園の付属した学術研究機関ムセイオンを創設し、約百人におよぶ研究者を全国から集めた。国家に庇護された研究の始まりである。この研究者たちは歴代の王から俸給を与えられ、研究に専念することができたのであり、ここに専門的研究者の出現を見ることになる。そしてこの中から地理学者エラトステネス、天文学者アリスタルコス、数学者エウクレイデスやアポロニウスやヒッパルコスやアルキメデスが輩出した。それ以外にもすこし後にはプトレマイオスやストラボンの登場を見ることになり、数学、物理学、天文学、地理学ではギリシャ時代の最良のものを産み出した。しかし磁石と磁力をめぐる議論では、とくに新しい知見や視点が得られたわけではない。

古代ギリシャに登場した磁力にたいする二通りの見方、つまり、一方における機械論ないし原子論にもとづく要素還元主義と、他方における物活論と称される有機体的全体論は、ヘレニズムの時代にはいってそれぞれの内容がより明確にされてゆくとともに、その対立も浮彫りにされてゆき先鋭化していった。

ヘレニズム時代の二大哲学潮流はストア派とエピクロス派と言われるが、この時代には原子論は、そのエピクロス派の始祖アテナイのエピクロス（前三四一―二七一）によって唱道された。エピクロスもまた数多くの著書を書き遺したらしいが、そのほとんどは現在残されていない。にもかかわらずエピクロスが磁石や磁力について何らかの考察をしたはずだと考えられるのは、彼の教説を近代にまで伝えたルクレティウスの長篇の詩に、原子論による磁力の説明が記されているからであり、さらには紀元二世紀のガレノスがエピクロスの磁力理論を名指しで批判しているからである。そこで『ヘロドトス宛の手紙』（以下『手紙』）に残されているエピクロスの原子論から見てゆくことにしよう(1)。

『手紙』冒頭に「われわれは、確証の期待されるものや不明なものごとを解釈しうるよりどころをもつためには、すべてを感覚にしたがってみるべきである（p. 11）」と語られている。エピクロスにあっては真偽の判定基準が感覚におかれていたのであり、そのため懐疑論におちいる危険性が未然に防がれている。この点がエピクロスを第一に特徴づける。彼の第二の特徴は、宇宙の造物主としての神を追放したことにある。すなわち「諸天体の運動、回帰、食、昇りと沈み、その他これに類する天界・気象界の諸事象」が起るのは「普通にはある存在〔すなわち神〕がこれらの事象を現に主宰しているか、これまで主宰してきたがためであると考えられている」が、しかし「そのように考えるべきではない (p. 36f)」。古代原子論のよって立つ思想的基盤を明らかにしたと言えよう。

さて『手紙』では、宇宙が空虚と物体より成り、物体は原子より構成されるとはじめに主張される。というのも、一方では「かりに空虚とか空間とか不可触的な実在とか呼ばれるものが有らぬとすれば、物体はそれの存する処をも運動する処をも持たないことになろう」からであり、他方では、何ものも無から生ぜず無に帰することもないからには「不可分な物体的な実在」が存在しなければならないからである。すなわち「物体のうち、あるものは合成体であり、他のものは合成体を作る要素である。そして――あらゆるものが消滅して有らぬものに帰すべきではなく、かえって合成体の分解のさいにはある強固なものが残存すべきであるからには――これらの要素は不可分であり不転化である、つまり、それらは本性上充実しており、どんなものへも分解されてゆきようがない (p. 12f.)」。この「不可分で不転化で充実した実在」こそが「原子」である。物質の保存性と可変性〔運動可能性〕の双方をみたしうるものとして、このように物質の不変なる構成要素としての「原子」、およびその運動空間としての「空虚」の存在が要請されているのである。

なお『手紙』には「原子は、形状、重さ、大きさ、および形状に必然的にともなう性質を持っているが、それ以外には、……いかなる性質をも持たない (p. 20)」とあるように、原子にたいしてデモクリトスは「大きさ」と「形状」という二つの属性を挙げたのにたいして、エピクロスは「重さ」とそれに付随して下向きの運動をつけ加えた。そしてこの落下運動が鉛直から逸れることによって、原子どうしが相互作用をおこなう。

このエピクロスの語っている原子の運動と物体の構造については、後に重要になるので、ややわかりにくいが引いておこう。

　原子は、たえず永遠に運動する。あるものは垂直に落下し、あるものは方向が偏り、あるものは衝突して跳ね返る。衝突して跳ね返るもののうち、あるものは遠くへ運動して相互にへだたり、あるものはさらにそのまま跳ね返りの状態を保ちつづける。この後の場合は、跳ね返りあう原子どもが絡み合っているために、原子が、跳ね返ったのちただちにその運動を曲げられるとき、あるいは跳ね返りあう原子どもがそのまわりを絡み合っているほかの原子どもによって囲まれているときに、起る。(p. 14)

岩波文庫の邦訳に付された注によると、ここで言われている「跳ね返り遠くへ運動して相互にへだたり」という状態は気体に、「跳ね返りの状態を保ちつづけ」という状態は液体と固体に相当し、そのうち「跳ね返ったのちただちにその運動を曲げられる」のが液体で、「跳ね返りあう原子どもが、そのまわりを絡み合っているほかの原子どもによって囲まれているとき」が固体であると解釈される。これまで別種の実在と見られていた「空気・水・土」が物質の相の違い、つまり構成原子の運動状態・結合状態の違いにすぎないことをはじめて指摘したものである。そして、後に見るようにこの「跳ね返り」が磁力説明のキーワードになる。

また物体が私たちに及ぼす各種の感覚は、物体から飛び出してくる原子が当の感覚器官を刺激するからであるとされる。たとえば「外界の事物から何ものかがわれわれのうちに入るので、われわれはその事物の形態を見る（p. 17）」のであり、同様に聴覚が生ずるのも「音声だの響きだの騒音だのを発する事物、その他どんな仕方でにせよおよそ聴覚を引き起す事物から、一種の流体が発して運動するからである（p. 19）」。要するに「もし事物から発する当の感官を刺激するのに適当な大きさをしたある種の粒子どもが存在しないならば、どんな感覚を引き起すこともできない（p. 20）」。これもエンペドクレス以来の論理であり、物質から原子が飛び出し流れ出ているという表象が作用一般の説明のベースになっていることも変わりはない。

そのあとに霊魂は微細な部分から成るという霊魂論が展開されているが、以上がエピクロスの原子論の骨子である。

この『手紙』は、初学者のために書かれた『大摘要』との対比で『小摘要』と称されているが、『大摘要』は現存していない。そしてエピクロスの磁石論は、その『大摘要』に書かれていたと考えられている。しかしそれは後にルクレティウスが書いた詩のなかにたぶん忠実に展開されているので、エピクロスにはこれ以上深入りせず、一足飛びにルクレティウスに眼を転じよう。

2　ルクレティウスと原子論

原子論にもとづく世界説明の全面展開に私たちがはじめて出会うのは、紀元前七〇年頃に書かれたルクレティウスの『物の本質について（*De Rerum Natura*）』であり、この中に磁力について、その性質の単なる「記述」を越える「理論」、すなわち一般的な原理にもとづく「説明」が与えられている。ルクレティウスの生涯については「（紀元前九五年頃に）詩人ティトゥス・ルクレティウス誕生。後に媚薬を飲み発狂し、正気に返った合間に何冊かの本を書き遺す。後にキケロがそれを校訂。四四歳のとき自らの手により命を絶つ」という、約四〇〇年後のヒエロニュモスによる奇妙な書きつけくらいしか伝えられていない[2]。このようにルクレティウスはユリウス・カエサル（前一〇〇頃―四四）と同時代すなわち共和制末期のローマ人であり、著書もラテン語で書かれているが、ギリシャ自然哲学の継承者であり、思想的には衰退過程にあるギリシャ文明に属しているので、ここで扱うことにしよう。

図 2.1　ルクレティウスの肖像

『物の本質について』は古代ギリシャの原子論、とくにエピクロスのそれを近代以降に伝えたもので、その意味においても重要であるが、それだけではない。第一に、これは科学思想ではあるが、詩の形式で表現されたもので、文学的に見てもそれなりの水準に到達していて、一個の独立した文学作品としていまなお読むに堪え評価に値する。第二に、なるほど語られている原子論思想という点ではこの作品はエピクロスの紹介にすぎないかもしれないが、この詩の本来の目的は、宗教にたいする蒙昧な恭順と死にたいする恐怖から人類を解放することにあり、その点でも注目に価する。しかしここでは、その原子論と磁気理論に話題を絞ることにしよう。

全六巻より成るこの長篇の詩の第一巻のはじめに、この詩は「万物を形成する原子を説き明かそうとするもの」で「原子でもって、自然は万物を作り、増加させ、生育させるのだということを、また死亡したものは、おなじく自然が、これをふたたびこの原子に還元分解してしまうのだ、ということを説き明かそうとする」ものであると、その意図を語り、「原子」を次のように規定している。(3)

この原子（primordia）とは、われわれが物の理を説くときに、通常、素材（materies）とか諸物を生む原体（corpora）とか物の種子（semen）と称し、またこれを基として万物が生ずるところから、おなじく始源物質（corpora prima）とも称しているところのものである。（I, 59-61）

この後にルクレティウスは、エピクロスを、人類が宗教的恐怖によって押しひしがれていたときに不敵にもこれに反抗しこれを打ち破った人物と記し、しかしそのことはけっして不敬でも罪悪でもないと擁護している。「かの宗教なるものの方こそ、これまではるかに罪深い不敬神のおこないを犯してきている」のである(I, 83)。にもかかわらず「死すべき人間は、地上に、また天空に、幾多の現象の生ずるを見て、その原因がいかなる方法をもってしても窺い知ることができず、これひとえに神意によって生じるのだと考えてしまうがゆえに、誰しも皆恐怖にとらわれてしまう(I, 151–4)」。共和制末期のローマ社会の混乱が行間に透けて見えるが、かかる宗教的恐怖に打ち勝つためにこそ自然の解明は求められているとルクレティウスは断言する。「このような精神の恐怖と暗黒は、太陽の光明や真昼の光線では一掃できないことは必定であり、自然の姿〔を究明すること〕こそ、また自然の法則〔を解明すること〕こそ、これを取り除いてくれるに違いない(I, 146–8)」のである。おそらくこれこそが、ルクレティウスにとっての自然研究の最大の目的だったのであろう。

そしてその「自然の第一の原理」としてルクレティウスは、始源物質としての原子の不生不滅を挙げる。すなわち「何ものも無から生じることはない(I, 150)」し、「いかなるものも無に帰することはなく、ただ原子に還元されるにすぎない(I, 248–9)」。その根拠として、季節の巡りとともに種子から出た芽が木に成長し果実を稔らせというように、自然界はつねに変化しているが、しかしきまった種子からはかならずきまった木が成長しきまった果実が稔りそして元とおなじ種子が得られるというように、その外見上の変化をつらぬいて一定不変のものが維持されているという観察が挙げられている。原子論の根拠に生命現象がまず言及されるというのは、私たちには奇異に思われるが、この時代には原子論・機械論のサイドでも物活論のサイドでも、生物と無生物をはっきりと区別して論じるということはなかったようである。

ついでルクレティウスは、物質の可動性、および物質への流体の浸透性、さらには同体積の物質ごとに見られる重量差から、空虚の存在を論証する。すなわち「いかに緊密だと思われる物でも、それを構成している物質は、粗なるものである（I, 346）」。それゆえ「万物の本質は、それ自体において二つのものから成り立っている。すなわち物質（corpora）と空虚（inane）であって、この空虚のなかに物質が存在し、この空虚をとおって物質はいずれの方向へも運動する。……このほかに、物質とは区別され、空虚とも異なると称しうる、いわば第三質として知られているようなものは存在しない（I, 419–20, 429–31）」。

こうして「物の本質に関する真の理論は、否応なしにこう信じせしめる、すなわち、強固にして恒久的なる構成に成るものがあるということ、そしてこれがわれわれの説く物の種子、すなわち原子なるものであって、現存する物の総和〔宇宙〕は、すべてこれを元として構成されている（I, 500–2）」と宣言される。原子論の基本思想である。その上でルクレティウスは、万物が火からできているとか、空気からできているとか、水からできているとか、あるいはまた、火と空気と水と土からできていると説く、始源物質をめぐるそれまでのギリシャの哲学者たちの各種の言説をすべて退け、物性の説明原理として、いくつもの原子の「結合（concursus）、運動（motus）、順序（ordo）、配置（positura）、形状（figura）（I, 685, II, 1021–2）」のみを挙げる。アルファベットの配列を変えただけで言葉の意味も発音も多種多様に変化するのと同様に、自然界に見られる物質のさまざまな性質もこれらの因子の組み合せと配列でもって説明される。「重要となる点は、おなじ原子がいかなる原子とともにあり、またいかなる状態で結合されているのか、いかなる運動をやりとりしているのか、という点である（I, 817–9, 908–10）。」デモクリトスは事物の性質を「形状・向き・配置」で説明したが、エピクロスとルクレティウスはそれに「運動」をつけ加えたのである。このことの重要性は一七世紀になってはじめて明らかになる。

そして、個々的には自然法則にのっとって動くその夥しい数の原子全体の運動と結合の結果として、現にあるこの宇宙が形成されたと考えられる。そこには「神意」や「目的」はない。

原子が秩序だった配置をとるのは、それぞれが先を見とおして意識的に自己の位置を占めたからでないのは明らかであるし、またそれぞれがいかなる運動を起そうかと示し合せたわけでもない。ただ原子は数が多く、かつあらゆる具合に変化をうけ、無限のかなたから、打撃をうけて運動を起し、宇宙中を駆り立てられて飛んでいるがゆえに、あらゆる種類の運動と結合の仕方を試み、こうしてついに現在、物のこのような総和が生まれ成立するにいたったこの配置にはいるのである。（I, 1021–8）

以上で第一巻は終る。超越者の意志や計画による天地創造の対極にある世界観の表明であり、自然説明からの目的論の追放宣言である。そのため一七世紀にボイルやガッサンディが粒子論や原子論を復活させたときには、それをキリスト教と折り合せるために、原子の運動とその法則は天地創造にさ

いして神から与えられたと書き直さなければならなかったのである。(4)

第二巻では、原子の運動と形状が論じられる。

運動について言うならば「原子にはまったく静止が許されない」のであり、「原子は変化きわまりない不休の運動に駆り立てられている(II, 95–7)」。たとえ巨視的な物体としては静止しているときでさえ、その物体を構成している原子は「ことごとく運動している(omnis in motus)」。ただし、私たちには「原子そのものも認知しえないので、個々の原子の運動もわれわれの眼には捉えられない」(II, 312)。現代物理学の分子運動論を髣髴させるくだりである。

さらに、原子は運動だけではなくさまざまの形状をもち、それによって物体の物理的性質だけではなく、味や匂いといった人間の感覚器官に与えられる性質も決定される。つまり、水がガラスを通ることができないのにたいして光がランプを通るのは、光の原子が小さいからであり、葡萄酒にくらべてオリーブ油が流れにくいのは、後者が「大きな原子からできているか、でなければより多く鉤がついていて(magis hamatis)、たがいにより密接に縺れ合った原子からできているからである(II, 393–5)」。同様に、たとえば「〔蜜や乳のように〕われわれの感覚〔味覚〕を快く感じさせうるものは、滑らかな丸い原子から成っている。これに反して、〔ニガヨモギやセンブリのような〕苦くまずいと思われるものはすべて、より多くの鉤によって結合されている原子であって、そのためにわれわれの感覚を引き裂いて途をつけ、侵入することによって器官を破壊するからである(II, 400–7)」。その他の感覚についても同様に論じられている。

微視的世界のメカニズムが巨視的世界のメカニズムをそのまま縮小させただけで本質的に変りはないというこのような見方は、もちろん現代の私たちから見れば素朴というかむしろ稚拙であるが、しかしこれこそは、一七世紀になってデカルトの機械論やガッサンディの原子論が、アリストテレスの質の物化の論理や魔術思想に対置させて復活させた思想の原型である。否、原型というよりは近代初頭の原子論の思想そのものと言ったほうが実相に近い。実際、ガッサンディは「冷の原子」は歯を持ち（dentata）、私たちは噛まれた感じで冷を判断すると論じているが、これはルクレティウスの口写しである。そしてそのガッサンディの影響を受けたシラノ・ド・ベルジュラックは、一六五七年に、ガラスが透明なのは「ガラスの小孔はそこを通過する火の原子とおなじ形にできている」からであると語っている(5)。近代初頭の機械論と原子論は、実験や観察からではなく、むしろ千数百年前の科学を見出すところから始まったのである。

3　ルクレティウスによる磁力の「説明」

『物の本質について』第三巻は「精神と霊魂（animus et anima）」の考察に当てられている。ここでも原子論は貫徹されていて、ルクレティウスの説くところでは「精神（animus）は身体の一部を構成するものであって、手、足、眼が生物体の一部を構成しているのと異なることはない（III, 96-7）」。そして、精神は人間に指図して肉体を動かしその部分を変化させるが、「これらの現象はいずれも接触がなければ起りえないことであり、さらに接触は形態なくしては起りえないことが明らかである」からには「精神と霊魂もその本質は有形的である（III, 165-7）」。のみならずそれらが活動をはじめる速さは、われわれの眼前に見られる他のいかなるものよりも速やかであり、このように「精神の本質は著しく動きやすいものであるということが明白となった以上、精神は極度に微細にして滑らかな丸い原子から構成されているにちがいない（III, 203-5）」。この点についてはこれ以上踏み込まないが、このように精神をも物質に還元する立場に立つかぎり、磁力を霊的なものと見てそれで済ませるタレスやアリストテレスの立場があらかじめ封殺されていることは明らかであろう。

さて第四巻では「感覚と愛」、第五巻では「宇宙と社会」が語られていて、それはそれで興味深いが、本書の主題から外れすぎるので素通りし、一足飛びに「気象と地質」について論じている第六巻に眼を転じよう。ここで雷や電光、竜巻、雨、そして地震、火山などの自然現象について、原子論でそれなりの説明が与えられている。そしてほとんど最後のところでようやく磁石に入る。はっきり言って、雷や地震についての議論が軽快で読みやすいのにひきかえ、磁石の説明にはルクレティウスはてこずっているという印象は否めない。

はじめに「マグネテス人の国境内に産するがゆえに、その産地の名前からギリシャ人がマグネスの石〔磁石〕と称しているこの石が、鉄を引きつけることができるのは、自然のいかなる理によるのかを論じることとしよう」と切り出し、磁石について知られている事実、すなわち、鉄を直接引き寄せる事実と、鉄を磁化する――「いくつかの環を自身から吊り下げて鎖を形成する」――という事実、いわゆる「サモトラケーの鉄」の現象が述べられる（VI, 906–16）。

この現象を説明するために、ルクレティウスはそれまでに述べてきたことから次の三点を挙げる。第一に、すべての物が感覚されるのはその物からその感覚に対応した原子が飛び出しているからであるが、そのように「あらゆる物からはそれぞれの原子が流れ出て、周囲のあらゆる方向にむかって休まず止まらず飛散している（VI, 931–4）」こと。第二は、すべての物体は粗でその内部に空虚を含むこと（VI, 940–1）。そして第三に、そのさいガラスが光を通し金属が熱を通すように、それぞれの物は「それぞれ固有な性質とそれぞれ固有の通孔（foramen）を有している（VI, 981–3）」ことである。

これだけを前提として磁力の説明がなされている。それはすこし長くて煩わしいが、ルクレティウスの表現をそのまま読んでいただこう（文中「石（lapis）」とあるのはすべて磁石を指す）。

まず第一にこの石からはきわめて多量の原子（semen）か、あるいは原子の流波（aestum）が流れ出ているにちがいなく、これが石と鉄の間にあるすべての空気を打ちはらう。そしてこの中間の場所が充分に空虚となると、ただちに鉄の原子が押し出されてその空虚のなかへ一団となって滑り込み、その結果、環そのものもこれに続き、かくして全体として動いてゆくことになる。それに、強くかつ冷たい恐ろしさを持った鉄という物質ほど原子の緊密に絡み合って密着したものは他にはまったくない。それゆえにこそ、私の言っているように、鉄から多量の原子が出てその空虚のなかへ動いてゆけば、鉄環もまた続いてゆくにちがいないであろうことは、すこしも怪しむにはあたらない。現に鉄環はそうするのである。そして続いていってついにその石にまで達し、目に見えない留金によって石に固着する(haerere)にいたる。(VI, 1002–16)

要するに、磁石から出た原子が空気を打撃してそこに空虚を作ると、その空虚に鉄から出た原子がただちに流れ込み、原子のその流れに鉄自体が続いてゆくということらしい。これが鉄が磁石に引き寄せられる原因とされているが、鉄と磁石が接して固着する理由にたいしては、ここでは接着について「眼に見えない留金(caecuae compagines)」によるとされている。この点については、この後に「一方のものの有する間隙が他方のもので充満され、他方のものの間隙が一方のもので充満されて適合し合うというような相互関係が物の組織上に生ずれば、ここに二者の最上の接合がおこなわれる。また、二つの物があたかも環と鉤で連結されたかのように、相互に密着し合った状態を保ちうることもあるが、磁石と鉄との場合に生じるのは、むしろこれであると思われる(VI, 1084–9)」と敷衍されている。通常の石が漆喰で固まるとか木材が膠で接着されるとか金属がはんだで接合されるというのは前者の例で、それにたいして磁石と鉄は「環や鉤(anellus hamusque)」でメカニカルに結合するというわけである。

ここまでのところでは、単純素朴な議論ではあれそれなりの説明にはなっていよう。それどころか「鉤や環による結合」という表象こそは、一七世紀になって機械論者が主として依拠した発想に他ならない。しかしこのような論理では、磁石が引力だけでなく斥力をも示すという事実、および、磁石が鉄だけを引き寄せ、非金属はもちろん金属であっても鉄以外のものを引き寄せない事実——磁力の選択性——の説明はきわめて困難に思われる。

前者の点についてはこの後に、ルクレティウスは、鉄と磁石のあいだの斥力について、次のような観察と説明を与えている。

また時には鉄性のものがこの石からよく逃げまわったり、かと思うと今度は追いかけたりして、引き退くこともある。この磁石を下にあてると、青銅の器のなかでサモトラケーの鉄が躍り鉄粉が狂乱状態を呈するのを私は見たことがある。それほどまでに鉄粉は磁石を逃げたがるように見える。青銅が介入するとこのような不調和が生じるが、その理由は疑いもなく、青銅から出る〔原子の〕流波がまず鉄の中の開いた通孔を先に占領してしまい、しかる後に磁石から出る〔原子の〕流波が来ると、鉄の中はすでに充満していることを知り以前のように泳ぎこむ余地が無くなっているからである。したがって磁石は自身の波をもって鉄の組織全体を打ち、押すようにせざるをえなくなる。かくして磁石は鉄を自身から遠ざけ（ab se respuere）、青銅があいだになければ通常は引き寄せる（resorbere）ところのものを、青銅を通すと追い立てる（agitare）ことになる。（VI, 1042–55）

この一節は磁石が鉄にたいして引力だけではなく斥力をも示すこと、およびその力があいだに置かれた金属によって遮蔽されないことについての、おそらくはじめての成文化された観察記録であろう。

しかしここでは、その両者が因果的に結合され、斥力が青銅の介在の結果と見なされ、青銅から出た粒子が先に鉄の孔を埋めたことによるものと説明されている。もちろんそれは、たまたま青銅を介在させた状態でおこなわれた観察を無批判にかつ性急に一般化したことの帰結ではあるだろう。しかしそれだけではなく、先の論理だけでは、同一物体がときには引力を示しときには斥力を示すという事実を説明しようがなく、そのため斥力の出現を第三の物体の介在の結果、したがって磁石にとって非本質的で付帯的な現象と見なさざるをえなかったのではないだろうか。

さらに、磁力が選択的に鉄にたいしてのみ働くという点にたいしては、次のようにある。

> これらの問題において、この石から出る流波が他の物をもまた同様に動かすことができないからとて、何も不思議がるには及ばない。なぜならば、その重量のために、しっかりしていて動こうとしない物があるからである。金はこの種のものである。また物がきわめて粗なる物質によって成り立っているので、流波が抵抗を受けることなく通過してしまうために、どこへも動かされないという場合もある。木材はこの種のものであるように思われる。ところで鉄性のものはこの両者の中間にあって、青銅の原子をある程度受ける場合、磁石は流波をもってこれを押しやるということになる。(VI, 1056–64)

これを読むかぎりでは、磁力の選択性の説明にルクレティウスが成功しているとはとても思われない。しかし、人類がその説明に成功したのは二〇世紀になってからのことであるから、そのことをもって古代の原子論をあげつらうのはそれほど意味のあることではない。

畢竟するに、たとえその説明が現代から見てどれほど安直で限られたものであれ、あるいは欠陥を含んでいるにせよ、それらは近代の機械論と原子論——総じて要素還元主義——の原点なのである。実際、千数百年後のデカルトやガッサンディの説明も、神との関係を別にすれば、素朴さの点においてはこれらと五十歩百歩と言える。すくなくともアレクサンドロスをとおして伝えられるエンペドクレスとディオゲネスとデモクリトス、後期プラトンとプルタルコス、そしてまたルクレティウス自身およびルクレティウスの詩に語られているエピクロスは、磁力を単に事実として書き記しただけではなく、はじめてその合理的な説明を試みた人たちとして記憶されなければならないであろう。しかし、ギリシャにおけるこの還元主義の伝統は、ルクレティウスでもって終焉を迎える。

4　ガレノスと「自然の諸機能」

エピクロスとその原子論にたいする厳しい批判的見解を、私たちは紀元二世紀のガレノス（一三一—二〇一）の著書に見ることになる。「医学の父」とか「医聖」と呼ばれるヒポクラテスにより代表される古代ギリシャ医学の思想をヨーロッパ中世とアラブ社会に伝承したのがガレノスである。ガレノスはすでにローマに制圧されていた小アジアのペルガモンに紀元一三一年頃に生まれ、古くから医学研究の中心であったアレクサンドリアやその他の地に学び、古代以来の医学思想、自然哲学思想を身につけ、論敵との激しい論争にうち勝ち、ローマで圧倒的な信頼をかちとり、時の最高権力者マルクス・アウレリウス帝（在位一六一―八〇）の侍医にまで登りつめ、膨大な著作を遺して死んだ。この経歴からすれば、ガレノスはむしろ次章のローマ時代で論じるべきかもしれないが、学問的には「古代ギリシャ医学の総決算」(6)と称される位置にあり、やはりギリシャ科学の文脈に置かれるべきであろう。著書もギリシャ語で書かれている。

その多くの著作において、ガレノスは単におのれの医学思想を叙述展開しているだけではない。それらの著作は、一方ではヒポクラテスにたいする過剰なる賛美と他方では同時代の他の医学思想潮流との苛烈な論争によって特徴づけられている。そのため、千年以上も後になってカルダーノに「ガレノスは破廉恥な口喧嘩をやらかしている」と冷やかされ、現代においても「安っぽいうぬぼれや立身出世主義は鼻持ちならない。……彼の最良の部分は借りものである」と酷評されているが(7)、そのおかげで彼以前の医師たちの言説や同時代の対立する医学思想も今日に伝えられることになった。そしてそれとともに、その歯に衣着せぬ批判のなかで、力をめぐる二つの路線、すなわち要素還元主義と有機体的全体論の対立がくっきりと浮彫りにされてゆくことになった。

本書は医学思想を論ずるものではないので、ガレノス医学について深入りするつもりはないし、もとより筆者にそれだけの力はない。ここでガレノスを取り上げたのは、ヒポクラテス医学とアリストテレス自然学の継承者であるガレノスが、原子論哲学を信奉する学派――「方法学派」――との論争の過程でエピクロスの磁力理論を論駁しようとし、ひいては原子論そのものにたいする激越な批判を展開しているからである。

ガレノスの医学思想・自然思想とともに彼の原子論批判がもっともよく論じられているのは、紀元一六〇年代に書かれた、そしてガレノスの「主著」と見なされている『自然の機能について』のようであるから、以下で本書を見てゆくことにしよう。[8] その第三巻には

吸引にも二種類のものがあって、そのひとつは空虚充塡による吸引であり、いまひとつは質の親近性によって起る吸引である。ふいごに空気が吸い込まれるのと、鉄が磁石に引きつけられるのでは、吸引のされかたが異なる。(p. 211)

図 2.2　ガレノス（16 世紀の想像図）

と記されている。つまり肺が空気を吸収するのは「空虚充塡」という物理的で力学的な作用であるが、胃や腸が皮膜をとおして栄養分を吸収するのは「質の親近性」による生理的な働きであり、磁力はその後者に属するというのである。ガレノスにおいて特徴的なのは、磁力がこのように身体器官の生理的な作用に準じるものとして論じられていることにある。

はじめにガレノスは、生物（動物と植物）を特徴づける

「生長する」と「養分を取る」という二つの働きを「自然（ピュシス）」の働きの結果であり、さらに「感覚する」と「随意運動する」を動物に特有のものであって「霊魂（プシュケー）」の働きの結果と規定している。このあたりの言葉遣いは、「自然とはそのひとつの意味では生長する事物の生成を言う」と『形而上学』で語り、霊魂の能力を「栄養的・感覚的・欲求的・場所による運動可能的・および思考可能的」と『霊魂論』で記したアリストテレスの影響を色濃く示している。(9)

実際、この書で「すべての動物の諸部分は熱（温）・冷・乾・湿によって統御されている（p. 118）」、「われわれの身体は熱・冷・乾・湿から成り立っている（p. 123）」云々と述べているように、ガレノスは基本的にはアリストテレス流の四性質の理論に立脚している。そしてアリストテレスの四元素に対応して、ガレノスの病理学は、熱・湿に対応する血液、熱・乾に対応する黄胆汁、冷・湿に対応する粘液、冷・乾に対応する黒胆汁の四体液を構想し、病因をその四体液のバランス（混和）の失調に求めている。この四体液理論そのものはギリシャ医学——ヒポクラテス医学——からの継承であるが、(10) それが中世をとおして医学・医術の錦の御旗になったのはガレノス以来のこととされる。(11) さらにガレノスはすべての実体の変化を熱・冷・乾・湿の二組の対立性質のあいだの移行・変換——質的変化——として捉える。すなわち「相互に作用を及ぼしあう質の数は全部で四つ（熱・冷・乾・湿）であり、そうした質のせいで、およそ生成と消滅を受けるかぎりのものが生成したり消滅したりする（p. 8, cf. p. 12）。」アリストテレスの『生成消滅論』の継承である。ガレノスの医学は、ギリシャ・ヒポクラテス医学をアリストテレス自然学で裏づけたものと言えよう。

さてガレノスは、そのような実体の質的な変化を基本的事実として認めるか否かにこそ、おのれと原子論者たちとの決定的な対立点があると主張する。すなわち「医学・哲学の領域において、何らかの意味のあることを宣言した人々」には二つの学派がある。一方は「生成と消滅を受ける基体となる実体はすべて一体をなしているとともに、質的変化をうける」とする学派である。ガレノスをもその一員――というより筆頭――とするこの学派は、たとえば身体に摂取された食物が血や肉になるのは同化とともに真に質的な変化が生じているからであり、同様に生長においても量的増大とともに質的変化が生じていると考える。それにたいしてもう一方は、「実体は不変であり質的変化を起すこともありえず、分断されて微細なものとなり、あいだにある空虚な空間によって区分されている」とする学派である（p. 33）。この学派は、現象に見られる変化を見かけのものと考え、それを不変な実体（原子）の離合集散により機械論的に説明しようとする。

そしてガレノスは、この二つの立場の対立をより一般的に「自然の諸機能」を認めるか否かに帰着させる。前者のつまりガレノスの立場では「自然は物体より後のものではなく、……この自然こそが動物や植物の身体を構成したのであり、この場合自然は、一方では親近性のあるものを引き寄せこれを同化するとともに、他方では異質的なものを排除するというある種の機能を駆使する（p. 34, cf. p. 43）」と考える。ガレノスの「自然」すなわち身体的自然本性は身体の各部位にその機能を遂行せしめる働きの総体を指し、そしてその全体としての働きが個別の器官に先行している。個々の器官は全体の中に置かれてはじめて、その固有の役割を担いうるのである。有機体的全体論と言えよう。それにたいして後者の立場では「自然にも魂にも、何らの固有の実体も、ないしは機能も備わっていないことになり、作用を受けて変化するということのない第一の諸物体（原子）のある種の凝集によって、生成と消滅が仕上げられることになる（p. 33f.）」。要素還元主義である。その立場では「何ものも何ものとも共感することなく、実体全体が分割され分断され相互に接合点のないくだらない物塊へと解体することになる」ために、原子論者たちは「自然の諸機能、つまり親近性のあるものを引き寄せる機能や、異質なものを排除する機能には無知（p. 44）」なのである。

結局のところガレノスの基本的な立場は、有機体としての身体各部には「引き寄せ力」「保持力」「変質（同化）力」「排除力」という「自然力（デュナミス）」が備わっていることを認め、かつこれらの力をそれ以上還元不可能なそれゆえまた説明不可能な自然の基本的事実として受け入れるということに尽きている。この点については「ガレノスが語る多くのことは説明されるべき現象を言い換えたにすぎず、ほとんど何の価値ももたない[12]」という指摘は、還元主義の立場からすれば、当たっているだろう。しかし、この時代の未成熟で粗雑な原子論でもって身体各部の生理的働きを性急に「説明」しようとする還元主義の試みは、どれほど巧妙にできていたとしても実際には空想でしかないであろう。それにくらべてこのガレノスの試みは、実際の観察にもとづいて生物に特有の代謝の働きを現象的にそれなりに正しく捉えたうえで、身体の各器官の働きを整理・分類する枠組を与えたことにおいて意味があったのではないだろうか。

5　磁力の原因をめぐる論争

むしろ問題は、ガレノスがおのれと原子論との決定的な分岐点をこの「自然の諸機能」を認めるか否かという問題に単純化しただけではなく、この視点をドグマ化して、無生物・無機物の物理的作用にまで野放図に押し広げたことにある。

『自然の諸機能』においては、原子論との対立の焦点にほかでもない「引き寄せ」を認めるか否かが据えられている。ここでガレノスが原子論者の医師として槍玉にあげているのは「生理学領域で最初の原子論者・機械論者」[13]と言われたアスクレピアデスのことである。アスクレピアデスはルクレティウスよりすこし前に生まれギリシャからローマに移住した医師で、ローマでは人気があったらしい。しかしガレノスは「おのおのの薬がそれ自身と親近性のある体液を引きつける」という事実をアスクレピアデスが信じないのはナンセンスであると断じている（p. 49）。ここに「引きつけ」ないし「引き寄せ」とは吸収・吸引・牽引のすべてにわたる広い作用を指しているようであるが、その「引き寄せ」の実例のひとつとして磁力が挙げられている。

もともと生物体・有機体の働きとしての「自然の機能」のひとつであった「引き寄せ」が、ここでは薬物一般の持つ薬効にまで拡大解釈され、のみならず鉱物である磁石の作用までもがそれに類同化させられている。この点は現代人に違和感の残るのは避け難い。実際、このすこし後には「瀉下薬だけが本来、それ自身と親近性のある〈質〉を引きつけるようにできているわけではなく、刺だとか、ときには肉の奥深くまで刺さっている矢の切っ先だとかを取り除く薬も同様である。さらにまた野獣の毒や、矢に塗りつけられている毒を吸い取る薬もすべて、ヘラクレイアの石〔磁石〕とおなじ機能を見せている（p. 58）」と記されている。第二巻には養分の吸収は磁力とおなじとあり（p. 112f.）、さらには「ちょうど鉄にたいして磁石が吸引機能をもっているように、精子にも血液を引きつける一種の機能が備わっている（p. 92）」とまで書かれている。これを「物活論」と言ってしまえばそれまでであるが、近代初頭にギルバートが「毒や矢のための薬は磁性体の働きとはまったく無関係でおよそ似てもいない」と喝破しているように[14]、このガレノスの議論はあまりにも飛躍しすぎていると言えよう。しかしタレスこのかた磁力はある種の生命的な力と考えられていたのであり、そのうえ当時は生物と無生物の区別すら明確なものではなかったのであるから、当時の見方からすれば、生物体の働きを磁石に事寄せて語ることも、私たちが思うほど奇異な事柄ではなかったのであろう。

　ともあれ、ここでストレートにエピクロスの磁力論が出てきて、しかもそれはおそらく当時はまだ残っていたエピクロスの書物にじかに依拠したものではないかと思われるから、くわしく見てゆくことにしよう。ガレノスは、アスクレピアデスと異なりエピクロスが引力の存在を認めていることを評価したうえで、しかしその説明には「まるで説得力がない」と断じている。

　エピクロスはヘラクレイアの石〔磁石〕によって鉄が引きつけられ、琥珀によって籾殻が引きつけられるということを認めており、しかもその現象の原因の説明を試みている。エピクロスの言うところでは、磁石から流出する原子は、鉄から流出する原子と形状の上で適合性があり（congruere）、したがってそれらは容易に絡み合うというのである。実際、原子は、磁石と鉄双方の〔それぞれの原子の集合した〕塊に衝突し、それから〔双方の〕中間へ跳ね返され、こうして相互に絡み合い、〔磁石が〕鉄を引きつけるのだという。（p. 50）

一言で言うと、エピクロスの語るところでは「吸引はすべて、原子の跳ね返りと絡み合いによって起る（p. 63）」のである。エピクロスをこのように理解したうえでガレノスは、エピクロスのこの説を次のように批判している。

エピクロスのほうは、つねに観測された現象をはっきり認めており、ただその原因として挙げているものがお寒いものだというだけである。というのは、ヘラクレイアの石に属している小物体〔原子〕が跳ね返ってくるとして、それが鉄に属している別の似たような小部分〔原子〕と絡み合い、ついでこの絡み合い――こんな絡み合いはどこにも見えないのだが――のゆえに、あれほど重い実体を引きつけるなど、どうしてこんなことを信じうるのか、私は理解に苦しむ。その理由のひとつは、かりに以上のことを認めるとしても、今度はその鉄に第二の鉄片が接触させられた場合に、この後者が付着するということは、もはやおなじ原因では説明できない、ということである。（p. 52）

この後にガレノスは「私はかつて、五本の鉄筆がたがいに一列にくっつけられているのを見たことがあるが、このとき最初の一本だけが磁石に触れており、その機能〔磁力〕は最初の一本からその他の鉄筆へと伝達されていた」と記し、そのうえでエピクロスの説明にたいする批判を延々と展開している。その批判の鉾先は、エピクロスの原子論による説明では磁石に接触した鉄がさらに別の鉄を引きつける鉄の磁化現象を説明できないというその一点に集中している。

第一には、磁石にいくつもの鉄片が次々とぶら下がるのであるからには、磁石から大量の原子が流出していなければならないことになるが、そのためにはその原子はきわめて小さいものでなければならないであろう。「〝その通りだ〟とエピクロスは言う。〝何しろこれらの粒子はごく小さくて、そのあるものは、空気の中を漂う一番小さな埃とくらべてその一万分の一くらいでしかないと考えるべきなのだ。〟そうすると、君は、そんな小さなものによって、あれほどの重さのある鉄が宙吊りになるなどと、はばかることなく言えるものだろうか（p. 54）。」要するに、そんな小さな粒子の小さな鉤が鉄ほどの重量を支えうるはずがない、というのである。第二には、磁化された鉄には第二、第三の鉄が底面や側面にぶら下がるが、そのためには「相互に絡み合うためにある、それらの粒子の鉤状の先端部」なるものを、各粒子は底面や側面に多数個備えていなければならないが、それはガレノスに言わせれば「荒唐無稽」ということになる。そして第三に、エピクロスの説明では、磁石からの粒子は鉄から跳ね返り、これが引き寄せの原因とされているのだが、それをガレノスは不合理と見る。というのもそれでは、磁石にいくつもの鉄片がぶら下がるような場合、ある粒子は第一の鉄ですぐさま跳ね返るが、別の粒子は第一の鉄片をたやすく通り抜けて第二の鉄片で跳ね返り、というようなことになるからである。こうしてガレノスはエピクロスの説を「くだらない」と退ける。

ガレノスは磁石の引力にたいするエピクロスの「説明」の難点をこのように暴きその欠陥を指摘することで原子論を退けているが、しかしだからといって、それにかわるより優れたないしより妥当な「説明」を提起しているわけではない。「自然力」一般の場合と同様に、ここ磁力においても、ガレノスの主張は「およそ存在するもののおのおのには、それ自身と親近性のある質を引きつける機能が備わっており、その機能を備えている程度がものによって相違する（p. 59）」という事実をそれとして認めることに尽きている。ガレノスにとっては、磁石が鉄を引き寄せるのは、生物が飲食した食物から栄養物を吸収・摂取するのと同様の、それ以上還元不可能・説明不可能な性質——あえて言うならば生命的な働き——なのである。

6　アプロディシアスのアレクサンドロス

磁力にたいするこのような生物態的で物活論的な見方を、私たちは、ガレノスの直後のアリストテレス主義者、アレクサンドロスにあらためて見出すことになる。カリア地方アプロディシアス出身のアレクサンドロスは、一六世紀のパドヴァを中心とする北イタリアの哲学者たち、とりわけポンポナッツィに影響を与えたことをのぞいてギリシャの思想と科学の歴史においてそれほど公知の名前ではない。しかし彼は紀元一九八年から二一一年にかけてアテナイで逍遥学派を再興し、アリストテレス注釈書を数多く著した人物であり、古代ギリシャの思想、とりわけアリストテレス哲学の古代における最後のきらめきを支えたと言えるであろう。

磁力の問題について言うならば、エンペドクレスやディオゲネスやデモクリトスたちの機械論的ないし原子論的な磁石理論を書き記し後世に伝えた人物として、私たちはすでにアレクサンドロスを見てきたが、彼が過去の諸理論を縷説した目的は、じつは磁力のそのような還元主義的説明方式を批判するためであった。

エンペドクレスの「流出物」理論にたいする、それではなぜ鉄だけが動いて磁石が動かないのかという批判は先に見たとおりであるが、それ以上に本質的な批判は、なぜ特殊に鉄と磁石のあいだにだけそのような力が働くのかという、いわゆる磁力の選択性が説明されないという点にあった。いわく

どうして鉄は、磁石がなくても、鉄からの流出物がいっしょに動くとき、磁石以外のものの方へ動かされることにはならないのだろうか。どうして、鉄の通孔を覆って流出物の妨げになっている空気を、磁石からの流出物だけが動かすことができるのか。そればかりか、多くのものがそれらの流出物と相互に対応しあう通孔をもっているということがエンペドクレスによって語られているにもかかわらず、どうして他のいかなるものもそのようにして何か別のものの方へ運ばれるということはないのだろうか。(15)

この点ではアポロニアのディオゲネスの「金属による水分放出」理論にたいするアレクサンドロスの批判も、その基調はおなじである。すなわち

もしもそうであれば、鉄を引き寄せるのが磁石だけであって、他のものがそれと親近のもの——たとえば青銅や鉛——によって引き寄せられることがないのはなぜなのか？　というのも、これらもまた水分を放出し引き寄せるし、磁石が鉄と親近であるのと同様に、これらに親近なものもたしかに存在するからである。(16)さらにまた、磁石はより多くの水分を放出する他の固体、たとえば青銅、を引き寄せないのはなぜなのか？

そして「類似のものは引き合う」というデモクリトスのくだんのテーゼにたいする批判もまた、これと同一の線上にあり、その観点から磁力と静電気力の相違についての問題点が指摘されている。

磁石と鉄では、類似した原子から合成されているということを認める人がいるかもしれないが、それにしても、どのような意味でこのこと（構成する原子の類似性）を琥珀と籾殻についても認めることができるだろうか。……琥珀によって引きつけられるものは籾殻以外にも多数存在する。もしも琥珀を構成する原子がそれらすべてと類似したものであるならば、そうした諸物体もたがいに類似した原子から

構成されているのだから、たがいに引き合うことになるはずではないか。(17)

磁力と静電気力の現象面での違い、つまり、琥珀の引力は多様な物体に及ぶのにひきかえ磁石は鉄のみを引き寄せるという相違は、すでにこの頃にはかなり明瞭になっていたようである。そしてまさにこの点こそが機械論的ないし原子論的な磁力説明のアキレス腱であることを、アレクサンドロスは見抜いていた。

そしてそこから、アレクサンドロスは磁力が本質的に「遠隔作用」であることを結論づける。アレクサンドロスによれば、第一に、磁力は直接接触している物体にたいしてみずからが動くことによって力を及ぼすという意味での「近接作用」ではない。「あるものたちは力と接触によって引き寄せる。そしてそれらは、運動を引き起すときにはみずからも動かされる。しかし磁石はそのようには引き寄せない。というのも磁石は動かないからである。(18)」

そして第二にアレクサンドロスは、磁石が鉄とのあいだにある空気や水を引き寄せることなく鉄のみに作用する点を、琥珀の引力との決定的な違いと考える。

磁石はあいだにある空気や水によって鉄をおのれのほうに引き寄せるのではない。というのも、〔もしもそうならば〕あたかも琥珀や吸い玉が介在する熱によってするように、あいだにある空気をおのれのもとまで引き寄せることによって、鉄の表面にあるより軽い物体を引き寄せることになるであろう。

しかし実際には磁石はそんな具合に引き寄せることはない。というのも、これらの〔琥珀や吸い玉の〕場合には火は、動かされ外に放出されることで、隣接する水分を吸い込み、隣接するものに接し、それらを引き寄せるが、しかし磁石はもっぱら鉄だけを引き寄せるからである。もしも磁石が介在する空気を吸い込むのであれば、その空気中にある鉄より軽いすべてのものは鉄より先に磁石のほうに運ばれてしまうであろう。(19)

この一文は、磁石が鉄に直接接していなくとも、否、あいだに空気だけではなく水がおかれていても、磁力が鉄に到達するということのはじめての指摘である。しかもそのさい磁石はその介在物を動かすことなく鉄だけを引き寄せる。この事実をアレクサンドロスは、磁力が鉄とのあいだにある空気や水のような物質的媒質の接触や運動を介して機械論的に作用するという意味での「近接作用」ではないことを表していると理解している。まさにその意味において、アレクサンドロスは磁力を見かけ上ではなく本質的に「遠隔作用」そのものであると判断したのである。磁力と静電気力のこの違いはのちにカルダーノとギルバートによって取り上げられることになる。

機械論や原子論にたいするここまでの批判は、それなりにポイントをついているし説得的である。しかし、それではアレクサンドロス自身の磁力説明はどうなのかというと、次のようなもので、率直に言って理解しやすいものではない。

栄養分および欲求や食欲の対象となるすべてのものは生き物を引き寄せるが、それはそれ自体と欲求の対象の間にあるものをそれ自体に似たものにすることによってではない（というのも、あいだにあるものは栄養になることはなく、引き寄せられることもないからである）。そうではなく、介在するものは欲求の対象によって励起され、ものを見るときのように、動かされるものにたいしてその形相を伝達するのである。鉄が磁石に引き寄せられるのも、これと同じようにしてである。つまり磁石が鉄をおのれのほうに引き寄せるのは、力づくでではなく、鉄には存在しないが磁石が有しているものにたいする欲求によってである。(20)

論旨がいまひとつつながらないところもあるが、生き物が空気のなかに食物の気配や匂いを嗅ぎとり、栄養を求めて本能的に食物に引き寄せられるように、鉄がおのれの栄養を求めて磁石に引き寄せられる——より正確には、鉄が自分から磁石の方に動いてゆく——ということのようである。ガレノスと同様ではあるが、しかし鉄と磁石の役割は入れ替わっている。つまりアレクサンドロスにあっては、磁石のみならず鉄自身が生き物に擬せられているのである。そして最後にアレクサンドロスは、「それにとって自然なものにたいする欲求を有しているものは、感覚や霊魂を有しているものだけではない。このことは霊魂を有していない多くのものにもあてはまる」と結論づけている。(21) アレクサンドロスもまた、磁力を一種の生命的・生体的な力と見て済ませる物活論に逃げ込んだのである。

ともあれこうして玄妙不可思議な磁力にたいするギリシャ哲学の立場は、大きく二つに分れることになった。

一方には、デモクリトス、エピクロス、ルクレティウスたちの原子論による説明、およびエンペドクレス、ディオゲネス、後期プラトン、プルタルコスたちによるミクロ機械論的な説明、総じて還元主義の立場からの近接作用論が置かれる。他方には、タレス、初期プラトン、アリストテレスの磁力を神的で霊的な能力と見る見解、そしてガレノス、アレクサンドロスによる生命的ないし生理的な磁力観すなわち有機体的全体論がある。この後者の二つの立場は、ともに磁力をそれ以上説明の不可能な遠隔作用として受け入れるものである。

＊

力についてのこの対立が、近代になって重力をめぐってデカルト機械論とニュートン主義者のあいだで再現されることになるのを、私たちはやがて見ることになるであろう。実際、近代になって再登場した機械論・原子論にもとづく議論――近接作用論――は、基本構想としてはこれらの古代の還元主義の復活・踏襲であり、他方でニュートンの重力理論は、天体間の重力を端的に自然の事実として――それ以上の説明の不可能な事実として――受け取るという立場を標榜する。『プリンキピア』でニュートンはデカルトたちの恣意的で空想的な機械論的モデル作りを「仮説の捏造」として退けた。それにたいしてデカルト主義者たちは、物体（天体）が空虚な空間をへだてて力を及ぼしあうというようなニュートンの重力論は現象の言い換えにすぎないと批判し、その「説明」を要求したのである。

しかしそれは千数百年も後のことであり、実際には、このギリシャ哲学の到達点、とりわけ機械論的還元主義による磁力の説明は、紀元二世紀末から三世紀初めにガレノスやアレクサンドロスが批判的に言及したのを最後に、ヨーロッパ社会ではほぼ完全に見失われてゆく。ルクレティウスの詩は一二世紀のコンシュのギヨームの『宇宙の哲学』に引かれているから、まったく忘れられていたというわけではないようだが、しかし一四一七年にイタリアの人文主義者ポッジョ・ブラッチョリーニによってほぼ完全な写本が発見され一四七三年に印刷されるまで、人々の視界からは事実上消えてゆく。『ティマイオス』は中世ヨーロッパに読み継がれた数少ないギリシャの哲学書であったが、その機械論的な磁石理論にたいする言及は中世には見られない。三世紀にはプラトン主義の復活を見るが、新プラトン主義者ポルピュリオス（二三三―三〇四）の『潔斎論』には「磁石（マグネス）はその近くに置かれた鉄に霊魂（プシュケー）を与え、そのためきわめて重い鉄が磁石の気息に殺到するまで軽くなる」とある。[22] あきらかにこれはタレスやアリストテレスの磁力観の延長線上にある。そして中世では、ガレノスやアレクサンドロスの有機体的全体論に磁力を魔力と見る――おそらくはオリエント起源の――神秘主義の影響がかぶさってくる。

なおここまでの記述はすべて磁石と鉄の間の引力であり、磁石どうしの力には触れられていないことに注意してもらいたい。古代ギリシャでは磁石と磁石の間の力は知られていなかったようである。付言するならば、古代ギリシャでは、磁石や磁針の指北性もまた知られていなかったと判断される。

一九世紀のイタリア人の歴史学者ベルテリの調査によると、[23] 紀元前六世紀から紀元一一世紀までの七〇〇以上のギリシャ語とラテン語の関連ある文献に、磁石の指北性やあるいはその性質が航海や天文学や測地に使用されたことを窺わせる記述は見出されないとのことである。*

＊　一三世紀のアルベルトゥス・マグヌスの『鉱物の書』には、アリストテレスはその『石について（*De lapidibus*）』において「ある種の磁石の角は鉄を zoron すなわち北に引き寄せる力をもつ。そして船乗りはこのことを利用する。しかしこの磁石の他の角は反対の方向 aphron すなわち南に引き寄せる。そして鉄を磁石の北の端に近づければ鉄は北になり、反対の端に近づければただちに南になる」と書いていると記されている。[24] しかしこの『石について』は偽書で、ビザンチンもしくはシリアかペルシャで作られ、その後アラビア語に訳され、さらに何回か書き足され書き直された後、ラテン語に訳されたものらしい。zoron や aphron はヘブライ語だそうだが、磁化された鉄の指北性についてのこの一節がいつどこで書き加えられたのかはよくわからない。

こうして「磁力を説明する」という試みはもとより、「磁石にたいする科学的な観察」でさえも、ヨーロッパではほぼ千年間見失われてゆくことになる。しかし、そのことは磁石についての関心が薄れたということを意味しない。磁力とその不思議そのものは変わらず人の関心を惹きつづけ語り継がれていった。磁石は近代物理学のもつ関心とは異なる観点から注目され続けたのである。

第三章　ローマ帝国の時代

1　アイリアノスとローマの科学

アレクサンダー大王の死後、ギリシャ世界はヘレニズム諸国家に分裂しマケドニア人の支配下におかれていたが、その時代はギリシャ世界の衰退過程であった。紀元前一四六年にはマケドニアがローマの軍門に下り、前一三三年にはペルガモン王国が国土をローマに差し出し、そして前三〇年にプトレマイオス王朝がローマに敗北することによってヘレニズム諸国家は終焉を迎える。すでにガリア（フランス）とヒスパニア（スペイン）を征服していたローマは、こうして地中海世界の覇権を手にしたのである。同時にローマは、それまで百年におよぶ血みどろの内戦にピリオドを打ち、オクタヴィアヌスのもとで共和制から事実上の帝政への移行をなしとげることに成功した。かくしてギリシャ世界を飲み尽す巨大なローマ帝国が成立し、概して安定した支配体制を二百年以上にわたって持続させることになった。とりわけ紀元九六年から一八〇年までの五賢帝の時代には帝国の版図を最大に広げ「ローマの平和」を謳歌した。しかし「ローマは征服した東方世界をあれほど貪欲に収奪しながら、理解と伝達の能力がないばかりに、もっとも重要な宝を逸した」(1)。実際、ローマがアレクサンドリアから継承したのはギリシャ文化のわずかな断片でありみじめな残骸でしかなかった。

現実にはローマ帝国においても、初期にはルクレティウスやガレノスのように、そしてまた後の新プラトン主義からボエティウスにいたるまで、古代ギリシャの思弁的な自然哲学が六世紀ごろまでは細々ではあれ継承されていた。しかしそれはギリシャの遺産の食い潰しの過程であって、ローマに固有のものとは言いがたい。つまるところ「ローマ人たちはいかなる芸術的形式をも創案せず、独創的な哲学体系を築かず、また科学的発見をすることもなく、ただ立派な道路を作り、体系的な法律を編み、能率のよい軍隊を育てた」というバートランド・ラッセルの評(2)がローマ文化にたいする大方の見方を要約している。そのために通常の科学史では、ローマ時代がそれとして独立に論じられることは稀である。せいぜいが「ギリシャ・ローマ時代」としてくくられ、ヘレニズム・ギリシャの添えもの扱いであった。

しかし、現代から見て「科学」と判断することがたとえ困難であれ、あるいはギリシャにくらべて「後退」しているように見えようとも、私たちの主題である磁石と磁力について、ギリシャの文献に書き記されたものとは明らかに異なる言説がこの時代には残されているのであり、それはそれで、その時代の自然力の受けとめ方、ひいては自然そのものの見方を特徴づけているのである。のみならずそのような自然理解が――後章で見るように――ヨーロッパ中世に大きな影響を及ぼすことになる。それゆえ本章では、ギリシャ科学のたんなる延長ではないローマ特有の言説をとりあげてゆこう。

もちろん「科学」史という観点から見たならば、ギリシャ文化がローマ社会に受け渡されてゆく過程で、輝かしいギリシャの哲学と科学を特徴づけた論理性や合理性が見失われていったことは否めない。そのあたりの消息を端的に象徴しているのが、紀元二〇〇年頃にローマ人アイリアノス（一七〇頃生）がギリシャ語で書き残した『ギリシャ奇談集』である。これは要するにギリシャ以来の伝承を収集し書き残した雑文集で、別段学問的な書物ではなく、いわばローマの有閑階級のためのエンターテイメントの本であり、アイリアノス自身、科学史では通常顧みられることのない人物である。事実、ローマ時代の科学についての数少ないモノグラフのひとつであるシュタールの『ローマの科学 (*Roman Science*)』にも言及はない。しかしこの時代のローマ人でギリシャ語で読み書きできたのはかなりの教育をうけた知識人のはずであり、本書は、当時のそのような教養人がギリシャ文明をどのような次元で見ていたのかについて、その一端を示してくれるという意味で、興味深い。

その冒頭は、蛸は岩陰に身を潜め体色を岩に同化させて魚を採るというような記述から始まり、このかぎりで経験的な自然学の書物であるのかと思うと、すこし後には、矢が刺さった山羊はディクタムノスという草を嚙むとたちまち矢が抜け落ちるという奇妙な話が続く。実はこれらはアリストテレスの『動物誌』の受け売り――おそらくは別の書物からの孫引き――である。そして後には、ギリシャの哲人たちの言説や言動について脈絡のない話が続いているのだが、それはたとえば、実は「ソクラテスは贅沢だった」とか「アルキビアデスはソクラテスの、ディオンはプラトンの稚児だった」とか「プラトンが女流詩人サッポーを美人と言った」とか「アリストテレスはプラトンの学校に潜りこんで講義を盗聴した」といったたわいないエピソードに終始し、それらの哲学者たちの教義や理論はまったく触れられていない。(3) ものの本によると紀元二世紀から三世紀にかけてローマではギリシャ文化を語ることが当世風の流行であったそうだが、(4) とすればギリシャ文化についての知識をギリシャ語でひけらかすことは当時の知識階層の見栄であったと思われる。しかしそこで語られていることは、かくのごとくギリシャ文化の抜け殻でしかない。アイリアノスのこの書は、ローマの教養人のあいだでギリシャ文明の遺産がどのように扱われたのかを有り体に示していると言えよう。

じつはローマ帝国では、この手の書物がいくつも出されていた。そしてローマの学問を特徴づけるのもまた、このたぐいの雑多で浅薄な知識の非体系的な寄せ集めであり没論理的な記述である。したがってそれらの大部分は、良くて百科全書かマニュアル本のスタイルで編纂されている。そして、なかでももっとも包括的で徹底的で、その後の類書の出発点にあり、したがってそれらのほとんどすべてが下敷きにしているのが、紀元七〇年頃に書かれたプリニウスの大著『博物誌』であり、いまひとつ無視できないのが、そのすこし前、紀元六〇年頃に書かれたディオスコリデスの『薬物誌』である。話をそちらに転じよう。

アイリアノスの磁力観には、本章末尾であらためて出会うことになる。

2 ディオスコリデスの『薬物誌』

ディオスコリデスはすでにローマ帝国の版図に組み込まれていた小アジアのキリキア地方に生まれ、ペルガモンとアレクサンドリアに学び、おそらくは残存していたヘレニズムの科学と医学の影響を受けて育ち、その後、軍医としてローマ帝国皇帝ネロ（在位五四―六八）の軍隊に勤務し、軍隊とともに周遊移動しながら『薬物誌』の資料を蒐集した。数多くの薬物――六百種の薬用植物、八十種の動物性薬物、五十種の鉱物――の鑑別同定とその薬剤としての効能や製法や用法を記録したこの『薬物誌』は、一面ではギリシャの遺産をローマ社会に継承したものであり、ギリシャ語で書かれていることもあり、その意味では前章で扱うべきものかもしれない。しかし本書はたんなるギリシャ遺産の再現や模倣にとどまらず、独自の調査や観察を加えて書き上げられたもので、その時点での薬物学・薬草学の集大成というべきものである。のみならず、ここには「原因」についての観念的で思弁的な議論はまったく見られず、ただ薬物の処方や効能のみが列挙されていて、その意味ではギリシャ的伝統と袂を分っているし、また論理性よりも実用性を重視したマニュアル本のスタイルで書かれているのであり、やはり『薬物誌』はローマの科学書と見るべきものであろう(5)。

その前文でディオスコリデスは「アスクレピオス派は、……薬物の効能を実際の経験にもとづいて評価するのではなく、薬効の原因について空虚な議論を重ねている。……明白な証拠がある場合にさえ数多くの間違った事項を書きとめているのであるから、情報を自分自身の観察によってではなく、ただ誤った伝聞に頼って得たのだということは明らかである」と、薬物をめぐるそれまでの論議をきびしく批判している。実際この『薬物誌』では伝承の無批判な記載がきわめて少なく、その記述の多くが直接の観察に依拠したもののようであり、その点でその当時の自然科学書のなかで抽んでた地位をしめている。そのため本書は、図3・1のような美しい図版のついたラテン語訳の写本が後に数多く出まわり、十数世紀にわたってヨーロッパ各国の薬物学者が着想を引き出してきた源泉となった。そして現在に至るも、いくつもの植物の俗名や学名にその影響をとどめている。

同時代のガレノスも本書を医用薬物の集成として「もっとも完全なもの」と評し、またカッシオドルスが六世紀に修道院に病院を設けたときには、とくに本書を「野原の薬草をおどろくほど正確に叙述し描写したもの」として推薦したと言われる。[6] それからはるかに時代がくだって、一二世紀にはコンシュのギヨームが本草についてはディオスコリデスが「十分かつ明らかに教示している」と語り、そして一三世紀にはロジャー・ベーコンが、通常の生の限界を越えて寿命を延ばすことの可能性がディオスコリデスによって明らかにされているとまで記している。[7] さらに近代初頭、一六世紀中期のイギリスにおいても、ガレノスやヒポクラテスとならんでディオスコリデスが医学と薬物学における権威として認められていたのである。[8] 一六世紀末に医学を学ぼうとしたファン・ヘルモントは、ディオスコリデスのこの書を読み、それ以降薬草術が進歩していないことを知ったと回顧しているが、[9] それは『薬物誌』が書かれてからじつに一六〇〇年以上も後のことであった。

さて『薬物誌』の記載事項の大部分は薬草についてであるが、鉱物も百種が記されている。たとえば水銀については「辰砂をいれた鉄の台皿を土器の壺に入れカップで蓋をしてまわりに粘土を塗りつけて、石炭で火をおこしてその壺をかける。壺に付着したすすを掻きとって冷やせば水銀になる。……水銀は、ガラス製、鉛製、錫製あるいは銀製の器に保存される。水銀は他のすべてのものを腐蝕させ、流出させてしまうからである。これを飲めば有害作用を起し、その重みで体の内部が腐蝕されてしまう。しかしそのような場合には大量の乳を飲めばよい（五巻一一〇項）」とある。この記述は現時点でもほぼ正確であり、水銀の抽出法の最初の記述と言われている。特筆すべきは、一般に「古代の本草書と宝石論には〝占星術的な植物学と鉱物学〟がいっぱいつまっている」[10]と言われるが、このディオスコリデスの書には伝説や迷信的要素がきわめて希薄なことである。たとえばマンドラゴラ（マンドレイク）と呼ばれるナス科の植物がある（図3・1）。根が人間に似ていて麻酔作用があったようで、そのためヨーロッパでは、この植物にはいくつもの迷信が語られてきた。しかしこれについてのディオスコリデスの記述（四巻七六項）では、その様態や薬効や用法がくわしく記されているが、迷信的要素はまったく含まれていない。

しかしにもかかわらず磁石についての記述だけは、次のようにほぼ全面的に俗信口承に依拠したものである。そのことは、磁石や磁力が当時どのようなものと受け取られていたのかを端的に示していると思われるので、全文引用しておこう。

図 3.1　ディオスコリデス『薬物誌』より
1558 年に印刷された版のマンドラゴラの挿絵.

磁石は、容易に鉄を引き寄せるものが最上品である。それは青みがかった色をしており、厚みがあるが、それほど重くはない。水割り蜂蜜酒とともに三オボロス〔約二・一グラム〕与えると、濃い体液を抽き出す薬効がある。また磁石は貞節な婦人と姦通した不貞な婦人を見分けるのに役立つとも言われている。これを床の中に潜ませておくと、貞節で夫を愛している婦人ならば、磁石のもつある種の自然の効力により、眠り込んだときでも手を伸ばして夫にしっかりしがみつくが、姦通している婦人ならば、汚れた密事の夢に悩まされて床から転げ落ちてしまう、というのである。また二人の男がこれをもてば、その二人のあいだに争い事が起ることはない。磁石は調和をもたらし、胸にあてれば人々の心をなごませる。（五巻一四八項）

前章までの議論と読みくらべると、論調が一変していることがわかる。第一に、ギリシャではもっぱら磁力をいかに「説明」するかが問われたが、ここでは、磁力がどのように作用するのか、磁石が何の役に立つのかだけが問われている。つまり、ギリシャでは磁力の「なぜ（根拠）」が問われたが、ローマでは磁力の「どのように（効力）」のみが問われているのである。そして第二に、その「どのように」においては、物理的な作用と生理的な作用の区別だけではなく、自然的な作用と超自然的な作用の境界すらもが融解し消滅している。

磁石（磁鉄鉱）に薬用効果があるということは、古くはアッシリアや古代エジプトで語られていたと言われる。(11) もちろんギリシャの時代にも見られる。紀元前五世紀頃に書かれ、ヘレニズムの時代にアレクサンドリアで編纂された『ヒポクラテス文書』というのが今日まで伝えられている。実際にはヒポクラテス一人のものではなく、当時のギリシャの医師たちの書き残した文書の総称を指す。そのなかに「内科疾患について」というのがあり——これは紀元前五世紀の終りに近い頃に書かれたもので、ヒポクラテスの指導した食餌療法を重んじるコス学派とはライバル関係にあった薬剤を重視するクニドス学派の医師の手になるものらしいが——そこに下剤として磁石（磁鉄鉱）が挙げられている。(12)またアレクサンダー大王は痛風や癲癇の治療に燕の血や少年の尿その他とならんで磁石を勧めたと伝えられる。(13)それゆえ、ディオスコリデスの言っている「濃い体液」が何かはよくわからないが、磁石にたいしてこのような薬効が語られていること自体は、べつだん目新しいことではない。ガレノスが医薬の生理的作用と磁石の物理的作用を同列に扱っていたことから見ても、そのような磁石の薬効は——たとえ文書に残っていなくとも——他にも語り伝えられていたであろう。

しかしそれにしても、婦人の貞節を見破るというディオスコリデスの記している磁石のこの能力は現代の私たちから見ればあまりにも荒唐無稽であり、文中に「……と言われている」とあるように一応は伝聞であると断わられてはいるにしても、他の項目の実証的な記述との落差は大きい。実を言うと『薬物誌』で論じられている数多くの鉱物のうち、このような超自然的な効能が記されているのはわずかに六例であり、しかもそのうちこの磁石のもの以外では、たんなる魔除け等の話に簡単に言及されているだけで、記述の比重は圧倒的にその薬効や処方に置かれている。磁石についてのこの記載だけはまったく異質で浮き上がっている。このことは、当時の人たちに磁石が与えた印象の特異性を鮮明に表現するものである。

ともあれ、これを根拠のない迷信で前科学的妄言であると切り捨ててしまえば、その時代の自然認識の実相を見失うことになる。当時の人たちにとっては、磁石が鉄を引き寄せるという物理的な力を有することと磁石が体液を抽き出すという生理的作用を有することのあいだに次元の違いがなかったのと同様に、磁石が婦人の貞節を見破るとか人の争いを調停するといった能力を有することもまた、同レベルのことであった。前二者が実験的に判定されるべき事実で、後者が実験をするまでもない迷信だというのは、あくまで現代人の理解と区別である。現代から見て迷信に見える要素もふくめて、自然にたいするその時代の見方と受けとめなければならない。

そして、次章でくわしく見る心積りであるが、磁石には婦人の不貞を見破る力が備わっているというような――現代科学の観点から見て馬鹿馬鹿しく非科学的であるだけではなく、キリスト教の立場から見てさえいかがわしい異教的な――話が、じつはヨーロッパではその後一千年以上にわたってとぎれることなく語り継がれてゆくのである。

3　プリニウスの『博物誌』

ローマ時代の「科学」を知るためのもっとも重要でもっとも注目すべき書は、プリニウスの著した『博物誌（*Historiae Naturalis*）』の全三七巻である。ロエブ古典文庫の羅英対訳で全一〇巻、邦訳では

B5判二段組で全一五〇〇頁をゆうに越えるこの膨大な『博物誌』こそは、自然認識についてローマ帝国が古典古代から相続した遺産の総目録であり集大成であって、その遺産をどのように受容しどのような保存状態においてヨーロッパ社会に引き渡したのかを如実に示すものである。

プリニウスは紀元二三年ないし二四年に、現在の北イタリアの裕福な騎士の家庭に生まれ、若い時にローマに出て勉強したと言われる。典型的なローマの上流階級の教育を受けたのであろう。ゲルマニアやヒスパニアで軍務や行政の仕事にたずさわり、この間に見聞を広げた。同姓同名の甥（小プリニウス）によれば「彼には明敏な才能と、信じ難い研究心と、不眠不休の勤勉がありました」とある。(14) 実際、人一倍勤勉で知識欲の旺盛なプリニウスは、騎士としての多忙な勤務の合間に文字どおり倦まず弛まず孜々として著述に励み、二〇巻におよぶ『ゲルマニア戦記』をはじめいくつもの作品を書き上げた。しかしそれらはことごとく失われ、残っているのが唯一この『博物誌』である。『博物誌』は晩年の作品で、全巻は紀元七七年に書き上げられ、死後に出版された。

プリニウスの死は、七九年八月二四日にはじまる有名なヴェスヴィオス火山の大爆発にさいして、ナポリ湾ミセヌムで艦隊司令官の職にあった彼が、住民の救助のため、さらには好奇心と探究心にかられて、危険を顧みずに船を出し遭難したためであると伝えられている。このときのくわしい顚末も歴史家タキトゥスにあてた小プリニウスの手紙に活写されている。それによると、噴火の様子をすべて船上で口述筆記させ、怖れる舵手を叱咤して被災地に上陸したとある。直接の死因は噴出した硫黄のガスを吸い込んだためとされる。(15) 科学研究への殉死の知られているほとんど最初のケースである。

プリニウスの『博物誌』を貫く思想は、煎じ詰めれば、それぞれの自然物にはそれぞれ固有の力と働きが備わり、すべての自然物は人間にとってそれぞれ独自の用途を有しているということにある。そしてそれ以上の観念的で哲学的な思弁とはいっさい無縁である。したがってその内容を特徴づけているのは、第一に、実用的と考えられる知識にたいする無批判の承認であり、第二に、珍しい自然物――端的にいって「自然の不思議」――にたいする人並み外れた好奇心であり、そして第三に、そのいずれにたいしても示される貪欲な収集欲である。実際、プリニウス自身によれば、記載事項は二万項目を越え、ローマ人と外国人あわせて四七三人の著作家の二千にのぼる文献が参照されている。しかしその「自然」とか「事実」とは、おのれの眼で直接に観察した自然や自分で確かめた事実だけではなく、むしろ大部分は先人により書き残された自然であり、語り伝えられてきた事実であり、外国人や旅行者からの聞き取りである。(16)

これらの伝承や伝聞にたいするプリニウスの態度は混乱している。あるときには、アラビアに伝わる「フェニックス」の話を「つくりごと」と断定し(一〇巻二)、狼人間についてのギリシャの伝承を「ギリシャ人の妄想」と手厳しく退け(八巻三四)、あるいは琥珀がインドのむこうにある国で鳥が流す涙であるというギリシャの詩人ソフォクレスの言を「幼稚でうぶな精神」と決めつけていて(三七巻一一)、そういう処だけ読めば真っ当な批判精神の持主のようにも思われる。しかし他方では「人を乗せたまま狼の足跡についてゆく馬は破裂する(二八巻八一)」とか、蛍は「特別の星座の子孫であることは間違いない(一八巻六七)」と語り、さらにはインドには犬の頭を持つ人間や一本足でその影でもって太陽光から身を守る「傘足種族」がいるとか（七巻二）、「自分が排泄した小便に唾を吐きかけると魔除けの作用をする（二八巻七）」というような奇妙な話を無批判にいくつも記している。

結局のところプリニウスにおいては、神話と現実、風説と事実、想像と実証の境目が曖昧というかむしろほとんどなく、真偽の判定基準も精査選別の指針も恣意的・主観的で一貫性がない。したがってそうしてでき上がったものは、現代人の眼からみればまったくの玉石混淆である。実際、きわめて実際的で実用的な知識から荒唐無稽な迷信にいたるまで、真実も虚構もごちゃ混ぜである。役に立つことだけではなく、珍奇なこと・不思議なこと・面白いことが、まさしくその珍奇さ・不思議さ・面白さゆえに、伝聞であれ伝承であれ片端から採集され無定見に書き連ねられている。

しかしそのプリニウスが、ヨーロッパでは千数百年にわたって読み継がれてきたのである。全三七巻におよぶこの大著が無傷で今日まで残されたということ自体が、広くそして不断に読まれつづけたことを裏づけている。八世紀のブリタニアのベーダの『事物の本性について』には「それらのこと〔惑星の運動〕についてより明らかに知りたいのであれば、われわれがそこからこれらのことを抜粋したプリニウスの第二巻を読んでほしい[17]」とある。実際、ベーダのこの書物は大部分が『博物誌』を下敷きにしている。そしてプリニウスの名は一一世紀のコンシュのギヨームの『宇宙の哲学』やソールズベリーのヨハネスの『メタロギコン』といった堅い書物に触れられているばかりか、その世紀中期に書かれたと考えられる叙事詩[18]『ルーオトリープ』にさえプリニウスの名を挙げて『博物誌』に記された薬草の効力が語られている。一三世紀にはアルベルトゥス・マグヌスの『動物論』はもちろん、シチリア王国の王フリードリヒ二世の書いた『鳥をもちいた狩りの技術について』にもプリニウスは言及されている。一四世紀のイギリスの聖職者リチャード・ド・ベリーの『フィロビブロン』には『博物誌』が「自然誌に関する傑作」と評され[19]、一五世紀初頭のニコラウス・クザーヌスの著書にも「よく読まれているプリニウスの『博物誌』」とある[20]。もちろんこれらはほんの一例にすぎない。

いや、その影響は中世にかぎられず、近代初頭にまで及んでいる。実際『博物誌』は、邦訳者の解説によれば「中世をつうじて読まれてきたために、ルネサンスにおいても再発見される必要のなかった数少ない書物のひとつ」であった。イタリアでは『博物誌』は最初に印刷出版された博物学の書物であり、ヴェネツィアに印刷工房が出現した一四六九年にすぐさま出版され、以来、一四七〇年、七三年、七六年、七九年とたてつづけに版を重ねた[21]。コロンブスはこの『博物誌』を読んでいただけではなく、現実的にも大きな影響を受けている。一六世紀には、スウェーデンのオラウス・マグヌスの『北方民族文化誌』もしばしばプリニウスに言及しているし、同時期にスペイン人オビエードが新大陸の博物学として『インディアスの博物誌ならびに征服史』を書いたときに「私は可能なかぎりプリニウスに倣うつもりである」とその著述方針を記している[22]。一六世紀中期に近代冶金学・鉱物学・鉱山学の出発点を築いたと言われるドイツのアグリコラでさえ、その『採掘物の性質について』において「鉱物についてかなりくわしく論じた唯一の著書はプリニウスのものである」と推奨している[23]。実際、アグリコラの主著『デ・レ・メタリカ』においてもっとも頻繁に、というよりとびぬけて多く言及・引用されているのはこの『博物誌』である。そして一六世紀末にイギリス人トマス・ナッシュが

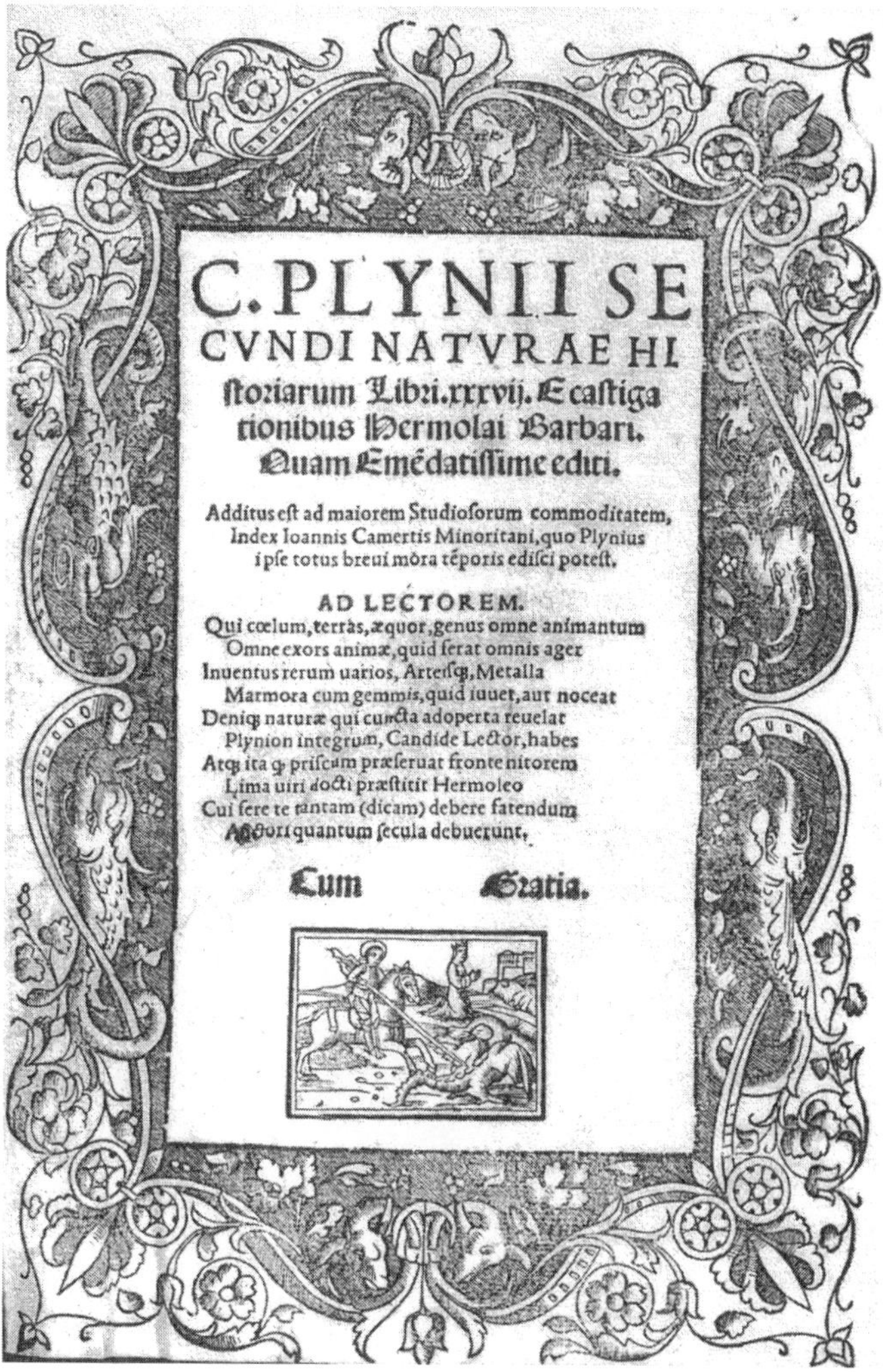

C.PLYNII SE
CVNDI NATVRAE HI
storiarum Libri.xxxvij. E castiga
tionibus Hermolai Barbari.
Quam Emédatissime editi.

Additus est ad maiorem Studiosorum commoditatem,
Index Ioannis Camertis Minoritani, quo Plynius
ipse totus breui mòra tēporis edisci potest.

AD LECTOREM.

Qui cœlum, terras, æquor, genus omne animantum
Omne exors animæ, quid ferat omnis ager
Inuentus rerum uarios, Artesq;, Metalla
Marmora cum gemmis, quid iuuet, aut noceat
Deniq; naturæ qui cuncta adoperta reuelat
Plynion integrum, Candide Lector, habes
Atq; ita q; priscum præseruat fronte nitorem
Lima uiri docti præstitit Hermoleo
Cui fere te tantam (dicam) debere fatendum
Auctori quantum secula debuerunt.

Cum Gratia.

図 3.2　プリニウス『博物誌』1519 年版の扉

書いた小説『不運な旅人』の随所に見られる自然的事実の記述は、ことごとく『博物誌』に依拠している。

しかも、それはたんに読み継がれただけではない。多くの荒唐無稽を含むその内容が真に受けられてきたのである。たとえば『博物誌』の第四巻には、北極近くにある雪の降る山脈の彼方に「温暖で心地好い気候」の土地があり、そこの住民は「生に飽満」しているという夢のような話が記されているが（四巻一二）、一三世紀の最上級の知識人の一人であるロジャー・ベーコンは、どう見ても眉唾物のその話を「確実な経験によって発見された」もので「そこに行ったことのある人々の経験を言い立てている」ものと受けとめ、その上でいかにしてそのようなことが可能になりうるのかを真面目に論じているのである。(24) 中世史の研究家であるハスキンズは「プリニウスは超自然好きの中世人に大いに受けた」(25)と記しているが、中世の読者はその超自然を面白がっただけではなく、現実のものと受け取ったのである。

それゆえにこそこの『博物誌』は、いにしえのローマ人さらには中世のヨーロッパ人が自然をどのように眺め、自然とどのように接していたのかについての貴重な証言となるであろう。実際、川喜田愛郎の『近代医学の史的基盤』には、この『博物誌』が「医学との関連で言えば、民間療法の消息――薬物・迷信・呪術をふくめて――をうかがううえに大切な資料となっている」と記されている。(26) 要するに『博物誌』は貴重な民俗学的資料なのである。

4　磁力の生物態的理解

『博物誌』における磁石についての記載は、二巻九八「大地の不思議な例」、二〇巻一「はじめに」、三四巻四二「磁石」、三六巻二五「磁石」、同六六「ガラスの製法」、および三七巻一五「アダマス」のなかに散見される。磁石はこのうち主要に三六巻「石の性質」と三七巻「宝石」で論じられていて、それにたいして三三巻「金属」では磁石についての言及はない。テオプラストス以来、磁石は金属とは考えられていなかったのであるが、後章で見るようにその区分が近代まで維持されることになったのは、このプリニウスの影響によるのであろうか。

三六巻は、大理石についての記述から始まり、彫刻家へと話は飛び、ふたたび大理石に戻り、その種類や加工技術を述べ、そこからオベリスクに話題がはずれ、ピラミッドやスフィンクス、パロスの灯台、迷宮、ローマの珍しい建造物へと、著者の関心のおもむくままに議論が彷徨し、突如、二五章で磁石の話に入る。

　大理石から他の珍しい種類の石に移るさい、何よりもまず心に浮かぶものは、磁石であることは誰も疑いえない。なぜならこれよりも不思議なものはないではないか（quid enim mirabilius）。自然がこれよりもっとつむじ曲がりの強情さを見せる場面は他にはない。……。石の硬直性以上に無感覚なものがあろうか。それなのにわれわれは、自然が磁石に感覚と手を与えたことを見る。鉄の硬さ以上に反抗的なものがあろうか。それなのにわれわれは、自然が鉄に足と意志を与えたことを見る。というのも鉄は磁石に引かれるからである。すべての他のものを屈伏させるこの物質は、磁石に近づくと、ある種の真空の中へでもはいるように走り、それに飛びつき、それに押さえられ、抱き締められるのである。そんなわけで、磁石はギリシャ人によって「鉄石（sideritis）」という別名で呼ばれ、またある人には「ヘラクレスの石」と呼ばれている。（三六巻二五、ギリシャ語の「シデロス」は「鉄」を意味する。）

この後には、いろいろな地方で採取される磁石とその相違について述べられている。磁石の区別については「もっとも重要な区別は雄種と雌種の違いであり、次はその色である」とある。「雄種（mas）」とは磁力を長く保つ磁石のことで、「雌種（foemina）」とは保磁力の弱い磁石を指すようである。色については「磁石は、色が青いほど良質であるということが確かめられている。栄冠はエチオピア産に与えられる。これは市場で同じ目方の銀と等価である」とある。* いずれにせよ磁石は当時きわめて珍しく貴重品であったようだ。

* 通常の天然磁石（磁鉄鉱）は Fe_3O_4 であり、これは不純物を含んでいても青い色を示すことはない。他方、マグヘマイトと呼ばれる酸化鉄（γ-Fe_2O_3）も磁性を示し、これは青黒く、大気との相互作用で磁鉄鉱がこれに変わるらしい。古代では磁石は地表に露出しているか比較的浅い鉱床で採られたと考えられるので、専門家によれば、プリニウスやディオスコリデスの言っている「青色」はこれを指していると推測されている。[27] ちなみに「マグヘマイト（maghemite）」は磁鉄鉱（magnetite）と赤鉄鉱（hematite; α-Fe_2O_3）の合成語である。

なお上記引用文中、鉄が磁石に「飛びつき（adsilire）」とあるのは、磁力が鉄に直接接触していなくとも働く遠隔作用であることの認識を示している。ともあれ、自然においてきわめて「無感覚（piger）」と考えられる硬直した石のなかで、磁石だけは「感覚と手（sensus manusque）」や「足と意志（pedes et mos）」を与えられているのであり、あまつさえ磁石は、かの反抗的で剛直な鉄にたいして離れたところからでさえ支配力を行使し引き寄せるのである。そのことは、やはり驚くべき奇異と見られたのであろう。

つけ加えると、磁石の「マグネスの石（magnes lapis）」という呼称は、サンダルの鉄釘と杖が引かれたことで天然磁石を偶然発見した羊飼いの名前マグネスに由来するという説をプリニウスは記している（三六巻二五）。すでに見たようにルクレティウスは、天然磁石がマグネシア（Magnesia）に産するという説を挙げていた。このマグネシアが小アジアのものかマケドニアのものかは不明だが、いずれの説もその後くりかえし語り継がれることになる（なお現代では英語の magnet は天然磁石にも人工の磁石にももちいられるが、lodestone ないし loadstone は天然磁石にたいしてだけ使われるようである）。

ところで上の引用では、磁石の引力や鉄の磁化という現象やあるいは保磁力の強弱といった磁石の性質が、「感覚」とか「雌雄」といった生物にかかわる用語で表現されているのが目につく。しかしそれは単なる修辞や隠喩ではなく、内容的にもそのように受け取られていた。実際、鉄の磁化（磁気誘導）――プリニウスの表現ではここでも「磁石に感染（virus ab eo lapide accipere）」――について、これに先だつ三四巻には鉄は磁石に感染し、それを長時間保持し他の鉄を捕えることのできる唯一の物質である。そこでわれわれは、ときにいくつもの指輪の連鎖を見ることができる。無知な下層階級の人々はこれを「生きている鉄（ferrum vivum）」と呼ぶ。それによって受けた傷はいっそうひどい。（三四巻四二）

と記されている。磁石の作用はすべてにわたって生物の働きになぞらえられているのである。端的に磁石にたいする生物態的理解と言えよう。

それゆえにまた、磁力は人体にも作用し、薬効を有するものと考えられていた。実際、このあとに

すべての磁石は、その各種類が正しい分量でもちいられるならば、眼病の膏薬を作るのにもちいられるし、とくに激しく涙が流れるのを止めるのに効力がある。またそれを焼いて粉末にしたものは火傷の薬になる。（三六巻二五）

と具体的にその医療での効用――磁石の薬効――が語られている。この点は後に見ることになるが、留意しておいていただきたい。ちなみに焼かれて粉末にされた磁石とは赤鉄鉱のことらしい。

薬効を有するという点では、同様に引力を示す琥珀にたいしても、プリニウスは

今日でも、河のむこうのガリアの農婦は琥珀の珠を首飾りとしてつけている。主に飾りとしてであるが、またそれが治療的性質を持っているからでもある。実際、琥珀は扁桃腺炎とかその他の咽頭の病気を予防する効果があると考えられている。（三七巻一一）

と記している。ほぼ同時代のタキトゥス（五五頃―一二〇頃）の『ゲルマーニア』には、ガリアの人たちは琥珀をありがたがらないとあるから、[28] プリニウスの言っている内容が正確かどうかはわからない。しかしローマでこのように言い伝えられていたことは事実なのであろう。プリニウス自身「琥珀は医薬としてもいくらか効用がある。……嬰児に護符としてそれをつけておくと御利益がある（三七巻一二）」といったことを記している。ここでもまた生理的な薬効と超自然的な能力が同列に扱われている。磁石や琥珀に魔力が宿ると見る立場と紙一重である。

5　自然界の「共感」と「反感」

プリニウスにおいてもっとも注目すべきことは、磁石を数種類に分類しただけでなく、そのひとつの「エチオピア磁石」について「エチオピア磁石の目印は他の磁石をおのれのもとに引き寄せることである（三六巻二五）」とあるように、磁石どうしの間に引力が働くことをはじめて語ったことである。プリニウス自身がその新しさをどれだけ自覚していたかは不明であるが、それまでの議論が磁石と鉄の間の引力にかぎられていたことを考えると、これは劃期的である。

磁石の示す斥力について言うならば、プリニウスの時代には、磁極についての正確な認識をともなわないままに、関心をひいていたと見られる。右の引用につづいてプリニウスは「またエチオピアでそこからあまり離れていないところに、いまひとつの山があって、そこで産する鉱石は、反対にすべての鉄を退ける（abigere）」と記している。さらには

インダス河の近くに二つの山があって、そのひとつは鉄を引きつける性質があり、いまひとつは鉄を退ける性質がある。したがって人が釘を打った靴を履いていると、一方の山の上では一歩毎に足を地面から引き離すことができないし、いま一方の上では足を地面につけることができない。（二巻九八）

といった記載も見られる。この「磁石の山」の伝説は、おそらくはアレクサンダー大王の東征にともなって地中海世界にもたらされた噂話が元になっているのであろう。もちろんいずれもかなり怪しげな話で信憑性が薄いにしても、これを読むかぎり、同一の磁石どうしが相互の配置により引力も斥力も示すという極性の認識はその当時にはなく、引力を示す磁石と斥力を示す磁石は別種の存在と見られていたようである。この「鉄を撥ねつける磁石」は、一六〇〇年にギルバートによってその存在が否定されるまでは、ヨーロッパで「テアメデス（theamedes）」の名で語り継がれることになる。(29)

ところで、旧来の伝承や古代の文書から関連事項をもれなく精力的に収集したはずの、そして実際

に磁石の性質や能力を真偽を問わずいくつも書きとめてあるこの『博物誌』に、著しいことであるが、エンペドクレスからデモクリトスやルクレティウスにいたるまでのギリシャにおける磁力の原因についての流体論ないし原子論にもとづく議論についての言及がまったく見あたらない。いや、そもそもプリニウスにあっては、磁石のこの特異な性質、ひいてはそこに露呈している自然の驚異を因果的に解明し合理的に説明するという姿勢はまったく見られない。ローマ科学の研究者の言葉を借りれば「プリニウスは子供のように自然に畏敬をいだき、原因と結果の連関については子供なみのセンスしか持ち合わせていない」のである。(30) したがってまたそのような自然のさまざまな働きを一貫した観点から整合的に把握しようとする志向もきわめて希薄である。あえて探すならば、このような現象を「共感と反感」と擬人化しているところであろう。二〇巻では、薬草についての記載の冒頭に

おのれ自身と敵対しているか和合している自然について、そしてまた口もきけず耳も聞こえない、感覚すらない事物における憎悪（odium）と友愛（amicitia）について語ろうと思う。そのうえいよいよ驚くべきことは、それらの事物はすべて人類のためにあるのだ（omnia ea hominium causa）。ギリシャ人は〈共感（sympathia）〉〈反感（antipathia）〉という言葉をこのすべての事物の基本原理にあてはめた。（二〇巻一）

と記されている。そしてその例として「火は水を消す。太陽は水を吸収するのに、月は水を作り出す。

これら両天体はどちらも他のものの侵害によって蝕を受ける。……磁石は鉄を自分の方へ引きつける(ad se trahere)のに、他の種類の石はそれを撥ねつける(abigere)」と挙げられている(二〇巻一)。さらに三七巻では

この書物全体を通じて自然のなかに存する一致と不一致、それに対応するギリシャ語の名称はシンパティア〔共感〕すなわち「自然の親和」とアンティパティア〔反感〕すなわち「自然の嫌悪」であるが、これについて私は例証しようと試みてきた。(三七巻一五)

と明記されている。つまり「共感＝自然の親和」と「反感＝自然の嫌悪」という二分法が『博物誌』全篇をとおしての自然現象の分節化と体系的把握へのガイディング・プリンシプルになっている。具体的に言うならば、水と火のあいだには「反感」、太陽と月のあいだには「反感」、太陽と水のあいだには「反感」、月と水のあいだには「共感」、そして同様に磁石と鉄のあいだには「共感」というわけで、この対応関係こそが自然の諸作用を整序し了解するほとんど唯一の枠組であり図式である。

その二分法そのものは明らかにエンペドクレスの影響であろうが、しかしここで注意しなければならないのは、その「共感と反感」が近代物理学において語られている「引力と斥力」というような限定された力学的な意味に対応しているわけではないということにある。事実、三七巻一一には琥珀について、琥珀が「木の葉や藁や衣裳の裾」を引きつけること、それゆえシリアでは「ハルパックス

（ひったくり）」と呼ばれるとあり、さらに同巻一二では、「指で摩擦して熱い発散物（caloris anima）を抽き出すと、琥珀は、磁石が鉄を引くように、藁や枯れ葉や薄い樹皮などを引きつける（trahere）」とある。静電引力の要因が摩擦それ自体ではなくむしろ摩擦に付随する熱とされていることや、磁力と静電気力の相違が明確に押さえられていないことをのぞいて、静電引力の事実がそれなりに記されている。それはともかく、ここでプリニウスは、その琥珀の示す物理的な引力を「共感」とは表現していない。他方ではまた、月と水の「共感」が引力を意味しないだけでなく、豚と山椒魚のあいだには「反感」があるので豚は山椒魚の毒に打ち勝つ（二九巻二三）といった使われ方がされている。

このように一方では、近代物理学的な意味での琥珀の「引力」にたいして「共感」が語られていないだけではなく、他方では、逆に、豚と山椒魚といった私たちには理解しにくい対応関係にたいして「反感」が適用されているのである。結局「共感と反感」は、自然における「調和と対立」「親和と嫌悪」という程度のかなり広く曖昧で漠然としたあるいは象徴的な意味で語られていると思ってよい。いや、それらは私たちの理解する意味での自然的な作用のみを指しているわけですらなく、超自然的な働きにも使用される。マックス・ヤンマーは「物理学的・化学的・医学的そしてオカルト的な力を表すのにプリニウスが無批判に vis をもちいたことが、自然科学と迷信の奇妙な混淆である彼の著作を曖昧なものとした一因となっている」と記しているが[31]、そもそもこれらの諸作用それ自体の地位や次元が明確に区別されていたわけではないのである。

そのことは、『博物誌』に記されている次のような磁石とダイヤモンドと山羊の血のあいだの奇怪な関係に端的に表されている。すなわち一方では「アダマスは磁石をひどく嫌悪するので、それを鉄のそばにおくと、鉄が自分のところから引かれてゆくのを妨げる。あるいはさらに、磁石が鉄の方へ動かされてそれを捉えると、アダマスはその鉄をひったくり取り去る（三七巻一五）。」とあり、他方では「アダマスは希な富みの喜びであり、どんな他の力（vis）によっても砕いたり屈伏させえないのに、雄山羊の血（sanguis hircinus）によって砕かれる（二〇巻一、三七巻一五参照）」とある。

ここで「アダマス（adamas）」とは、研究社の『羅和辞典』では「鋼鉄」とあり、その語源は「征服できない」とか「砕くことのできない」を意味するギリシャ語 ἀδάμας にあるとされている。紀元前七〇〇年のヘシオドスの『神統記』には「大地は灰色のアダマスで大鎌をこしらえる」あるいは「アダマスの大鎌」とあるから、[32]ヘシオドスの「アダマス」はたしかに「鋼鉄」を指している。しかしその後「アダマス」はひろくは硬い石一般を指し、とくにダイヤモンドにたいしても使われるようになった。実際ダイヤモンド（diamant 仏語、diamante 西語・伊語・葡語、diamond 英語、Diamant 独語・蘭語）という言葉は、adamant（硬い石）の転化したものであり、たしかにルクレティウスでは「アダマス（adamas）」がダイヤモンドの意味で使われている（II-448）。同様にこのプリニウスの「アダマス」もダイヤであろう。実際、三七巻には「宝石は言うにおよばず、人間の財宝のうちでもっとも貴ばれるものはアダマスである。これは長い間国王たちだけ、それもその少数の者にだけしか知られていなかった（三七巻一五）」とあるからまず間違いないだろう。*

＊　しかしいつのまにかラテン語の adamas は磁石をも指すようになった。ラテン語の動詞 adamare（愛する）に

由来する lapis adamans（愛する石・魅する石）が転じて adamas が「磁石」に使われるようになったという説もある。古代中国の「慈石」と同様に「愛する」「慈しむ」に起源をもつというのである。一三世紀のプロヴァンス語の『フラメンカ物語』には、「磁石」に adiman が使われていて「《磁石（adiman)》から《二重（di)》をとればまずできたが、《恋人（aman)》。さらにラテン語では《共に（ad)》と《恋人（amas)》が合わさって《鋼鉄（adamas)》がまずできたが、ロマンス語がこの二番目の a を i に変えるほど消耗し尽した」とある。[33] 当時からそういう理解もなされていたのであろう。同様に、「磁石」を意味する仏語 aimant について、ギルバートは adamant の訛ったものとしているが、[34] これも「愛する（aimer)」に由来するとの説が有力のようである。[35] その点ではスペイン語とポルトガル語でそれぞれ磁石を意味する imán, ímã もやはり「愛する（amar)」に由来するのであろう。そんなわけで中世以降「アダマス」は磁石とダイヤの両方の意味で使用されてきた。一三世紀にトマス・アクィナスは「アダマスは鉄を引き寄せ（adamas trahit ferrum)」と記し、またサンタマンのジャンも「いかにしてアダマスは鉄を、そしてまたアダマスはアダマスを引きつけるのか（quomodo adamas attrahit ferrum et etiam adamas adamantem)」と使っているから、[36] この「アダマス」は磁石である。同じく一三世紀のジャック・ド・ヴィトリは磁石とダイヤの両方の意味で adamas を使っている（後述）。しかし同時代のアルベルトゥス・マグヌスの『鉱物の書』では「アダマスはきわめて固い石で、……光沢をもち輝いている」とあるから、[37] これはダイヤであろう。もう少し時代が下ると、ドイツでは一五四六年のアグリコラの『採掘物の性質について』では、ダイヤモンドは「アダマス（adamas）の名を有している」と明記されている。[38] エリザベス朝時代のイギリスでは、クリストファー・マーローが一五八〇年代に書いた戯曲には「あの方の心はまるでアダマント（adamant）か火打石のように硬く」とあり、[39] この「アダマント」もダイヤであろう。他方、一五九〇年のシェイクスピアの『夏の夜の夢』には「あなたが私を引きつけるのよ、アダマントのように固い心で（You draw me, your hard hearted adamant)」とあり、これは磁石の引力とダイヤの固さの両方をかけているようだが、その後には「でもあなたが引きつけるのはただの鉄ではない。私の鋼鉄のように忠実な心」とあるから、この「アダマント」は磁石であろう。[40] ちなみに一六〇〇年のギルバートの『磁石論』では、磁石は「英語ではloadstoneとかadamant stoneと呼ばれている」とある。[41] このように長期にわたって「アダマス」は鋼鉄と磁石とダイヤの三通りの意味に使われてきたのであり、「アダマス」が何を指しているのかは、ケース・バイ・ケースで判断しなければならない。

しかしそうだとすれば、一方では、ダイヤが磁石と反撥しあいダイヤが鉄にたいする磁石の引力を妨げ、他方では、そのダイヤを山羊の血が破壊するというのである。私たちにはきわめて奇妙な根も葉もない話に思われる。しかし三世紀のソリヌスも「アダマスと磁石のあいだには自然のある隠れた不和 (Inter adamantem & magnetem est quaedam naturae occulta dissensio) があり、アダマスがそばに置かれたならば、磁石は鉄を引きつけることができなくなる」と語っているように、[42] ダイヤが磁力を妨げ破壊するというこの話も、そして山羊の血とダイヤの話も、当時は疑問をもたれることはなかった。次章で見るように、初期キリスト教世界最大の思想家アウグスティヌスですら、磁石とダイヤと山羊の血のこの奇怪な関係を語っているのである。不思議なことにはちがいないが、しかしそれらのことがらは、磁石が鉄を引き寄せるのと同程度に不思議なことであり、後者が可能なら前者も可能と考えられていたのだ。そしてそれらは、プリニウスによれば、同様に「共感と反感」の図式で捉えられるべきことがらであった。この点では同時代のプルタルコスが「共感と反感」の例として「野生の牛はいちじくの木に繋がれたらおとなしくなり、琥珀はバジリコ以外のすべての軽い物体を引き寄せ、磁石はニンニクで擦られた鉄を引き寄せない」[43] と記しているのもまったく同様である。

6　クラウディアヌスとアイリアノス

キリスト教化される以前のローマにおいて、磁石をめぐるいまひとつの言説を私たちは紀元四世紀にその名も『磁石（*Magnes*）』と題した詩に見出すことになる。作者クラウディアヌスは、アレクサンドリアに生まれ「おそらくは名義上ではキリスト教徒であったが、心は異教徒である」と言われているように(44)、実際上はキリスト教化される以前のローマの最後の詩人である。その一部には——散文訳であるが——次のように記されている。

磁石（magnes）と呼ばれる黒くて鈍くてくすんだ石が存在する。それは王の編み上げた髪を引き立てることもなければ、少女の清楚な襟首を飾ることもなく、兵士のベルトの留金のきらびやかな宝石のなかで輝くこともない。しかし、この見栄えのしない石の驚くべき性質を考察するならば、それが、美しい宝石よりも、そして紅海の岸辺で海藻のうちに見出されるあまたのインドの真珠よりも価値を持つことがわかるであろう。それは鉄によって生き、鉄の剛毅な性質を身につける。鉄はそれが好むご馳走（epulae）であり栄養（publum）である。見かけでは食べられないこの食料がその体内を駆けめぐり、その秘密の活力（secretus vigor）を回復させる。鉄がなければ磁石は死滅する、すなわち栄養が足りずにその体は痩せおとろえ渇きがその空っぽの血管をやけこがす(45)。

この最後の一行は鉄と離しておくと磁石の力が減衰してゆくという事実のはじめての指摘である。このコメントが実際の経験によるものかそれとも何らかの伝承によるものなのかはわからない。ともあれアプロディシアスのアレクサンドロスと同様の磁石にたいする生物態的理解はここにも顕著である。ただしここではアレクサンドロスとは逆に、鉄が磁石の食料となっている。そして鉄が磁石に栄養を与えるというこの発想は、その後も語り継がれてゆくことになる。

詩では、この後に、戦の神マルスと美の神ヴィヌス（別名キュテレイア）が祀られている神殿において、鉄製のマルスの像と磁石製のヴィヌス像でもってその結婚を演じさせる話が語られている。

キュテレイアは、その場を離れることなく、夫をそのもとに引き寄せ、かつて天において演じられたことを思い起しながら、愛の吐息とともにマルスをおのれの胸に抱き寄せる。

小さな人形程度ならともかく大きな鉄の像を天然磁石で引き寄せるのは土台無理だから、眼につかない細い紐で引っ張ったというような指摘もあるが(46)、そもそもこれが実際におこなわれた話なのかどうかさえ不明である。実演されたとすれば、観客にとってはまさしく奇蹟に見え、魔術と思われたであろう。実演されたかどうかはべつに、磁石の遠隔力をこのように魔術や奇蹟の小道具に使うこともまた、しばしば語られてきたことである。プリニウスの『博物誌』にも、神殿の天井のアーチを磁石で作りその神殿内にある鉄の像を中空に浮かべるという、アレクサンドリアでおこなわれた試みが書かれている（三四巻四二）。この計画は実行されなかったようだが、いずれにせよ、民衆の世界では、このような「奇蹟」を現出する磁力は端的に魔力とみなされていたのであろう。

磁力が魔力的なるものであるというのは、エジプト伝来のもののようである。

さきに紀元三世紀のアイリアノスの著書にふれたが、そのアイリアノスは『動物誌』というやはりギリシャ語で書いた作品も残している。『奇談集』と同レベルの書物で、その内容は「アイリアノスは動物についての通俗的な知識をギリシャの生活における非哲学的側面、すなわちよく知られているアリストファネスやイソップといった通俗的な知識だけではなく、神話や伝説からも受け取った」[47]という指摘からおおよその見当がつくであろう。そのなかに磁石にふれた次のような一節がある。

　鷹の脛骨が金のかたわらに置かれたならば、それは、エジプト人の言うところでは、あたかもヘラクレスの石〔磁石〕がどのようにかして鉄を魔法にかける（*καταγοητεύω*）のと同じように、不可解な力によって金をおのれの方に引き寄せる。[48]

これはローマにおける磁石と磁力の受けとめ方を見るうえで興味深い。まず第一に、磁石について古代エジプト以来の民間伝承がストレートに伝えられているということ、そして第二に、そこにおいては磁力は超自然的な力、端的に「魔力」と見られていたということである。いずれもギリシャの哲学者や科学者たちの書物には見られなかった要素である。ひとたび磁力を「魔力」と言ってしまえば、それはそれ以上説明不可能・還元不可能な作用ということであり、ここに磁力を「説明」するというギリシャ哲学において顕著に見られた姿勢が完全に見失われたことになる。

古代ギリシャにおいても土俗的な迷信や民間信仰は語り継がれていたであろう。ギリシャ世界がアレクサンダー大王の東征によって拡大し、非ギリシャ的でオリエント的なものに接触したのちには、とりわけその傾向は強められたと思われる。そのなかには当然、摩訶不可思議な磁石の力にまつわる伝承もあったにちがいない。アレクサンダー大王は迷信を重んじたと伝えられるが、実際、二〇世紀初頭に書かれたクンツの『宝石の奇妙な伝説（*The Curious Lore of Precious Stones*）』には、大王が遠征にさいして部下の兵士たちに悪魔や悪霊の悪だくみにたいする御守りとして磁石を持たせたというエピソードが記されている(49)。

しかし、いわゆるギリシャの哲学者たちの言説には、磁石をめぐるその手の伝承や迷信はほとんど登場しない。まさにその点こそが、ギリシャにおいて科学が生まれたと言われる所以であろう。とはいえそれはあくまでもギリシャにおけるほんのひと撮《つま》みの知識人のあいだの話であり、圧倒的多数の民衆の精神世界はもっと迷信深いものがあったにちがいない。この点では「私はギリシャの文学や芸術がこの民間信仰という点にかんしては非常に誤解を招きやすいものだと思っている。……われわれは貴族的な哲学者の著作によってギリシャの民間宗教を判断してはならない」というラッセルの指摘(50)はまったく正しいと思われる。文書に残っていなくとも、民衆のあいだでは自然物にたいする原始的な信仰や迷信が幅をきかせていたのである。実際、とくに紀元前二世紀、ギリシャがローマに征服される前の騒然たる半世紀のあいだに、占星術とそして「ある種の動物、植物、宝石の中に秘密の性質ないし力が内在しているという教説」が広まったことが知られている(51)。

そしてその傾向はローマ社会では輪をかけて強められ、社会のより上層にまで広がり、知識人・教養人にまで浸透していったことを、このアイリアノスの一文は示しているであろう。ローマ社会では、哲学や科学の衰退とともに、そしてオリエント世界と融合し、とりわけエジプト文明に接するとともに、磁石をめぐる前科学的で魔術的な伝承が知識階層にまで共有されるにいたったのである。

*

こうして、ローマ社会において、その後のキリスト教中世における磁石と磁力にたいする姿勢、ひいては自然力一般の理解の原型がほぼすべて形成されることになった。

第一に、磁石の働きを生物になぞらえて見る生物態的視点の浸透、第二に、磁石には物理的な作用があるだけではなく生理的な作用さらには超自然的な能力が備わっているという想念の普及、そして第三に、自然万有のあいだの共感と反感の網の目でもって自然の働きが成り立っているという自然観の形成である。

タレスからクラウディアヌスまでの千年間がヨーロッパ史において古典古代と呼ばれる。それに続く時代がヨーロッパ中世である。ローマ科学史の研究者は「〔中世の〕暗黒時代の科学は、その発端からローマの科学と精神的に近親性を有している。その兆候はプリニウスに明白に見て取ることができる。すなわちギリシャの科学を理解しえなかったこと、馬鹿げた逸話と真面目な理論、根拠のない意見と合理的な思想を区別できなかったことである」[52]と語っているが、ことほど左様にプリニウスをはじめとするローマ「科学」の中世への影響は大きかった。ソーンダイクが浩瀚な中世科学史『魔術と実験科学の歴史』をプリニウスから書き起していることは、意味のあることなのだ。ローマ「科学」がギリシャから見て大きく後退したもの、それゆえ現代には繋がらないものとして「ギリシャ・ローマ時代」という名のもとにヘレニズム文明を一括してお茶を濁し、ローマ独自のものを軽視してきたこれまでの科学史と異なり、本章でややくわしくローマに立ち寄った所以である。

実際、このローマの自然観、なかんづく「共感と反感」のネットワークという自然把握は、その後ルネサンスにいたるまでヨーロッパ中世に大きな影響を及ぼすことになる。さしあたってそのことは、大きくは自然物の人間の運勢への超自然的影響、限定すれば人間の身体と精神への生理的・心理的さらには薬理的影響ゆえに重要視されることになる。そしてほかでもない磁石のもつ力はその典型であり、それゆえ、磁力はむしろその医療効果ひいては人間の身体や精神、はては運勢にまでなんらかの影響を及ぼすものとして取り上げられ論じられるのである。

しかし中世では、それとともにキリスト教信仰という異質な要素が加わってくるので、ここで章を改めることにしよう。

第四章　中世キリスト教世界

1　アウグスティヌスと『神の国』

ローマに帝政が成立した時代にローマ属州になっていたヨルダン川のほとりのユダヤ人社会に呱々の声をあげたキリスト教は、やがて地中海沿岸一帯に広まっていった。ローマではキリスト教は、当初は下層の民衆のあいだで支持を広げていたが、権力からの迫害を耐えぬき、ローマ帝国の弱体化とともに社会の上層部にも支持者を獲得してゆき、三一三年、コンスタンティヌス帝の時代に公認され、ついに三八〇年、テオドシウス帝の時代に軍事国家ローマの国教となった。ゲルマン民族の移動開始の直後、そしてローマ帝国が東西に分裂するわずか一五年前のことである。もともとは反ローマ的・反権力的であったキリスト教がローマの支配階級にまで浸透したのは、ローマ市民であった使徒パウロの布教過程でキリスト教自体が変質したことにもよるが、ローマ社会の信心深い体質も作用している。実際、コンスタンティヌスの改宗は、それまで信じていた太陽神崇拝における最高神をキリスト教の神と取り替えただけのことで、さほどの宗教的葛藤があったようには思われない。当初、虐げられ蔑まれていた属州の民や奴隷や下層階級がキリスト教に救いを求めたように、滅亡の予感にうち震える末期のローマ帝国の支配層がキリスト教に社会秩序維持の手段を求めたと言えるであろう。

こうしてキリスト教社会が成立し、ヨーロッパ中世が始まる。その時代のキリスト教世界きってのイデオローグであったのが、北アフリカに生まれヒッポの司教になったアウグスティヌス（三五四―四三〇）であった。彼の思想はその後の中世思想の進路を決定し、一千年近くにわたってヨーロッパ人の精神にすくなくとも外面的には影響を及ぼしつづけたのであった。

アウグスティヌスは、プラトンのイデア界と天にある神の国を同一視し、現実の自然界と人間界をその下にある邪悪に満ちた世界と見なし、それゆえ自然研究を聖書研究の下位に置いた。その彼が異教徒を論破する目的で晩年に全精力を傾注して書きあげたのが『神の国（*De Civitae Dei*）』である。彼が『神の国』を起筆したのは五九歳のとき、西ゴートの王アラリックがローマを陥れ、神がローマを見放したか異教の神々がローマに復讐したかと思われた三年後の四一三年であり、全二二巻を擱筆したのは実にその一三年後であった。西ローマ帝国滅亡の五〇年前であり、帝国はすでに「死に体」同然であった。その所説は、都が蛮族に踏みにじられ帝国が滅ぼされようとも、そのことはキリスト教の神の不在や異教の神の勝利を証明するものではない、地上の国の盛衰に神はかかわらないし、もともと神の国は地上にはない、天上の神の国を信じなさい、ということに尽きている。

そして、私たちの主題である磁石については、その終り近くの二一巻第四章に次のようなことが記されている。

私たちは磁石が鉄を引きつける不思議な石であることを知っている（Magnetem lapidem novimus mirabilem ferri esse raptorem）。これを最初に見たとき、私はたいへんに驚いた。たしかに鉄の指輪が引きつけられて、この石によって持ち上げられるのを私は見たのであった。それから、引きつけた鉄にあたかも自分の力（vis）を分け与えたかのように、同じことをさせたのである。すなわちこの指輪が他の指輪に近づけられると、それを持ち上げたのである。第二の指輪は、ちょうど第一の指輪が石にくっついたように、第一の指輪にくっついた。同じようにして第三の指輪が加えられ、第四の指輪も加えられた。やがてたがいに内側で連結したものではなく、外側でつながった輪ができて、一種の指輪の鎖のようなものが吊り下がったのである。たんにその内部に持っているだけでなく、そこから吊り下げられた多くのものにも移っていって、見えざる結合力でそれらを結びつけたこの石の力に、誰が驚かないであろうか。しかし、この石にかんしてこれよりもさらに驚くべきことを、私の兄弟であり同僚司教であるミレウィスのセウェルスから聞いた。彼

図 4.1　アウグスティヌスの肖像

は私に実際に自分が見たことであると語ったのであるが、この司教がかつてアフリカの高官であったバタナリウスのもとに招かれたとき、バタナリウスはその石を持ち出して銀皿の下にあて、皿の上にひとつの鉄を置いた。それから石を持った手を皿の下で動かすと、その動きにしたがって上にある鉄が動かされたのであるが、その間にある銀皿はなんの影響も受けず、下側で人間が石を素早く前後に動かしても、上で鉄は石によって引きずられたのである。(1)

磁石に接した鉄の輪が次々に他の鉄の輪を吊り下げるとか、銀の皿でへだてられていても磁石が鉄を引きつけることが、端的に不思議と語られている。しかしこれらの事実は、銀皿をへだてていう点をのぞいては、プラトンやプリニウスによって語られていた以上のものではない。磁石が鉄以外のものをへだてて鉄に作用するというアウグスティヌスの記載も、ルクレティウスの『物の本質について』には磁石が青銅をあいだにおいて鉄に作用することがすでに記されているから、かならずしも新しい知見というわけではない。

なおこの後には「磁石について言えば、何であるかは私は知らないが、感覚できない吸引力によって、麦藁を動かさないが鉄を引きつける」(2)と記されている。もちろん琥珀が麦藁を引き寄せるという既知の事実との対比で言っているのであるが、プリニウスとちがって磁気力と電気力が別物であるということはかなり明瞭に認識されていたようである。しかしこの点をのぞけば、事実認識としてはアウグスティヌスの議論はプリニウスをほとんど越えてはいない。両者の違いは、ただもっぱら磁石や琥珀に見られる不思議や驚異を人はどのように受けとめ、いかなる態度をとるべきかにある。

アウグスティヌスは、日常的に見られるそのような「不思議」の例として、第一に、自分で実際に確かめたと称する、孔雀の肉は死んでも腐敗しないという「事実（?）」を、第二に、通常の物体は燃えていても水をかければ消えて冷たくなり逆に油をかければさらに燃え上がるが、生石灰では水をかければ熱くなり逆に油をかけても熱くならないという「反自然的事実」を、そして第三に、上述の磁石の働きの不思議を挙げる。ところで、このような不思議な現象は、人間にはそのわけを説明できなくとも現に観測されている。実際、孔雀の肉の話はともかく、すくなくとも後の二つは人間の手で簡単に実現可能である。そしてこのような日常的な事例でさえ説明できないのだとすれば、ましてや、より稀にしか起らない「神の奇蹟」が人間理性の説明能力を越えているからといって、「奇蹟」の存在そのものを否定する理由にはならないであろう。「説明することができないがゆえにあることが起らなかったとか、未来において起ることはないであろうというようなことにはならない」のである。にもかかわらず「不信仰な人々は、私たちが彼らの経験によって示すことができないような過去や未来の神の不思議なわざについて語るとき、それらについて理由をしつこく要求する。私たちがこれらを説明することができないので、彼らは、私たちの言うところは虚偽であると考える。」しかし私たちが奇蹟を説明できないのは、それが「人間の精神の力を越えているから」にすぎない(3)。つまるところ奇蹟や自然の不思議は神の啓示であり神の偉大さの顕現であり、有限で脆弱な人間精神のなすべきことは、その理由を解き明かすことではない。人間には、自然に示される神の救済の意志を読み取ることだけが許されるのである。

ここには、磁石の力や鉄の磁化といった不思議にたいして合理的で理解可能な「説明」を求めようとする姿勢は端から見られない。それどころか、このような自然の不思議にたいして理由を求める心――現代風に言うならば「知的好奇心」――それ自体が、肉体的欲望と同類の忌むべき克己すべき欲求に他ならないと見なされているのである。アウグスティヌスの精神的自伝である『告白』には、明白に次のように語られている。

肉の欲のほかに、肉の欲と同じ身体の感覚によるのであるが、しかしなお肉において享楽を求めるのではなく、肉をつうじて経験を得ようとするむなしい好奇の欲望が魂のうちにあって、認識とか学問とかいう美名のもとに隠れている。この欲望は認識のうちにあるのであるが、感覚のうち認識にたいして主要な地位を占めるのは目であるから、それは神の御言葉によって「目の欲」と言われる。……このゆえに人は私たちの外に存する隠れた働きの探究に向かうのであるが、それを知ることはなんの利益をもたらすものではなく、人間はただ知ることのみを望むのである。ここからまた同一の邪悪な知識をめざして、あるものを魔術によって探究する人もあるが、それも同じ目的によるのである。ここからまた信仰の領域において神が試みられ、しるしや奇蹟が救いのために求められるのではなく、ただ経験するために要望されるのも、それがもとである。(4)

こうなると、研究それ自体のための自然研究というのは信仰と別ものというだけではなく、むしろ積極的に信仰に反することになる。こういう決めつけにたいしては「アウグスティヌスの立場は信仰をもって理性に代える試みであるとしばしば誤解されてきた。しかしこれが彼の目的ではなかったことは確実である」という反論もある。(5) しかし、すくなくとも信仰のともなわない理性をアウグスティヌスが否定したことは確かである。『告白』においてアウグスティヌスは「私は星の運行を知ろうとは思わない」と表白しているが、(6) 現実に多くのキリスト教知識人のあいだでは、プトレマイオス天文学すら知られず、聖書や『ティマイオス』にもとづく稚拙な宇宙論が語り継がれていたのである。

2　自然物にそなわる「力」

このアウグスティヌスの思想は、中世の全期間をつうじて、ヨーロッパのとくに知的階層に絶大な影響を及ぼすことになった。

たとえば一三世紀のはじめ、一二〇九年から一二一四年にかけて書かれたティルベリのゲルヴァシウス（一一五五頃—一二三四頃）の『皇帝の閑暇』に、私たちは磁石についての論述を見出す。しかしそれは、内容も理解も完全にアウグスティヌスのものである。この『皇帝の閑暇』は、ゲルヴァシウスがイングランドや南ヨーロッパ各地を旅して聞き取ったり読んだりした不思議な事物や出来事をオットー四世のために書き記した読み物であり、文字どおり暇潰しに読んで下さいという程度のもので、学問的な書物ではない。ここで本書に触れるのはもっぱらアウグスティヌスの影響がいかに長期にわたったかを知ってもらうためである。実際、磁石について書かれたその第一章は三つの段落からなり、第一段落では『神の国』に書かれている指輪の実験が述べられ、第二段落では同様に銀の皿の実験が語られ、そして第三段落は次のようにある。

私どもがもろもろの石の本性について、これらの事実を喚起いたしますのは、人間的弱さから由来する無知ゆえに、説明をよくしえない物事に、私ども未完の境涯にある者は感嘆するしかないことを示すためなのです。実際、アウグスティヌスが言うように、過去または未来の神の奇蹟を証拠をもちだすことができずに説くときには、この不敬の輩どもは、理由を説明せよと執拗に要求します。ところが、彼らにその説明を与えることなど不可能です。というのは奇蹟は人間の力を越えでているからです。ですから、彼らは私どもの陳述の大半が嘘だと判断するのです。彼ら自身も、日々見ていることの理由を告げることができないにもかかわらず、でございます。(7)

これはまるごとアウグスティヌスの口写しである。こうして、不思議を不思議なままに受け容れよ、それ以上の穿鑿は信仰に反するという、無知への居直りにたいしてアウグスティヌスの与えた容認、むしろ積極的な御墨付きは、表面的には自然研究をほぼ一千年の長丁場にわたってストップさせることになり、一三世紀にいたるまで、ヨーロッパでは磁石と磁力についての合理的な認識はほとんど前進しなかったのである。

しかしそのことは、磁力への関心そのものを窒息させたわけではない。なるほどアウグスティヌスが「目の欲」と語ったそれ自体のためにする自然研究のようなものはほとんど見られないが、自然の働きを知ろうとする衝動はつねに存在していた。そして自然物のそれぞれが物理的な力や生理的な作用だけではなく超自然的な働きをも有しているという古代以来の自然観は、中世をとおして語り継がれたばかりか、強められさえしたのである。

というのも、アウグスティヌスは奇蹟を認めたばかりか、ローマ社会から引き継いだ非合理な民間伝承を否定しなかったからである。実際、たとえば前章に見たように、プリニウスはダイヤモンドが磁石の力を妨げそのダイヤを山羊の血が破壊すると記していたが、実はアウグスティヌスもこれらの荒唐無稽をなんの批判も加えることなく復唱している。『神の国』には「ダイヤモンドは、山羊の血のほかには、鉄によっても、火によっても、他のどんな力によっても損なわれることがないと言われている」とあり、「磁石についても、私が読んだことを述べよう。ダイヤモンドがそのそばに置かれると、その石は鉄を引きつけず、もしすでに鉄を引きつけていたときには、ダイヤモンドをそれに近づけるやいなや離してしまう」とも記されている(8)。

こうしてオリエントやローマ伝来のいくつもの奇怪な話が権威づけられ、後々まで語り継がれることになった。実際、ダイヤが磁力を破壊する話は、古代から中世へと継承された科学的知識の集大成ともいうべき七世紀のセビリヤの司教イシドルス（五六〇／七〇―六三六）の『語源論』にも記されている(9)。ずっと時代がくだって一三六〇年頃に書かれたマンデヴィルの『東方旅行記』にも、「磁石の上にダイヤをのせ、磁石の前に釘をおくがよい。もしもダイヤが良質で効能があれば、ダイヤがのっているかぎり磁石は釘を引きつけないであろう」とある。[10] いや、後に見ることになるが、この話は、実に一五八九年のデッラ・ポルタの『自然魔術』第二版がはじめて否定するまで、一三世紀のアルベルトゥス・マグヌスそして一五世紀のニコラウス・クザーヌスやピエトロ・ポンポナッツィといった哲学者から、一六世紀中期のビリングッチョやアグリコラといった技術者・自然科学者にいたるまで、なんら疑問をもたれることなく連綿と語り継がれていったのである。

山羊の血がダイヤを破壊する話もまた、イシドルスの『語源論』[11] や一一世紀のマルボドゥスの書、[12] そしてソールズベリーのヨハネスの『メタロギコン』[13] にも記され、同様に語り継がれていった。この話はまた、一二世紀末のハルトマンの『エーレク』や一三世紀初頭のヴォルフラムの『パルチヴァール』のようなドイツで書かれた叙事詩にも語られているばかりか、[14] やはりアルベルトゥス・マグヌスにも言及されている。[15] そして、一三世紀中期にロジャー・ベーコンが『大著作』において実際の実験で否定されると書いているにもかかわらず、[16] 古代の文書の権威を認めないと宣言した一六世紀のパラケルススの錬金術の書物にさえふたたび取り上げられているのである。[17]

それにしても、磁石は婦人の不貞を見破り、ダイヤがその磁力を妨げ、そして山羊の血がそのダイヤを破壊するというような自然物間の奇怪な関連——共感と反感——が、当代屈指の知識人たちをふくんで一千年ものあいだ信じられてきたというのは、現代人の感覚からすればかなり驚くべきことである。しかしくり返すが、それが荒唐無稽であるというのは現代人の見方であり、アウグスティヌスをふくめて当時の人たちにとっては、それらは磁石が鉄を引き寄せるのと同次元の事実と見なされていた。中世の人間にとっては、それらは同様に不思議なことであるが、しかし同様に事実であることは疑えなかったのである。こうして自然物は、物理的な力であるか生理的な作用であるかあるいは超自然的な働きであるかを問わず、それぞれ固有の力能を有していると信じられつづけたのである。

3　キリスト教における医学理論の不在

アウグスティヌスは科学のための科学は否定したが、自然科学その他の世俗の学問にたいする彼の立場は、キリスト教徒は聖書解釈のために科学的な知識が必要なときにはそれを所有する異教徒から借りればよいという、一種の便宜主義であった。アウグスティヌスにとって、学ぶ事の目的はあげて「聖書全巻の中に神の意志を探り求める」ことに置かれていたのである。(18) これはアウグスティヌスの『キリスト教の教え』の一節であるが、その第二巻は聖書学習の手引であり、それによれば、聖書にはいろいろな地上の事物をもちいた「比喩的表現」が数多く含まれていて「事物についての知識がないと比喩的な表現の意味がわからなくなる」し、「転義的かつ神秘的に（translate ac mystice）述べられた箇所も多い」。そのため、聖書研究に資するかぎりで「異教徒の文化の積極的受容」が望ましい。つまり「動物、樹木、草本、鉱物その他の物体の性質について記したもの」は「聖書の謎を解くのに役立つ」のである。(19) したがって異教の世界に知られていたすべての学問は聖書学習のカリキュラムに加えられるべきということになる。キリスト教には固有の自然科学理論というものがなかったために、旧来の科学を無視することができなかったのである。

キリスト教が自然科学理論を持ち合わせていなかったという事情は、医療の面においてはとりわけ現実的で直接的な影響を及ぼすことになった。

ヒポクラテス以来の創造的で理論的なギリシャ医学の伝統はガレノスの死でもってほぼ幕を閉じた。それを受け継いだローマは、もともと土着の民間信仰やオリエントの神秘主義の影響を受けていたこともあり、継承したギリシャの医学を発展させるどころかむしろ大きく目減りさせることになった。軍事国家ローマ帝国が医学に寄与したと言えるのは、贔屓目に見ても軍陣医学そして公共病院と都市衛生の思想くらいのもので、理論面での貢献は事実上ないに等しい。したがってローマ社会における医療の現実は、かなり魔術的色彩の濃いものであった。ラテン語の動詞 medicare が「治療する」と「魔術をもちいる」の両義を有していることが、そのあたりの事情を端的に反映している。現実にもプリニウスの『博物誌』(三〇巻一)には「魔術は最初は医術から起った」と記されている。

他方では、揺籃期の禁欲的なキリスト教は医学・医療を信仰の下位においていた。アウグスティヌスより約半世紀前に活躍したカエサリアの教父バシレイオス(三三〇頃—三七九)の『修道士大規定』には「自分の健康への希望を医師の手中に置くことは家畜に等しい行為である」とあり、医療そのものが反キリスト教的であると見なされている。つまり「医術がときに有効であると見られる病気は、そのすべてが誤った食事とか他の身体的な原因によるわけではない」、というのも「病気はしばしば私たちを回心に導くための罪への戒め」だからである。つまり病苦は原罪にたいして神の下した罰であり、過ちを償うために神が与えた機会なのである。だとすれば、私たちは病にさいして「みずからの過ちを認め……医師に頼らずに、与えられた苦痛を黙って耐えるべきである」ということになる。[20]治療は「奇蹟」という形で表される神の救済としてのみ実現されるのである。しかしこうなれば自律的な学としての医学の否定であろう。ましてや、異教の理論への依存が認められるはずはない。実際「ギリシャ医学は異教徒のわざ」と見なされ「初期の教会では相手にされなかった」のである。[21]ここまでの原理主義はいつまでも維持しきれるものではなく、早晩妥協が始まるにしても、地上での労苦を神の下した試練と見るキリスト教社会においては、体に発する悩みを癒そうとする医学がしばしば肩身の狭い思いを余儀なくされたことは事実のようである。[22]

キリスト教がローマの国教になり妥協が始まってからは、医学・医療の領域で現実的に有効な自前の理論をもっていなかったキリスト教は、そのかなりの部分をギリシャとローマから相続した乏しい遺産に頼ることになった。実際、たとえばイシドルスの『語源論』にはギリシャ伝来の四体液理論の平板な説明が記されているが、これはその後も中世に語り伝えられてゆく。そしてディオスコリデスの『薬物誌』やプリニウスの『博物誌』といった書物は、キリスト教から見れば本来は異教の書のはずであるが、中世キリスト教社会において、とりわけ医療用の薬剤学の面で広く読まれ、実用に供されてきた。たとえばプリニウスの記している山羊の血とダイヤモンドのあいだの反感は、現実に医療に適用されてきた。中世医学の研究者によれば、雄山羊の血が膀胱結石や腎臓結石の石を溶解する秘薬にもちいられていたのである。[23] 山羊の血がダイヤを破壊するのであれば、ダイヤよりもろい結石にたいしてはそれ以上に有効なはずだという理屈だろうか。この話は、本人も腎臓結石の持病に悩まされていたモンテーニュの一六世紀末の『エセー』にも記されているから、[24] 実に近代直前まで信じられていたようである。

いや、ギリシャとローマの遺産だけではなく、ガリアやあるいはライン以北の地域では土着のより魔術的・呪術的な民間医療こそがむしろ主であったと考えられる。キリスト教は、地中海世界からヨーロッパ大陸内陸部に北進してゆく過程で地域社会の上層部支配層から布教を進めてゆき、こうして世俗権力との結びつきを強め、その組織を確立していった。そのためキリスト教がいかに「カソリック（唯一普遍）」を標榜しようとも、現実には下層の大衆の生活や精神世界の内面にはよりおそくまで土着宗教の影響が残されることになった。実際、最近の研究ではヨーロッパ中世とは「拡大を続ける教会を後ろ盾としてその支配力を強めてゆくキリスト教にたいして、異教信仰が長期間にわたって静かに反抗しつづけた時代」であることが明らかになっている。[25] キリスト教イデオロギーが隅々まで支配する社会が一朝一夕にでき上がったわけではない。そんなわけで、民衆に与えられていた医療は、草深い農村における助産婦や呪術師たちあるいは都市での賤業と見られていた理髪師によって語り継がれてきた土俗的な医療であるか、あるいはオリエント伝来の医術であり、いずれにしても異教的で魔術的であることはまぬがれなかった。シッパーゲスの『中世の医学』には、「中世の〈医学〉文献には魔術的・呪術的なものごとの記述がいかに少ないかということは注目すべきである」とあるが、大部分の民間医療はそもそも文書に残されてさえいないということも考慮すべきであろう。[26]

アウグスティヌスは『キリスト教の教え』において「医療を目的とする呪いとかその他の魔術的な治療」は「迷信的な学問」であり「そのような愚かで有害な迷信をキリスト教は断固として拒否し避けるべきである」と言っている。ただしここで「迷信」に対置されているのは科学的合理性ではなく、キリスト教の教義である。つまり「迷信」が排斥されるべきなのは、それが非科学的だからではなく、それが「異教の残滓」だからである。したがって自然物が超自然的な力を有すること自体は認められていた。忌むべきはその力の魔術的な使役であったが、その境界は不鮮明であった。アウグスティヌス自身が認めているように、民間に伝えられている処方が「自然の力で効く」場合には自由にもちいてもよいが、「しかしそれがなにか魔術的な拘束力によって効くのか、しばしば区別できないこともある」からである。[27] そんなわけで中世においては「魔術や呪術は当初から治療行為の条件となっていた」のであり、「教会でさえも魔術的実践にキリスト教の衣をまとわせていた」のが実情であった。[28] アウグスティヌスは、巷間に伝えられている民間療法にたいして「眼に見えて効き目があると思われるときにはかえってキリスト者は避けるほうが賢明である」とまで語っているが、[29] これでは初手から敗北を認めているようなものである。

幼児死亡率がきわめて高く、子供が無事成人することさえ僥倖に近かった時代であり、自然の猛威と絶望的な貧困のなかで過酷な労働の日々を送っている中世の民衆にとって、病から身を守り、天候不順から農作物を防ぎ、支配者の暴力から家族を護って子孫を残してゆくということは、それだけでもたいへんなことであった。ましてやくり返し襲ってくる疫病にたいする恐怖は、知識人であろうがなかろうが、農民であろうが都市住民であろうが、すべての階層・階級に共有されていた。キリスト教の公認教義から見ればどれほど許し難いにしても、しかし異教的教説に民衆が救いを求め、魔術的風習が世代間に受け継がれ、さまざまな自然物やシンボルが魔除けや御守りに使用されつづけたことは、十分に肯けることである。まさしく歴史学者サザーンの言うように「世俗的な事柄の探究は、キリスト教の知の一般的な枠組におけるその位置づけについてのいかなる理論とも無関係に、それ自体の固有の生命を有していたのである」(30)。

かくして魔術的自然観が語り継がれることになった。そして磁力や静電気力についての当時の言説はその枠組において了解されていたのである。それを明白に示しているのが、次節に見る一一世紀のマルボドゥスの『石について』である。アウグスティヌスからマルボドゥスまで時代が大きく飛ぶが、それというのも、文化的にはローマがギリシャの遺産の多くを見失ったように、蛮族の侵入がローマの遺産を見失わせることになったからである。大陸で文化の回復のきざしが見えはじめたのは、九世紀、シャルルマーニュの時代であった。

4　マルボドゥスの『石について』

これまでの物理学史では、近代科学登場以前の静電気学の発展といえば、古代に琥珀の引力が見出され、その後、琥珀以外にも同様の引力を示す物体がすこしずつ見出されてゆき、こうして経験的知識の拡大とともに、その力が個別物質によらない一般的なものであると認識されてゆく過程として描き出されていた。そのような見方では、まずは尊師ベーダ（六七八頃―七三五）による「黒玉《くろだま》」の示す引力の記述が挙げられる。シャルルマーニュのもとで文化復興に大きく貢献したのはイギリスのヨークからやってきたアルクインであるが、そのノーサンブリアを八世紀に西欧世界において学術の突出したそして孤立した中心たらしめたのがベーダであった。ベーダが七三一年に書き上げた『イギリス教会史』には「この島〔ブリタニア〕は沢山の黒玉を産出する。黒玉は黒く輝き、火に入れると燃え、蛇を駆除し、摩擦して温めると琥珀の作用と同じように、触れたものを摑まえてしまう[31]」とある。

そして次にくるのはレンヌの司教マルボドゥス（一〇三五―一一二三）による「玉髄（calcedonius）」についての「日光や指による摩擦で温められると、おのれのもとに籾殻を引きつける（calfectus radiis solis vel digitorum fricatu paleas ad se trahit）」というこれまで見落とされてきた記述である[32]。*

＊　マルボドゥスによる玉髄の静電引力の発見は、これまで電磁気学史では完全に見落とされてきた。電気学についての最初の歴史書である一七七五年のプリーストリーの『電気の歴史と現状』には「ギルバートの時代以前に、擦られたときに軽い物体を引き寄せる性質をもつことの知られていた唯一の物体は琥珀と黒玉である」とある[33]。そして二〇世紀のローラーたちのかなりくわしい論文でも「〔プルタルコス以降〕一二世紀にいたるまで、琥珀効果についての知識は何ひとつ新しく付け加えられていないようだ[34]」とあり、一六世紀にフラカストロがダイヤモンドを見出すまで、琥珀現象を示す物質は琥珀と黒玉だけが知られていたとされている。

マルボドゥスのこの記述が見落とされてきたのは、一六〇〇年にギルバートが静電引力を示さない物質に「玉髄」を含めたためかもしれない（後述、本書第一七章3）。それはともかく、現代的観点から見て意味のあるそのような発見を拾い上げて時系列にならべ、後知恵で整合的な解釈を与えるだけでは、歴史の理解につながらない。というのも、私たちが静電気力とか磁力と呼んでいる現象は、実は中世においては、現代とはまったく異なる基盤と背景で論じられ理解されていたからである。

「玉髄」についての上記の記述は、『聖書』の「ヨハネ黙示録」に書かれている一二個の宝石についての教えをマルボドゥスが記したものの一節である。マルボドゥスは他にも『石について（*De Lapidibus*）』という七三二行におよぶ詩を残している。作品としてはこちらのほうが有名で、大きな影響を残した。その詩を貫く基調は「宝石（gemma）には生来の力能（insita virtus）が宿っている。木草もまた大きな力を秘めているが、宝石の持つ力は何にもまして大きい」という冒頭近くの二行に尽されている[35]。それは六〇種類におよぶ石について、そのそれぞれに秘められている「力能（virtus）」がどんなものであり、それがどのように人間に役立つのかを歌ったものである。そのさい「役立つ」ということの意味は、直接的に薬剤としてだけではなく、精神的な安らぎを与えるというような効果から魔除けや御守りとしてもちいうるといった意味にまで及び、したがってその内容は医学的で実用的であると同時に異教的で魔術的でもある。そのことのゆえに、この詩はマルボドゥスがレンヌの司教に選ばれた一〇九六年以前に書かれたと推定する研究者もいるが、それが根拠のある推論かどうかは疑わしい。なおヤンマーによれば「ラテン語の文献でも物理的な力とオカルト的な作用がごっちゃにな

MARBODAEI
GALLI CAENOMANENSIS DE
gemmarum lapidumq; pretiosorum formis, natu
ris, atq; uiribus eruditũ cũ primis opusculũ, sane q̃ utile, cum
ad rei medicæ, tũ scripturæ sacræ cognitionẽ: nũc primũ nõ
mõ cẽtũ ferme uersib. locupletatũ pariter & accuratius emẽ
datũ, sed & scholijs q̃q; illustratũ p Alardũ AEmstelredamũ
Cuius studio
additę sunt & præci
puæ gemmarũ lapi
dũq; p̃tiosorũ expli
catiões, ex uetustiss.
q̃busq; autorib⁹ co
actæ. Cũ scholijs Pi
ctorij Villingẽsis
Doctrina
& Veritas
3 Smaragdus Leui
4 Carbũcul⁹ Iuda
5 Saphirus Zabulon
2 Topazius Simeon
9 Amethystus Aser
6 Iaspis Isachar
1 Sardius Ruben
10 Chrysolitus Nepthalim
7 Lincurius Dan
Beryllus Beniamin
11 Onychinus Ioseph
8 Achates Gad
Coloniæ excudebat Hero Alopecius. Anno. 1539

図 4.2　1539 年にケルンで出版されたマルボドゥスの宝石についての書の扉

っている。virtusという言葉は一般にその両方を指す(36)」とあるが、むしろ当時はその二種類の作用そのものが明確に区別されていなかったと言うべきであろう。

かくしてマルボドゥスにおいては、磁力や静電引力は、石には霊性が宿り宝石には魔力が秘められているという一般論の代表的事例として論じられているのである。それゆえその探究も、石に秘められているその超自然的な力を暴き出し人間に役立てようという、ある意味では魔術的な探究の一環である。その問題を、黒玉やその他の若干の石について見てゆくことにしよう。

「黒玉」は緻密で真黒な粒状の石炭で、ディオスコリデスやプリニウスによればガガスと呼ばれる河口で採られたので「ガガーテス(gagates)」と呼ばれたとある(英語のjetはその訛)。ディオスコリデスによれば、これは痛風治療薬に使われ、また燻蒸することで癲癇患者を見つけ婦人のヒステリーを直し、その蒸気は隠れた婦人病を癒す。他方プリニウスによれば、これは歯痛や瘰癧に効くだけではなく、その煙は処女を装う試みを看破すると書かれている。ちなみに黒玉が処女性を識別するというのは、イシドルスも記していることである(37)。

同様にマルボドゥスの『石について』の一八節には、「黒玉」の持つ力として、第一に、水腫を治し水に溶かせば緩んだ歯を強くし、燻蒸することで月経をもたらし、癲癇や胃病にも効き陣痛にある妊婦の分娩を早めること、第二に、魔除けになり処女性の判別に使用されること、そして第三に「摩擦により温められたならば近くにある麦藁を引きつける(vicinas pales trahit attritu calefactus)」とある(38)。このそれぞれは、私たちから見れば、第一のものは生理的な薬効で、第二のものは超自然的で魔術的な作用、そして第三のものはれっきとした物理的な力である。しかしそのような整理の仕方はあくまで現代的な理解と区別であり、マルボドゥスにおいては、この三つの働きはまったく同レベル・同次元に扱われている。とりわけ生理的な効能と魔術的な効力は、どちらもその秘密に通暁したならばその知識は人間に役立つはずであるという点で区別されていない。

そしてこのような石のもつ能力、とくに神秘的で超自然的な力にたいする思い込みは、ディオスコリデスとプリニウスの時代以来、キリスト教が広まりその支配が浸透した一一世紀になっても、薄れるどころかむしろより強まってきた。たとえばプリニウスは「ハイエナ石（hyaenia）」なるものについて、「ハイエナ石はハイエナの眼から採れるもので、この石を人間の舌の下におくと未来について予言するという。われわれがそんなことを信ずるくらい馬鹿であればの話であるが」と書き、石の持つ超能力なるものについては懐疑的で否定的な見解を表明している。そのおなじ石について七世紀のイシドルスの『語源論』では「ハイエナ石はハイエナの眼に見出され、人の舌の下におくとその人は未来を予言すると言われている」とだけあり、マルボドゥスの『石について』にも「それは人間に予知能力を与える（Quo queat imbutus praedicere quaeque futura）」とあり、否定的なニュアンスもなければ、いささかの懐疑も見られない(39)。

そして『石について』の「磁石」の記述を見るならば、水腫をおさえ火傷の痛みを散らすという薬効や、妻の不貞を見破るというすでに馴染みの能力の他に、争う者どうしを宥め、新婚の夫婦に愛を授け、弁舌に説得力を与えるとあり、さらに次のようにある。泥棒は家に忍び込むとき、燃えさしに磁石の粉末を焼べ、出てくる煙をその家に入れる。そうすると住人の魂が家の外に出てしまうので、泥棒は屋内で自由に物色できるというのである。[40] 化学史の研究者の言うように「マルボドゥスが関心をもっていたのは、石の化学的性質ではなく、もっぱら石の魔術的属性にであった」。[41]

5　ビンゲンのヒルデガルト

このような石の持つ超自然的な力についての想念は、ヨーロッパ中世の文学作品にも散見される。たとえば一二〇〇年から一二一〇年の間に書かれたと見られるヴォルフラムの『パルチヴァール』には、ざくろ石やダイヤをはじめ多くの宝石を挙げ「それらの石のいくつかは気分をよくしてくれ、……また薬として役立った。誰でもこれらの宝石について知識があって評価することのできる人なら、その効能を認めてくれるであろう」[42] とある。さらには一二二〇年代にフランスで書かれた作者不詳の『聖杯の探索』には「ソロモンはたいへんな賢王であって……あるゆる宝石の力と薬草の効能に通じ」というような記述が見られ、[43] 一三世紀後半の『薔薇物語』では「留金の石は大変な力と効能があって、これを身につけた者はいかなる毒も怖れるには及ばず、何をもってしても毒殺できない」とある。[44] おなじ頃にジェノヴァの大司教ヤコブス・デ・ウォラギネ（一二三〇頃―九九）の書いた聖人伝『黄金伝説』には「眼の見えない者を見えるようにし、耳の悪い者を聞えるようにし、口の利けない者をものが言えるようにし、知恵の足りない者を賢くする宝石」の話が出てくる。[45] また一三―一四世紀中期にドイツ語で書かれた『狐ラインケ』にも「薬草や石の効能にも造詣の深い」ユダヤ人が語る、「八百八病を治し」すべての苦しみを取り去りあらゆる災難を免れさせる宝石の話がでてくる。(46)

ずっと時代が下って、一五八八年にイギリス人ロバート・グリーンが書いた『パンドスト王』には「宝石エキテスは色よりもむしろその効力のために好まれています」とある。ここに「エキテス(echites)」とは、プリニウスには、鷲の巣で採れるので「鷲石」と称され、流産を防ぐための妊婦のお守りになると記されている。それにたいしてマルボドゥスの『石について』では、エキテスは妊婦のお守りとして早産を防ぎ分娩の痛みをやわらげる効力を持つだけではなく「富を増やし、その所有者が愛されるように仕向け、勝利をもたらす」とあり、御利益が上積みされている。(47)グリーンの言っている効力はこのことであろう。そしてその直後、一五九二年頃に書かれたクリストファー・マーローの戯曲『フォスタス博士』には「占星術の基礎知識があり、言語の才に恵まれ、鉱物の知識をゆたかにもつ者は、魔術に必要なすべての素養をすでに備えている」とある。(48)鉱物——宝石——の知識は魔術にとって不可欠とされていたようである。

宝石のもつ神秘的な力がこのように多くの文学作品に現れるということは、大衆の世界においてもそれが広く語られていたことを示唆しているであろう。

ヨーロッパ中世の自然観というときに注意しなければならないことは、文書に残されたものは、実際には一握りのキリスト教知識人の世界のものであり、その背後にいる文字を持たない圧倒的多数の大衆がそれとおなじレベルで自然を見ていたわけではないことである。実際、アウグスティヌスはもとより、ベーダやイシドルスやマルボドゥスといったラテン語を自在に操る聖職者は中世社会における僅少の知的エリートであり、彼らが書き記していることがそのまま大衆の世界で語られていたわけではない。しかしそのようなエリート知識人でさえ、ディオスコリデスやプリニウスといった異教の書を受け容れているのである。ましてや、土着の民間宗教の影響をより強く残している民衆の世界においては、魔術的自然観がよりいっそう色濃く見られるであろうと推量される。もちろんそのような民衆世界の口承は文字化による定着を受けることなくやがて歴史の闇に消え失せてゆき、現在ではほとんど確かめようがないのが通常である。しかしさいわい私たちは、ラインラントのベネディクト派女子修道院の幻視者にしてキリスト教神秘主義者、ビンゲンのヒルデガルト（一〇九八―一一七九）という特異な女性の書き残したものによって、当時の民俗的自然観の一端を窺い知ることができる。

ヒルデガルトは、幼時に幻視を体験し、八歳で修道院に入り、四三歳になってはじめて幻視を文字に表すことを始めた。彼女は終生修道女として過ごし最後は女子修道院院長にまで登りつめたが、中世キリスト教社会は完全な男性社会であって、彼女自身はかならずしも知の世界のエリートではなかった。修道院で聖書と神学文書についての基本的な知識を与えられてはいたが、男性修道士のようなスコラ学や聖書解釈学の正則な教程を習得したわけではなく、そのラテン語も粗野なものであったと言われている。そのヒルデガルトが一一五〇年から六〇年の間に書いた自然学的・医学的著作に『自然学（フィジカ）』というのがある。それは、植物・元素・樹木・石・魚・鳥・動物・爬虫類・金属にわたる五百以上の項目について、医学・薬学的性質および博物学的関連事項を記述したものである。

その全体を貫く視点は、温・冷そして乾・湿による分類であり、「似たものは似たものによって」という類似療法であり、その点にギリシャ哲学とギリシャ医学の影響を明瞭に認めることができる。「石」の巻には磁石をふくめて二六項目が記されているが、磁石を金属ではなく石に含めている点にも、ギリシャとローマの自然学の影響が指摘できる。

しかし『自然学』の個々の記述内容について言うならば、その他の中世の書物とはおおきく異なり、ディオスコリデスやプリニウスあるいはイシドルスなどの、その時代に利用することのできた医学書や百科辞典を参照し下敷きにした形跡はないようである。それは、シッパーゲスによれば「当時の民衆医学から生じた」[49]とあり、また種村季弘によれば「おそらく大部分は言語化されないまま経験的に民間呪医のあいだに集積されてきた魔術的医学の現場から採集された知識」であり、とくに全体の半分をこえる薬草や樹木にまつわる記述は「おおむね古代ゲルマン系ないしドルイド系の森林＝樹木信仰に淵源している」とある。[50]同様に最近の研究でも「その内容はゲルマン民族の伝統にもとづいたものであり、それに自分たちの経験や観察で得られた知識を蓄積して得たもの」で「ヒルデガルトの『自然学』以外に、このようなくわしい民間の薬草知識を語るものは、現存する中世の史料のなかには存在しない」とされている。[51]

現にその内容はきわめて特異である。「石」の巻の冒頭には、宝石一般について「貴石は炎と水から生まれる。したがって熱と湿を内に含む。また数多くの力が宿っているので、多くの要求にたいして有効に応える。貴石をもちいるとさまざまなことをなしうる。ただし、これは善良で誠実な行為、つまり人間にとって有益な行為に限られる。誘惑、密通、不倫、怨恨、殺人などの行為、つまり悪徳へ傾斜して他人を傷つけるような行為にその力が働くことはない。これらの貴石は本性的に誠実で有益な効果をもたらし、人間の堕落した邪悪な利用は拒絶する」とある。(52) キリスト教的道徳の眼鏡をとおして見たものであるが、宝石に宿る力が広く大衆のあいだで語り伝えられていたことが行間に読み取れる。

そしてその第一八項に磁石が次のように語られている。非常に特異な内容ゆえ、全文引用しよう。

磁石は温性である（Magnes calidus est）。特定の砂中と水中に生息しているが、水中よりもむしろ砂中によく棲んでいるある種の毒虫（venenosus vermis）が吐き出す泡（spume）からこの石は生まれる。毒虫の一種でなめくじのような虫が、ある特定の水辺に生息し、その水中に棲んでいる。ときにこの虫が、長いあいだ鉄が製錬されつづけているある土地に泡を吐き出す。そこへ、その水辺と水中に棲んでいるか、またその鉄が製錬されている土地の土を食っている別の毒虫がやってきて、泡を見るや否やただちにそこへ寄っていく。この虫は黒色の毒を他方の虫の泡に浴びせかける。この毒は迅速にしみ込み、泡を硬化させて石に変化させる。こうして磁石は鉄を産出する土地で培われた毒によって凝固し、そのため鉄色をしていて自然に鉄を引きつけるのである。この石が横たわっているあたりの水は、度重なる洪水の際に石を洗い、（石に付着していた）ほとんどの毒を薄め減じている。

正気を失ったり、いかようであろうとも幻影に悩まされたりしているなら、磁石に唾液を塗り、その石を頭頂部と前額部にこすりつけて次のように唱えなさい。「おお汝、猛威をふるう悪邪よ、天国から堕ちた悪魔の力を転化して人間を善くしたもうた神の徳を認めよ。」そうすると正気に戻るであろう。この石の炎の要素は有益でもあり有毒でもある。鉄を産出する土地から取り込まれる炎は有益であり、虫の毒から取り込まれる炎は有害である。温かくて健康な人間の唾液に触れて賦活されると、炎は人間の思考力を妨げる有毒な体液を消し去る。(53)

この薄気味悪い奇怪な記述は、磁石の形成にせよ、そのもつ特異な能力にせよ、その使い方にせよ、これまで見てきたギリシャとローマに発する一連の言説とはまったく異なっている。おそらくは、太陽の直射する明るい地中海文明から遠く離れた、深く暗い森に覆われたゲルマン社会の深層に語り伝えられていた話なのであろう。呪いを唱えて磁石の力を引き出すというのも、あきらかにキリスト教の教えに反した、異教的・魔術的な行為である。おそらくこれも土俗的宗教に由来する迷信であろう。もちろんこの磁石の例だけではない。たとえば瑪瑙の項には「毎夜、就寝前に、明澄な瑪瑙を家の縦方向に持ち運び、次に横方向に持ち運び十字を切るようにしなさい。そうすると泥棒はほとんど目的を達することができず、その稼ぎも知れたものに終るだろう」とあるが、(54)ここでは民間伝承に「十字を切る」といったキリスト教の習慣が重ねられていることがわかる。ヒルデガルトは、宝石の力を地上でもちいることは神が望むことであると語ることにより、民間伝承・土着宗教を積極的にキリスト教の枠内に取り入れたのである。

6　大アルベルトゥスの『鉱物の書』

こうして「磁石は婦人の不貞を見破り、黒玉は処女を見分ける」といった奇怪な言説がキリスト教支配下の中世ヨーロッパ世界で連綿と語り継がれることになった。とりわけ磁石については、まさに「私たちの時代の最初の一一世紀〔一世紀から一一世紀まで〕、西洋では磁石は主要に医療における使用、魔術での使用、そして隠れた力の例として知られてきたのである(55)」。

そのような中世における磁石にたいする知見は、一三世紀中期の哲学者アルベルトゥス・マグヌスすなわち大アルベルトゥス（一二〇〇頃―八〇）が書いた『鉱物の書（*De mineralibus*）』に集約されている。大アルベルトゥスはパリ（一二四五―四八）とケルン（一二四八―五四、五七―五九）のドミニコ修道会の神学院で教鞭を執り、一二五四年にはドイツのドミニコ修道会の管区長に任命され、その後一二六三―四年には教皇ウルバヌス四世の特使に選ばれたキリスト教社会の第一級エリートであり、この時代きっての碩儒として知られている。『鉱物の書』が書かれたのは一二五〇年代か六〇年代、ヒルデガルトの『自然学』とほぼ同時期である。その磁石についての部分を少し長いけれども全文引用しておこう。実は次章でくわしく見るように、ヨーロッパはこの時代にアリストテレスを再発見したのであるが、大アルベルトゥスがそのアリストテレス自然学を意欲的に受け入れ、自然を神の啓示としてだけではなく、それ自体としても知るに値するものと見なした数少ない先駆者の一人であるこ

図4.3　講義するアルベルトゥス・マグヌス

とを念頭において読んでいただきたい。

磁石（magnes）は鉄の色をした石であり、インドの海にもっとも多く見出される。その地には磁石がたいへん多くあるので、外側に釘の打たれた船で航行するのが危険であると言われている。それはまたトログロダイテスの国にも見出される。私自身も、フランコニア地方と呼ばれるテウトニアの一部で磁石を見出したことがある。それは大きくてすこぶる強力で、瀝青で焼かれ腐蝕した鉄のように漆黒であった。磁石は鉄を引き寄せるという驚くべき力を有し、その力はさらに鉄に移され、その鉄もまた〔他の鉄を〕引き寄せる。こうして、ときには数多くの針が次々とぶら下がるのが見られる。しかし、ニンニクを塗りつけられたならば、磁石は〔鉄を〕引き寄せなくなる。またダイヤモンド（adamas）が磁石の上に置かれたならば、その磁石は〔鉄を〕引き寄せなくなり、それゆえ、このようにして小さいダイヤモンドが大きな磁石を縛りつける。私たちの時代には、一方の端で鉄を引き寄せ他方の端で鉄を撥ねつける磁石が見出されている。アリストテレスは、これは他の種類の磁石であると言っている。注意深い観察者である私たちの修道会の一人は、フリードリヒ皇帝〔フリードリヒ二世〕の所有する、鉄を引き寄せるのではなく鉄に引き寄せられる磁石を見たことを私に告げてくれた。アリストテレスは、人肉を引き寄せるさらに別種の磁石があると語っている。魔術では、磁石は、とくに呪文や魔術の合図が魔術の教えにしたがって使用されたならば、驚くべき幻影をもたらすと伝えられている。そして蜂蜜に混ぜるならば水腫に効くと報告されている。また人々は、磁石を眠っている婦人の頭の下に置くと、その婦人が貞節であればその婦人はただちに寝返り夫の腕に抱かれるであろうが、しかし不貞を働いていたならば悪夢にうなされ、ベッドから転げ落ちると言っている。彼らはまた、ある家に侵入する泥棒は、燃えている石炭をその四隅に置きそのうえに磁石の粉末を振りかけると言う。そうすれば、屋内で眠っている人たちは悪夢に悩まされて外に飛び出し建物を空にするので、泥棒は好きな物を盗めるというのである。(56)〔アリストテレス云々はアリストテレスの偽書『石について』を指す。〕

大アルベルトゥスも、本書で石と金属を区別したうえで、磁石を石に分類している。付言するならば、ここでは大アルベルトゥスは鉄を引き寄せる磁石と鉄に引き寄せられる磁石の二種類の存在を語っている。鉄だけが一方的に磁石に引き寄せられるという古代ギリシャ以来の誤解は一応解消されてはいるものの、それらを別種の磁石と見る新しい誤りに陥っている。その誤りをはじめて指摘したのも、後述するようにデッラ・ポルタであった。

中世哲学の専門家によれば、アルベルトゥス・マグヌスは自然を「経験的研究の対象」と見なし、(57)「自然学とは自然の原因を調べることだ」と語り、(58)さらには「アリストテレスが伝える知識についても、必要とあれば自分の経験によってこれを補足したり訂正したりすることを躊躇しない」(59)とまで言われている。しかしその大アルベルトゥスにおいてさえ、鉄を引き寄せる磁石の物理的作用と、姦婦を見破る磁石の霊力と、眼病や水腫を治療する磁石の薬剤効果とが、すべて同レベルの「石のもつ力能」と捉えられ、ひとしなみに論じられているのである。その意味では、ニンニクが磁力を無効にするという古くはプルタルコスが語っていた話もまったく同様である。この話も磁石が鉄を引きつけるのと同様に確かなことと考えられていた。その点はヨーロッパ中世全体をとおして最高の知識人で大アルベルトゥスについでスコラ学を完成させたトマス・アクィナスでさえ変わりはない。聖トマスもまた「磁石は鉄を引きつけ、サファイアは腫れ物を治す」と記しているだけではなく、「磁石はニンニクを塗りつけられたならば鉄を引き寄せることができなくなる」*と、何の躊躇もなく語っているのである[60]。いずれの現象も不思議さにおいて差はなかったのであり、したがって現実性においてもまた差がないと見られていたのである。

* 『アリストテレス自然学注解』より。原文は Si magnes aliis perungatur, ferrum attrahere non potest (Lib. 7, lec. 3, 903) であり、スタンダードな訳とされている R. J. Blackwell の英訳では If magnet is greased with other things, it cannot attract iron (p. 461) となっているが、原文の aliis は中性名詞 alium (ニンニク) の複数奪格と理解すべきで、この英訳のように不定代名詞 alius (他のもの) の複数奪格ととるべきではない。

大アルベルトゥスはこの『鉱物の書』において、磁石以外にもさまざまな石がそれぞれ特有の力を有していることを、マルボドゥスと同様に克明に記述している。たとえば先述の「黒玉」について「黒玉は擦られたならば麦藁を引きつける」とある。ここでは引力の必要条件としてもはや熱が挙げられていない。その点で大アルベルトゥスの記述はたしかにアレクサンドロスやプリニウス以来マルボドゥスにいたるまでの誤解から解放されている。だからそれだけ読めば、静電引力について経験事実がより多く蓄積され、観測が正確になり、理解が深まったかのようにも思われる。しかし同時に「経験によるならば、黒玉を洗浄した水を漉し磁石の若干の削り屑とともに処女に与えるならば、それを飲んでも体内に留め排尿することはないけれども、もし処女でなければただちに排尿する、と言われている」ともある。[61]「経験」といっても、その内容は経験を捉える観点が異なれば異なって受け取られるのである。

こうしてアルベルトゥス・マグヌスは、次のように一般的に語っている。

石には、腫れ物を散らすとか解毒の働きをするとか人の心を和ませるとか勝利をもたらすといった、その石に属すると見なされる力が備わっていることを疑う人たちも多い。そしてその人たちは、合成物体にはその構成要素とそれらの結合の仕方による性質以外のものはないと主張する。しかし、逆のことが経験によってきわめて説得的に立証されている。というのも私たちは磁石が鉄を引き寄せ、ダイヤモンドが磁石の力を妨げるのを見るからである (magnetem videmus ferrum attrahere, et adamantem illam virtutem in magnete restringere)。のみならず、経験によればサファイアが腫れ物を治すことが証明されているし、私たちはそのひとつを自分の眼で見てきている。[62]

「そのひとつを自分の眼で見てきている」というのは磁力のことであろうが、若干の鉱物に実際に見られる薬剤効果および鉄にたいする磁力というきわめて少ない限られた事例にのみにもとづいて、すべての石はそれぞれ固有の力を有するという言説が正当化され肥大化されていったのであり、そして逆に、磁石そのものにたいしても、さまざまな魔力的ないし霊的な力が仮託されていったと言えよう。

大アルベルトゥス自身がはっきりと認めているように、そしてヒルデガルトが実際に語っているように、磁石は呪文などをもちいて魔術的に使用されるならば、より驚くべき効果をもたらすと信じられていたのである。

＊

クンツの『宝石の奇妙な伝説』によれば、石には霊性が宿り宝石には魔力が秘められているという想念は、世界中で語り継がれていたようである。ローマにはエジプトないしアジアから伝わったのであろう。しかしそのような伝承はキリスト教の教義とは本来相容れるものではない。初期のキリスト教教会がローマ上層階級にはびこる宝石嗜好を弾劾したことは知られているが、それはただ単に奢侈を咎めただけではなく、むしろ宝石が魔術にかかわる物体とされていたからこそであったと言われている。(63) にもかかわらず石の力をめぐるこのような異教的で魔術的な思考は、キリスト教が広まって後もいっこうに衰えることなく、時代とともにむしろ強められていった。実際、一四世紀のペストの流行にさいしては、感染防止の手段としてジルコンやエメラルドを身に着けておくことと記されていたと伝えられる。(64)

いや、中世にかぎられるものではない。宝石の力にまつわる伝承は、ヨーロッパでは一七世紀になっても依然として語られていた。近代地質学の真の出発点を築いたと言われるデ・ブートが「宝石にそれらが有してもいない多くの力が誤って与えられていることを調べることがきわめて重要である」

と主張したのは一六〇九年である。(65) にもかかわらず、それからさらに半世紀後に、イタリアのガリレイ、フランスのデカルトにならぶ一七世紀科学革命の前衛であったイギリスのロバート・ボイルでさえ「私はこれらの宝石についての言い伝えや書き手が高貴な鉱物に付与してきた医学的効果なるものを十把一絡げに否定するつもりはない」と語って、新しい機械論哲学――ボイルの言う「粒子哲学」――の立場から長篇の論文『宝石の力と起源』を書いているのである。(66)

このように宝石と磁石についての魔術的な観念はヨーロッパにおいて揺らぐことなく生き延びた。実際のところ、キリスト教は土着の民衆宗教に完全にとってかわったのではなく、異教的要素や民俗的伝承にたいして、ときにはそれらのいくつかに異端であるとか魔術であるとかのレッテルを張りつけて排斥しつつも、またときにはそのいくつかにキリスト教の衣を着せることにより、実際にはその多くを黙認しその多くと共存してきたのである。こうして中世ヨーロッパにおいては、表層部におけるキリスト教のイデオロギー支配にもかかわらず、その自然観の深層には、前キリスト教的・異教的・土俗的・民俗的ともいうべき精神世界が残されていて、それがアウグスティヌスの禁令や勧告にもかかわらずそれなりの形で自然にたいする関心を喚起しつづけてきたのである。

とりわけ医学・医療の領域においてはそのことは顕著であった。中世において医療は、土着的で呪術的なあるいは異教的な性格を色濃くおびていた。そして磁力についての関心は、この時代にはどちらかといえばその医療効果――精神的な癒しや心霊作用をもふくむ広義の医療効果――の側面に向けられていたのである。それゆえにこの時代、ヨーロッパ社会がキリスト教に支配されていたにもかかわらず、磁石と磁力への関心は異教的で魔術的な研究と背中あわせであった。実際、一一世紀のフランスはレンヌの司教マルボドゥスや、一三世紀のイギリスのフランチェスコ会修道士バルトロメウス、あるいはやはり一三世紀のドイツの大哲学者アルベルトゥス・マグヌスら、中世キリスト教世界のトップ・クラスの碩学大儒が軒をならべて磁石の持つと言われる超自然的で魔術的な力を公言しているのである。このことは、磁力が当時の人たちに与えた特異な印象をきわ立たせているであろう。

今バルトロメウスに触れたが、実際彼は磁石について、婦人の不貞を暴くとか、その他の伝承や医薬への使用を語っている。そして同時に、その中に「磁石は一方の端で鉄を引き寄せ、他方の端で鉄を撥ねつける」とも記している(67)。これを先に引いたアルベルトゥス・マグヌスの「一方の端で鉄を引き寄せ他方の端で鉄を撥ねつける磁石」の一節と併せて読むと、磁石についての迷信とともに、その特異性が次第に認識されはじめていることがわかる。しかしその磁力の特異性が整理され理論化されるためには、磁石と磁針の指向性の発見を必要としたのである。

第五章　中世社会の転換と磁石の指向性の発見

1　中世社会の転換

魔術的とも呪術的ともいうべき色彩のまつわりついていた中世ヨーロッパ人の磁力理解は、一三世紀に大きな転換を迎える。その転換は、アルベルトゥス・マグヌスの弟子で中世スコラ学を完成させた南イタリア生まれのドミニコ会修道士トマス・アクィナス、最初の実験物理学の論文ともいうべき『磁気書簡』を著したピカールディー出身のペトロス・ペレグリヌス、そのペトロスを師と仰ぎ「経験学」の創始者と称されるイギリス人フランチェスコ会修道士ロジャー・ベーコンの三人によって——それらのベクトルはおなじ方向を向いているわけではないけれども——三者三様に代表される。

ロジャー・ベーコンがイギリスで『大著作』『小著作』『第三著作』を書いたのは一二六六年から六八年にかけて、トマスが『アリストテレス自然学注解』『霊魂について』その他をパリで執筆したのは一二六九年から七二年にかけてであり、そしてペトロス・ペレグリヌスの『磁気書簡』はやはり一二六九年にイタリア半島南部のルチェーラでしたためられている。このように彼らが活躍したのはいずれも一三世紀後半、とりわけ一二六〇年代末である。

この時代にこの三人が文字どおり踵を接して登場した背景には、ひろくはヨーロッパ社会が大きな変わり目にさしかかっていたということがあり、せまく磁力認識にかぎって言うならば、航海用コンパス（磁気羅針儀）の使用の始まりが磁石のそれまで知られていなかった性質を明らかにしたことが挙げられる。新しく発見された磁石と磁針のこの指向性（指北・指南性）の原因としては、当初は、北極星ないし天の極が磁石に力を及ぼしていると思念されていたのであり、そのことは天の物体ないし天の場所が地上の事物に遠隔的に影響を及ぼすという占星術的な想念を直截に裏づけるものと見なされたのである。その影響はきわめて大きい。

さしあたって社会的変動から駆け足で見てゆくことにしよう。

外部世界との関係で言えば、八世紀以降イスラーム教徒の支配下にあったイベリア半島のレコンキスタ（再征服運動）において、スペインがコルドバとセヴィリアを奪還したのが一二三六年と四八年、同様にイスラーム教徒とキリスト教徒が混在して特異な社会を形成していたシチリアとナポリの王国を教皇の後押しでアンジュウ伯シャルル（ルイ九世の弟）が乗っ取ったのが一二六六年である。こうして一三世紀中期にはイベリア半島の大部分とイタリア半島そしてシチリア島の全域がキリスト教に確保され、現在の私たちが理解するヨーロッパの輪郭が浮かび上がりつつあった。他方で、ローマ教皇の使節ジョバンニ・ディ・カルピニとフランス王ルイ九世の命を受けたギヨーム・デ・リュブリュクがモンゴルに赴き帰国したのはそれぞれ一二四五年と五五年、ヴェネツィアの商人マルコ・ポーロ（一二五四―一三二四）が父とともに中国に旅立ったのは一二七一年である。このように商業が活発になり、ヨーロッパ人がそれまで知らなかった東方世界と接触しはじめた時代でもある。

そして内的には、パリに高等法院が設置されたのは一二五〇年頃、イギリスで議会が成立したのは一二六五年のことであった。近代国家の機構がすこしずつ姿を見せ始めている。この世紀が終る頃には「人々が帰属意識を感じる機関として、教会共同体にかわってしだいに国家が登場してきた」と言われる(1)。ヨーロッパ世界全体が新しい相に入りはじめた時代と言って大過ない。

実際これに先だつほぼ二世紀の間、ヨーロッパは大きな変動を経験してきた。一二世紀後半のプランタジネット朝のヘンリー二世とカペー朝のフィリップ二世による英仏の王権の強化もさることながら、むしろより重要なのは「中世における産業革命」とも言うべき技術的発展であり、そしてまた、イスラームおよびビザンツ世界との接触による古代ギリシャの科学と哲学の発見であった。

技術面では、この時代に動力源としての水車の使用の増加とともに、その適用範囲の拡大が見られるが、この点については後章で触れることにしよう。それよりもなによりも農業における技術革新が著しい。実際農業では、農機具の改良や鉄製農機具の登場、とくにアルプス以北の湿気の多い気候と重い土質に適した蹄鉄をつけた馬の農耕への使用の広がりや重量有輪犂の普及とともに、一一世紀以降は二圃制度から三圃制度への切り替えも進み、比較的安定した高温の気候に恵まれたこともあり、生産性が大きく向上した(2)。そのうえ開墾と干拓による農地の拡大も進み、一一世紀中葉から一四世紀初頭にかけて人口も飛躍的に増加する。とくに一三世紀になってからの人口の伸びは著しい(3)。

いずれにせよ一一世紀から一三世紀にかけて――もちろん現代の時間スケールからみればきわめて徐々にではあるが――ヨーロッパにおいてはある種の産業革命と農業革命が進められたのであり、それは都市の形成と発展を促すことになった。すなわち、農業生産性が飛躍的に向上した結果、従来の荘園経済の侵蝕とそれにともなう自給自足経済から余剰生産物の交換経済への移行が始まり、領主的束縛の弛緩もあいまって農民層の社会的分化も兆し、交通と交易の要衝である都市が建設され重要な役割をはたすようになっていった。こうしてヨーロッパは一一世紀から一三世紀にかけて空前の都市化の波に洗われたのであり、一三世紀には全人口の約一割が都市に集中していたと言われる(4)。

この傾向は一三世紀に入るといっそう顕著になり、一二二六年から七〇年にいたるまでのルイ九世治世のフランスでは、都市に住む自由身分の人口が増加するとともにその活動領域が広まっていった。のみならず王は中央集権を強めるために支配機構内部に都市市民のエリートを登用し、こうして近代的な国家機構の出現にともない知識階層としての官僚層が産み出されていった。さらにまた国庫を豊かにする必要に迫られた王権は、力をつけた町人階級との結びつきを強化し、その見返りとして都市自治体の発展を支援し、都市にいくつもの特権を与えた。ドイツにおいても一一九〇年にはじめて都市自治が誕生し、以降、都市化の波は一三世紀中つづいた。その結果、都市市民は政治的にも経済的にもよりいっそう力を蓄え勢力を伸ばしてゆき、かくして一二世紀から一三世紀にかけてヨーロッパには、従来の祈る人（聖職者）、戦う人（貴族・騎士）、働く人（農民）の三身分におさまらない、都市を生活基盤とする官僚や商人や製造業者——将来のブルジョアジー——がその存在を主張しはじめたのである。そして彼らは商業的目的からであったが読み書きを学び、新しい文化の土壌を形成することになる。こうして聖職者だけが文字文化の担い手であった時代は終る。

都市の発展に並行して、一二世紀にはパリをはじめ、ボローニャ、サレルノ、モンペリエ、オクスフォードにこれまでになかった教育機関としての大学の登場を見ることになる。これらの大学は、当初「学生と教師の組合（universitas）」として発足したが、一三世紀なかばまでにその組織を確立させていった。いずれにせよ、高等教育機関が修道院や司教座聖堂付属学校から大学へと移行していったのは一二世紀であり、一二五〇年にはその移行はほぼ完了していた。(5) いまひとつ特筆すべきこととしては、俗塵を離れた地にあって内面的な宗教生活を追求してきたそれまでの修道院と異なる、都市を活動基盤として、世俗社会と積極的にかかわりを求める托鉢修道会のこの時期の創設が挙げられる。一二〇九年のフランチェスコ会と一二一六年のドミニコ会の発足がそうであり、これらの組織は勉学（studium）をその戒律の中心的要素のひとつと見なし、高度な学問研究を重視したことによって、生まれたばかりの大学に有用な人材を供給することになる。実際「〔トマスやベーコンをはじめとする〕一三・一四世紀の偉大な神学者のほとんどが托鉢修道士であった(6)」。

以上が、トマスやペレグリヌスやベーコン登場の社会的背景である。

2　古代哲学の発見と翻訳

知的・思想的な面では、ヨーロッパ人の自然の見方と自然に接する姿勢を転換させた決定的な契機は、農業社会であった当時のキリスト教諸国を経済的にも文化的にもはるかに凌駕していた先進的イスラーム社会にヨーロッパ人が接触し、イスラームの学問とともにその地に保存され学習されていた古代ギリシャの科学と哲学、とりわけアリストテレスの諸著作を発見したことである。

中世におけるヨーロッパのイスラーム社会との接触といえば、私たちは十字軍を連想しがちである。一〇九六年に始まった十字軍運動は、第七次遠征においてルイ九世がチュニスで没することによって、一二七〇年に事実上終りを告げる。しかし十字軍運動は実際は野蛮な軍事行動で、ここからヨーロッパが文化的に得たものは少ない。他方で一一五四年にシチリア王国のロジェー二世がイスラームの地理学者アル・イドリーシーに実証的な地理学の書、いわゆる『ロジェー王の書』を編纂させ、そしてまた一二五二年に即位したカスティリアとレオンの王アルフォンソ一〇世がアラビア天文学の影響を受けて天文学者にプトレマイオスの惑星表を改良した『アルフォンソ表』を作成させたことが象徴しているように、実はそれまでヨーロッパは進んだイスラーム文明から、十字軍運動の喧騒とは別のところで多くのことを学んできたのであった。

ラテン・ヨーロッパでイスラーム科学*の先進性をいち早く認めて、その吸収と移植に力を尽したのは、オーリヤックのジェルベール、後の法王シルヴェステル二世であった。興味深い人物であるわりにはあまり知られていないようだから、すこし脱線して触れておこう。

＊　ここに言う「イスラーム科学」は、ときに「アラビア科学」とも称されるが、伊東俊太郎著の『近代科学の源流』に倣えば、正確には「イスラームによって征服された地域において八世紀後半から一五世紀にかけてアラビア語によって文化活動をなした人々の科学」を指す。(7)というのも同書によると、その担い手は、イスラーム教徒以外にユダヤ教徒やネストリウス派キリスト教徒等を含み、またアラビア人だけではなくイラン人、トルコ人、ユダヤ人を含んでいたらしい。以下では便宜的に「イスラーム科学」と記す。

一〇世紀なかばに貧しい農民の子として生まれたジェルベールは、その当時では出身階層を離脱して社会的に上昇しうる唯一の道であった修道院に入り教育を受けた。そのベネディクト派修道院の教育は当時としては行き届いたものであったようだ。その後九六七年から三年間、彼はカタロニアの修道院でさらに学習を続け、数学と天文学と音楽を学んだ。当時イベリア半島は大部分がイスラーム支配下にあり、ここで彼はイスラームの科学に接したことは確かである。その後、能力と僥倖に恵まれた彼はローマ法王に認められ、ランス大司教座聖堂付属学校の校長に抜擢され、ここで卓越した教育と並外れた学識によって名をあげ、九九九年にはフランス人で初めて教皇の座につき、一〇〇三年教皇シルヴェステル二世として死んだ。低い身分の出自ながら、おのれの能力のみをたよりとして中世社会の最上部に登りつめるという、社会的流動性の極端に乏しかった中世社会ではきわめて例外的な、ある意味でははなはだ近代的な生涯を送ったジェルベールは、「祈りだけではなく哲学にも慰めを求めた」と言われるように、考え方もまた近代的であった。すなわち彼は、正統信仰の徒でありながら「神は人間に大いなる賜物を授けたもうた。信仰を与えたまい、同時に学術も禁じたまわなかったからである」と語り、信仰と理性を結合しようと望んだのである。(8)

科学におけるジェルベールの貢献は、イスラームの天文学と数学をヨーロッパに紹介したことにある。彼は、天文学では、イスラームに伝えられていたプトレマイオス天文学を学び、それにもとづき精巧な天球儀を作成した。数学では、それまでの扱いにくいラテン数字にかわって、アラビア数字の表記法を導入し、また「アバクス」とよばれる古代の計算盤をヨーロッパに復活させたとも言われる。(9)

東方世界にくらべて西欧が文化的に遅れていることを痛感したいま一人の先駆者は、数多くの修道院を傘下に擁し世俗権力からの独立を維持していたヨーロッパ最大の修道院クリュニーの院長に若くして就任した尊者ピエール（一〇九二頃―一一五六）であった。彼は西欧が文化と情報の量で圧倒的に劣っていることを自覚し、剣による異教徒制圧に限界を見て取り、大金をはたいてギリシャやイスラームの文献を購入し、翻訳者を集め、紹介作業に努めることになる。もちろんそれは宗教的寛容の精神によるものではなく、それどころかムハンマド（マホメット）の「汚らわしき」謬説を暴き出すことによって理論的・思想的に異教徒に勝利するためであったが、(10)ともあれこの時代に対話による解決の道を模索したということは注目すべきであろう。『コーラン』のはじめてのラテン語訳も彼のもとでなされた。一一四三年のことである。その翻訳者の一人イギリス人チェスターのロバートは、九世紀のアラビアの数学者アル・フワーリズミーの『代数学（アルジェブラ）』を訳し、ヨーロッパにこの学問の名称と方法を伝えたことでも知られている。

もちろんこのような人たちが現れたことは、現実にイスラーム社会との接触・交通が存在していたからである。そのひとつはイベリア半島において、いまひとつはシチリアにおいてであった。

イベリア半島においては、イスラーム教徒が七一三年に西ゴート王国を滅ぼして以降一四九二年にグラナダが陥落するまでの七百年以上にわたって、イスラーム・スペイン（アル・アンダルス）社会が存続した。同様にかつてピュタゴラスやエンペドクレスやアルキメデスを輩出したシチリアは、西ローマ帝国崩壊後の一時期、東ゴート王国の支配下にはいり、その後三世紀におよぶビザンチン支配ののち、九〇二年にアラブ人に征服され、以来一一世紀後半にノルマン人によって再征服されるまで、イスラーム教徒の統治下にあった。その結果、イベリア半島やシチリアは経済的にも文化的にもヨーロッパをはるかに凌駕することになる。実際、高度な灌漑技術を有していたアラブ人は、イベリア半島においてもシチリアにおいても征服後の水利工事によりその地を豊かな農地に作り替え、さらに綿・桑・サトウキビ・パーム・オレンジなどの、それまでヨーロッパにはなかった植物品種の栽培を導入し、量的にも質的にも農業生産性を飛躍的に高めることに成功した。のみならず、鉱山の開発、そして養蜂や馬の育種や絹織物の生産にのりだし、商業の振興を図り、九・一〇世紀にはイスラーム教徒はパレルモを中心として地中海の海運を完全に制圧したのである。こうしてパレルモとコルドバは殷賑をきわめる大都市に成長した。両都市は一〇世紀にはともに人口三〇万を擁したと言われる(11)。当時のラテン・ヨーロッパ最大の都市といわれるパリやローマでさえ、この足元にも及ばない。

著しいのはその豊かさだけではない。イスラーム教徒は征服にさいして、武器をもって歯向かった者たちにたいしては容赦なかったが、そうでない者は受け入れただけではなく、キリスト教徒やユダヤ教徒にはイスラーム教への改宗を迫ることはなかった。専門家によれば「イスラームに征服されても、キリスト教教会はそこでの市民権、信徒たちへの精神的指導者としての立場を保持し、また資産についても保持・獲得したり、寄進を受けることができた。教理・信仰・教会規約などについて、ムスリム〔イスラーム教徒〕がキリスト教徒の生活に介入することは禁じられていた。聖職者であれ、俗人であれ、すべてのキリスト教徒は、奴隷でないかぎり、イスラーム世界でも異教徒の国でも、完全に自由に移動できた(12)」とある。それゆえにこそ、たとえばジェルベールがイスラーム支配下のイベリア半島で学ぶことができたのであろう。もちろんキリスト教徒がイスラーム教徒にたいして布教活動をしたりイスラーム教を侮蔑したりすることは禁じられていたし、その他にもいくつもの制約はあったし社会的な差別も厳然とあったであろうが、基本的には、「啓典の民」と呼ばれたキリスト教徒やユダヤ教徒は特別な税金を納めていればそれで許されていたのである。

もともと遊牧の民であったアラブ人が、預言者ムハンマドの没後、七世紀以降に大規模な征服活動を展開してその版図を拡大し、経済活動を飛躍的に発展させただけではなく、文化面でも急速に成長をとげたのは、征服した異教徒にたいしてこのように宗教的に寛容であったばかりか、むしろ積極的にその文化や技術を学習し自分のものとしていったからであった。トルコ人やイラン人を包摂するイスラーム社会は、ビザンチン経由でギリシャの哲学や医学その他の科学を、インド文明からは数学や天文学を学び、それらのアラビア語への翻訳をすすめた。この点では、八世紀なかばに中国から紙の製法が伝えられていたことも大きい。イスラームにおける学術研究の拠点であったバクダードの「知恵の館」は、もともとは、ギリシャ語の文献をアラビア語に翻訳するために九世紀にアッバース朝のカリフ（首長）によって創設されたものである。こうして、ラテン世界では見失われていたギリシャの哲学や科学が、イスラーム社会では大切に保存され熱心に研究されていたのであった。

ヨーロッパ人のイスラーム文化との接触と、それを介しての古代文化の再発見は、イベリア半島とシチリア島の再征服を機に本格化する。イベリア半島では、イスラーム教徒の征服直後からキリスト教軍による叛乱は散発的に見られたが、一〇三一年の後ウマイヤ王朝の崩壊によりキリスト教スペインが軍事的に優位にたち、このころからレコンキスタも勢みがつき、一〇八五年のアルフォンソ六世によるトレドの攻略によって、半島のほぼ北半分がキリスト教に明け渡されることになった。その際、再征服したキリスト教スペインも、当初はキリスト教支配地域に残ったユダヤ教徒やイスラーム教徒を追放することはなかった。もちろんそのような措置は、キリスト教徒のみによる再入植を実現するだけのマンパワーが不足していたからであり、やがては死文化することになるが、ともあれ、こうしてトレドや一二三六年に奪還されたコルドバにおいて、高い水準をほこるアラブ・イスラーム文化とラテン・キリスト教文化そしてユダヤ教文化の交錯するトポスが出現したのである。

他方シチリアでは、イスラーム教徒の支配を打ち倒したのは、もともとは傭兵稼業でやってきたノルマン人の一旗組であった。彼らがビザンツ帝国支配下の南イタリアに足場を固めてからシチリア攻略に乗り出したのは一〇六一年、ノルマン人がイングランドを征服した一〇六六年のいわゆる「ノルマン・コンクェスト」の直前であり、シチリア全島を制圧したのは一〇九一年、十字軍の始まる五年前である。そのノルマン人の頭目ロベール・ギスカールとロジェーの兄弟が一〇七二年にパレルモを征服したとき、彼らは賢明にもイスラーム教殲滅政策を採らずに、異教徒・異民族の宥和をはかった。その政策は、一一三〇年にロジェー二世が戴冠して「シチリア王国」が成立した後も、さらにはその子ギヨーム一世・同二世と王位が継承されて以降も、変わることはなかった。

実際ノルマン人支配下のシチリアでは、ラテン語・ギリシャ語・アラビア語が公用語に使われ、西暦とアラビア暦が併用され、ローマ法とコーランとノルマンの慣習法が同時に尊重されていた。そして統治機構の要職にもイスラーム教徒やビザンツ人さらにはユダヤ教徒も登用されたのである。いや、行政の中核はアラブ人やギリシャ人が占め、国軍の主力はイスラーム教徒の部隊であったとさえ言われる。これを征服者ノルマン人の「トレランス（宗教上の寛容）」と見る向きもあるが、もちろんそれだけではなく現実的な打算も働いていたであろう。そもそもが島の人口の大半がアラブ系とギリシャ系で、あまつさえ経済活動の中枢はアラブ人に握られていたのである。軍事にしか通じていない無骨なノルマンの騎士たちにとって、これだけの大商業都市を経営してゆくにはアラブ人に依拠せざるをえなかったし、形式的には教皇と封建的主従関係を結んでいるとはいえ教皇を完全には信用していない彼らにとって、イスラームの軍事力を配下に置くことはどうしても必要であった。シチリア王国史の専門家の言うように「このような異文化集団の共存を可能としたのは、この地に住む人々の宗教的・文化的寛容性ではない。強力な王権がアラブ人を必要とし、彼らにたいする攻撃や排斥を抑制していたからである」というのがやはり真相だろう。[13] しかしそれとともに、イスラーム支配下に築き上げられたパレルモの眼も眩むような高い文化と眼を瞠る経済力に、田舎者の征服者の方が圧倒されたということもある。イベリア半島と同様にシチリアにおいても「敗者は勝者を文化的に虜にした」[14] のであった。ここにも中世ヨーロッパにおける異界空間が出現する。

そのアラブとビザンチンの文化が香りたかく脈打つパレルモで育ったロジェー二世——シチリア・ノルマン王朝の初代の王——は、たくみな外交によってシチリアを安定させ、こうして西ヨーロッパでもっとも豊かな王国が出現した。彼はフランス語・ラテン語・ギリシャ語・アラビア語を解するコスモポリタンで、学問を愛好する教養人であり、宮廷にヨーロッパからもイスラーム世界からも数多くの学者を呼び寄せることになる。学者の優遇は、その後の王にも継承された。一一五〇年代末にビザンツ皇帝の図書館から多くの写本を持ち帰り、プラトンの『メノン』と『パイドン』そしてアリストテレスの『気象論』の一部をギリシャ語から翻訳したのは、ギヨーム一世の最高顧問団のメンバーとなったヘンリクス・アリスティップスであった。またプトレマイオスの『光学』を訳したのも、シチリア王朝の政府高官エミール・エウゲニオスである。[15] かくのごとくしてパレルモは、一一九四年に神聖ローマ帝国皇帝ハインリヒ六世によって打倒されるまでのほぼ一世紀の間、ラテン・キリスト教文化とギリシャ・ビザンツ文化とアラブ・イスラーム文化の融合するヨーロッパ随一の国際都市となり、キリスト教イデオロギーに締めつけられていた中世ヨーロッパに風穴を開けることになった。

このパレルモを今一度文化の最前線に押し上げることになるのが、ハインリヒ六世の子で不羈の人フリードリヒ二世であるが、それは本章末に述べよう。

かくして一一世紀末から一二世紀にかけてヨーロッパ人は、イベリア半島とシチリアにおけるイスラーム世界との接触のなかで、高度なイスラーム文化とともに、その地に継承されアラビア語に翻訳され研究されていた古代ギリシャの哲学と科学（とりわけ医学と自然学）の圧倒的な遺産に出会ったのである。イスラームの文化や技術とともにギリシャの学問的水準の高さを知った――というより彼我の落差を思い知らされた――者たちはそのラテン語への翻訳にきそって取り組んだ。一二世紀初頭に始まるこの翻訳運動は、一二〇四年に第四次十字軍がコンスタンチノープルを占領しそこから多くの写本がヨーロッパに流入したこともあって、一三世紀中期まで継続される。こうして一二六〇年代にいたるまでのほぼ一五〇年間に、一方ではイスラーム社会と接していたトレドやコルドバそしてパレルモを拠点として、語学に堪能なその地のユダヤ人の協力により、他方ではビザンチンと交易のあったヴェネツィアやピサを中心として、アリストテレス、アルキメデスをはじめギリシャの科学と哲学の大部分がアラビア語ないしギリシャ語原典からラテン語に翻訳されることになった。

そのおびただしい翻訳の一覧はクロンビーの『中世から近代への科学史』や伊東俊太郎著『十二世紀ルネサンス』および『文明における科学』に載せられている。その膨大なリストを眺めていると、当時のヨーロッパの先進的知識人がどれほどのエネルギーと情熱をかたむけて未知の知識を吸収しようとしたのかが伝わってきて、率直に言って圧倒される。そしてこの古代ギリシャとイスラームの高水準の学問と思想の文字どおり「堰を切ったような」流入こそが、その後の西欧における科学の発展の基盤を形成することになる。さらに言うならば、一二世紀における大学の出現自体がこの新知識の流入に密接に結びついていた。すなわち「大学とは、膨大な量にのぼる新知識を西ヨーロッパが組織し、吸収し、拡充するための制度的な方策であり、また共通の知的財産を形成し、それをきたるべき世代に広めるための道具であった(16)」。しかしそのことはまた、中世の大学が科学を観測や実験からではなくもっぱら書物から学んだことを意味し、やがてそのことが科学のさらなる進歩と発展にとって桎梏と化してゆくことになる。しかしそれはもう少し先のことである。

ともあれこうして、この時代に西欧社会は知的な離陸を迎えたのである。

3　航海用コンパスの使用のはじまり

中世ヨーロッパにおける磁力理解を大きく拡げ変化させた直接の契機は、航海用コンパス（磁気羅針儀）の使用の始まり、すなわち磁化された鉄針の指向性、ひいては磁石そのものの指向性の発見にあった。

磁石で擦られた鉄の針が南北を指すことは、ニーダムとミッチェルによれば、中国では宋の時代（一〇八八年頃）に沈括という人物が書いた『夢渓筆談』に記されているとあり、これが残されている確かな記録としてはもっとも古いようである(17)。

それにたいしてヨーロッパ人が磁針や磁石の指向性をいつ知ったのか、また磁針を航海用コンパスに使用しはじめたのがいつなのか、これらの点は正確にはわかっていない。本書は磁力の認識が力概念の発展になにをもたらしたのかを主要な問題とするものであり、羅針儀の使用がいつ・どこで始まったかの穿鑿を事とするものではないが、ヨーロッパ人がその知識を得るにいたった消息を窺うために、残されているドキュメントにたよって遡及しておこう。

一六世紀末にギルバートはマルコ・ポーロが航海用コンパスの知識を中国から持ち帰ったのがその発端のように書いているが(18)、実際にはマルコ・ポーロが一二九五年に帰国するほぼ一世紀前にはすでにコンパスはヨーロッパで使用されていた。またその知識が中国からイスラーム社会経由でヨーロッパに伝えられたという説も通史にはよく見られるが(19)、その説を確実に証拠立てるものはなく、むしろヨーロッパはヨーロッパで独自に発見したという方が真相に近いようである。というのも羅針儀についての記載が見出されるのは、イスラームの文献よりも西欧の文献のほうが早いからである(20)。

一九八三年に出版された『中世歴史事典 (*Dictionary of the Middle Ages*)』の「コンパス (compass, magnetic)」の項目には「コンパスは地中海、おそらくはエルバ島からの磁鉄鉱の船積みに従事していたイタリアの港アマルフィにおいて創り出された」とある(21)。この説は一五世紀のイタリアの詩人アントーニオ・ベッカーデリと歴史家フラヴィオ・ビオンドに始まり、一六世紀のデッラ・ポルタやギルバートの本にも書かれ、今日まで語り継がれてきたらしい(22)。たしかにシチリア・ノルマン王朝の成立と十字軍の開始以降「イタリアの諸都市の船が〔地中海の〕すべての海域で文句なしの主人公にな

くの伝説でしかない。*

る」[23]と言われるから、そのころに地中海で磁気羅針儀が開発されたか、あるいはイスラームないしビザンチンの船乗りから学んだということは、ありそうにも思える。しかしその裏づけはなく、まったくの伝説でしかない。*

＊ アマルフィ説のひとつの根拠に、一五・一六世紀の羅針儀には盤面（コンパス・カード）がつけられ、そのさい方向を指すのに「ギリシャ風（Greco；北東）」とか「リビア風（Libeccio；南西）」とか「シリア風（Scirocco；南東）」といった地中海での風の名称が使用されていることが挙げられているが、とすれば、アマルフィで創り出されたというのは、このようなコンパス・カードを備えた進んだ形の羅針儀のことではないだろうか。ものの本には、一二九五年から一三〇二年の間にアマルフィにおいて三二の方位とコンパス・カードを備え箱（bussolo）に収められたほぼ完成された形の羅針儀（bussola）が作られたとある。[24]

他方で、ノルマン人の先祖ヴァイキングが磁針を使用していたという説もある。これはひとつには、ノルマン人による九世紀のアイスランドの発見と一〇世紀のグリーンランドの発見のような遠洋航海は羅針儀がなければ不可能であろうという推測にもとづく。いまひとつには、後述するペレグリヌスの『磁気書簡』に「磁石は一般に北方で見出されることが、たとえばノルマンディーやピカールディーやフランダースのような北の海のすべての港で船乗りたちにより報告されている」と記されていることを根拠としている。[25]しかしこの強引な仮説もまったくの臆測にとどまる。

現在知られているかぎりで、ヨーロッパで航海用コンパスとしての磁針の使用に最初に言及したのは、聖アルバンの僧イギリス人アレクサンダー・ネッカム（一一五七―一二一七）、フランスの詩人で聖職者プロヴァンスのジオット（一一八四—一二一〇）、そしてエルサレム王国の都市アッコンの司教ジャック・ド・ヴィトリ（一一六五—一二四〇）のものと言われている。

その中でももっとも古いのはネッカムが書いた『事物の本性について』のようである（書かれた年代は研究者によってまちまちであるが、大多数の見解は一二世紀末）。そこには

船乗りたちは、海上での航行にさいして、天候が悪くて太陽の光の恩恵を受けられないとき、あるいは世界が夜の帳に覆われているとき、そして船の進路をどちらにとってよいかわからないとき、針を磁石の上に置く。そうすれば、その針は回転し、その回転が止んだとき、その先端は北の方向を指す（cuspis ipsius septentrionalem plagam respiciat）。かくのごとく、高位の聖職者は人生という航海においておのれの問題を方向づけなければならない。(26)

とある。ネッカムはパリやイタリアにも旅行しているので、これはイタリアあたりでの見聞とも考えられる。あるいは「針を磁石の上に置く、そうすれば……（acum super magnetem ponunt, quae . . .）」というような要領を得ない記述から判断するに、これは不正確な伝聞にもとづくもので、実際の経験や直接の見聞を記したものではないとも推察される。それとも手写本だから「磁石の上に置く」のあとに「その後にその針を〔なんらかの方法で〕自由に回転できるようにする」とあったのが転写のさいに脱落したのかもしれない。そもそもが引用の最後の部分からわかるように、ここでは自然現象は倫

理的ないし宗教的教訓を引き出すための素材としてもちいられているにすぎず、その細部の記述は厳密なものではない。いずれにせよこれだけでは、その仕組みはもちろん、ここで言っているのが磁針を水に浮かべる「湿式コンパス」なのかピボットで支える「乾式コンパス」なのかさえ判断できない。*

* ネッカムが書いた『有用なものの名前について（*De Nominibus Utensilium*）』には「装備のよい船を持ちたい者は、矢の下に置かれた針を持つとよい（habeat acum jaculo suppositam）。というのも、針は針の先端が東を指すまで（acus, donec cuspis acus respiciat orientem）回転して止まるからである。こうして船乗りは、天候不順のため小熊座（cynosura）が隠れているときも、どちらの方向に進むべきかを知る」[27]とあり、これは研究者を悩ましてきた（小熊座の尾の先端が北極星）。一八五八年にダヴェザックは、写本のさいに写字生が書き間違えたのであり、suppositam（下に置かれた）は superpositam（上に置かれた）が、orientem（東を）は septentrionem（北を）が正しく、それゆえ「矢の下に置かれた」は「ピボットで支えられた」を意味し、「針の先端は北を指す」と解釈した。前者については通常そのように考えられていて、以来、これを乾式コンパスの最初の記述と解釈しているものが多い。後者（「東を指す」）の解釈については、異論もあるようだがそのような論点に深入りするのが本書の目的ではないので、くわしくは関連論文を見ていただきたい[28]。

一九世紀の地理学者フンボルトの『コスモス』にはヨーロッパで最初にコンパスについて語られた記録はプロヴァンスのジオットのものだとあるが[29]、それは『聖書（*La Bible*）』というフランス語（プロヴァンス語?）で書かれた二千数百行の詩の一節を指している。意訳すれば次のようなものである。

船乗りはひとつの技術をもっていて、それは欺くことができない。彼らは不格好でそれに鉄が自分からくっついてゆく褐色の石、すなわち磁石を手にとる。それで一本の針に触れて、その針をわらに突き刺して水面に浮かべる。するとそれはかならず北極星の方向を向く。そのことについては誤りは起きないし、船乗りはそれを疑っていない。海が真っ暗で星や月が見えないときに、ランプを灯して針を見るので進路を迷うことはない。(30)

これも書かれた時期がはっきりしないが、一二世紀末か一三世紀はじめ、ネッカムのものとほぼ同時期かやや後のようである。ジオットがコンパスをどこで知ったのかは不明だが、彼は第三次十字軍(一一八九―九二)にしたがってレパントまで旅行しているので、そのときの海路で知ったとの推測もある。(31)

そして一二一八年までの歴史を書いたジャック・ド・ヴィトリの『エルサレム史』には

東方の地には驚くべき力を有する信じられないくらい珍しい貴重な石 (lapis pretiosa) がある。アダマス (adamas) は遠いインドの地で見出され、赤みがかった澄んだ色をしている。その大きさはしばみの種を越えることはない。それはきわめて固く、いかなる金属によっても砕かれないが、新鮮で温かい山羊の血によって砕かれる。火はそれを熱くすることはできないが、それはある隠れた性質によって鉄を引き寄せる。鉄の針 (acus ferrea) はアダマスに触れた後は、つねに北極星の方を向く。北極星は不動で、他の星のように世界の軸のまわりを回ることはない。航海に重要なのはこのためである。(32)

とある。そしてこの後には「アダマスが磁石のそばに置かれたら、磁石は鉄を引きつけなくなる」と続いている。書かれたのはやはり一三世紀初頭らしいが、ここではあきらかにダイヤモンドと磁石が混同されていて、そのかぎりで、これも不確かな伝聞にもとづくものと思われる。

コンパスについてのこれらの記述は、そのどれもが新たに見出された事実として語られているのではない。実際、ネッカムのものは、引用部分の末尾から窺えるように、高位聖職者のとるべき態度の直喩として磁針のふるまいを語っている。ジオットのものも、実はこの前に「われらが使徒の父は動かぬ星の如くにあって欲しい。船乗りたちはよくその星を見、その星によって往来する。彼らはそれを"tresmontaine〔山の彼方の星つまり北極星〕"と名づける」とあり、この後にも「われらが父はかくあるべし」とあり、つねに一定の方向を指しつづける磁針との対比で教皇の優柔不断を嘆いているのである。いずれも磁針についての知識を前提としてそれを引き合いにだしているにすぎない。そのことは磁針がすでに以前から使用されていたことを強く示唆している。

それはそうだろう。そもそも当時の船乗りたちには、自分たちの仕事内容について何かを書き残すという習慣はほとんどなかったと考えられる。それだけではない。ソーンダイクによれば、一三世紀のカンタンプレのトマス（一二〇一—七二）は、航海用コンパスにふれて、磁石が魔術的力を持つと記しているとのことで、そのため「航海用コンパスの秘密の所有者は、魔術の嫌疑がかかるのを懸念してその秘密をあかすのを長いあいだ怖れていた」とある。(33) この点については、ソーンダイクのように魔術一般ではなく、もっぱら航海用コンパスの製作と使用の歴史をめぐって古代・中世の文献を丹念に調べあげたミッチェルもまた、まったく同趣旨の指摘をしている。(34) あまつさえ磁気羅針儀の使用は、貿易業者にとっては当初は商業上の秘密であったということも考えられる。それやこれやで、どのみち船乗りたちはコンパスの使用を積極的に公表しようとしなかったことは確かであろうから、ヨーロッパの船乗りたちが磁針の使用を開始したのは、聞き知った僧侶たちがそれについて書き残すより相当以前のことと推察される。いずれにしても、その発見が北海やバルト海あるいは地中海でのヨーロッパ人の活動が活発になっていった時期であることは、まず間違いがない。

4　磁石の指向性の発見

このように一三世紀はじめには、すくなくとも南ヨーロッパでは、磁石で擦られた鉄針が南北を指すことが知られ、そのことが航海に使われていた。しかしそのことと磁石それ自体（天然磁石）の指北・指南性の発見とは次元の異なることであり、区別しなければならない。だがこの点については、多くの歴史家がこれまでこの二つを同一視していたというか、無自覚にその区別を見落としていた。たとえば一九世紀末のベンジャミンの本は念入りで、ネッカムによる磁針のコンパス使用への言及に触れた後に、「この操作は、それが見出されるためにはかなりの思考を要したにちがいない。そのためには、第一に、磁石の棒（lodestone bar）は自由に回転させれば子午線にそってひとりでに南北に向くこと、第二に、自然磁石（natural lodestone）によって針を擦ることで人工磁石（artificial lodestone）

が作られること、第三に、そのような針は磁石と同様に南北を向くであろうこと、……の発見が必要であった」と記している。[35]もっと新しいところでは、ニーダムの書物には「ヨーロッパ人の間で磁石の指向性（the directive property of the lodestone）については、一一九〇年にはアレクサンダー・ネッカムによって述べられ、さらに一二〇五年にはプロヴァンスのジオット、そして一二一八年にはジャック・ド・ヴィトリによって言及された」[36]とある。しかし前節の引用に見られるように、この三人は磁石（lodestone）が南北を向くとはけっして言っていない。実際、一三世紀はじめに知られていたのは磁石で擦られた鉄針が指北・指南性を有することだけであり、また磁気羅針儀の製作や使用のためにはそれで充分であった。すなわち磁石――当時「磁石」といえば「天然磁石」のことだが――が南北を指すことはその時代にはまだ知られていなかったのである。ちなみに、鉄が磁化されると磁石になるというのはあくまで近代以降の理解であって、当時の理解では磁石で擦られた針（磁針）と磁石は別ものである。したがって「人工磁石」という概念もなかった。そもそもヨーロッパでは古代以来、鉄は金属であるのにたいして磁石は石（非金属）に分類されていた。

この点について少し脱線しておくと、先に触れた沈括の『夢渓筆談』には「方家以磁石磨針峰。則能指南。……。磁石之指南。猶柏之指西。莫可原其理」とある。冒頭は「術者（方家）が磁石で針の先端を擦ると、それは南を指す」の意味で、ここは磁針の指南性を語っているが、後半は「磁石が南を指すのは、柏が西を向くのと同様であり、その原理は誰にもわからない」とあり、この部分は磁石それ自体の指南性を語っている。[37]これから判断するに、中国ではすでにこの時代に、磁針（人工的に磁化された鉄）だけではなく磁石それ自体（天然磁石）も南を指すことが知られていたようである。それればかりか、ニーダムによると、中国では一一〇〇年から一二五〇年のあいだに書かれた書物に、磁石を内蔵した木製の魚を水に浮かべる方式と、磁石を内蔵した木製の亀を竹のピボットで支える方式のコンパス、つまり磁針ではなく天然磁石を使用したコンパスが記されているのである。[38]

ヨーロッパで磁石それ自体（天然磁石）の指向性を最初に語ったのは、一二二七年からシチリア王国のフリードリヒ二世に仕えていたマイケル・スコット（一一七五頃―一二三五）のようである。彼がフリードリヒ二世の要請にこたえて書いた『特異な事柄についての書（*Liber Particularis*）』には

> 磁石（calamita）のようにその力でもって鉄をおのれのもとへ引き寄せ、北の山の彼方の地（locus tramontane septentrionalis）を指す石もある。他方では、鉄を撥ねつけ南の山の彼方の部分（pars tramontane austri）を指す磁石の他の種類の石もある。〔tramontana ないし tramontana septentrionalis は stella trans-montana（山の彼方の星）に由来し、北極星を指す。ここでは tramontane austri と対で使われているので、このように訳した。〕[39]

とある。calamita は現代のイタリア語辞書では「①磁石・天然磁石、②磁針」とあり、ラテン語の文献で使用される例は珍しい。リップマンの論文ではその語源はギリシャ語の *κάλαμος*（葦）にあり、すでに一二〇〇年頃に南イタリアでギリシャ語を喋る船乗りたちにより磁針にたいしてもちいられ、

やがて磁針だけではなく磁石をも指すようになったとある。[40] 葦の茎に磁針を刺して水に浮かべたのであろうか。しかしここでは「その力で鉄をおのれのもとへ引き寄せる石（lapis qui sua virtute trahit ferrum ad se）」とあり、さらには「calamita は妻と夫を仲直りさせる」とも記されているから、スコットの使っている calamita は「天然磁石」を指していると見るべきであろう。実際、ほぼ同時代の一二五〇年頃にシチリアの詩人でメッシナの判事グイード・デッラ・コロンネの書いたイタリア語の詩にも「磁石は石であるがゆえに（che calamita petra sia）」とあり、ギルバートも磁石のイタリア語を calamita としている。[41] あるいはまた一六世紀のイギリス人ロバート・ノーマンの書にも、エルバ島の鉱山で採れる二種類の磁鉄鉱が calamita preta, calamita blanca と記されているし、[42] 現代フランス語の calamite もスペイン語の calamita も、ともに天然磁石の意味で使われている。

マイケル・スコットのこの一節は、これまでとくに注目されたことはないようだし、北を指す磁石と南を指す磁石が別でそれぞれ鉄にたいする引力と斥力を示すという混乱が見られるものの、たいへん重要である。というのもそれは、第一には、磁石それ自体（天然磁石）が南北を指すという認識をはじめて示したものであり、第二には、これまでのネッカムやジオットたちが伝聞として記しているのにたいして、直接的な知見として語っていることにある。第一点については、同書の別の箇所には「磁石をもちいれば、針で北極星がどこにあるかがわかる（Per calamitam scitur ubi est taramontana cum acu）」ともあるから、スコットはもちろん磁針の指北性をも知っていたと考えられるが、やはりここでは、それとは別に磁石自身の指北性をも自覚していたと見てよいだろう。

この二つの引用はハスキンズの一九二二年の論文からとったものであり、そこには「スコットは書物をはるかに越え、彼自身の実験に導かれて当時にしては新しい結果に到達している。この実験気質は、彼の宮廷での庇護者にも共有されていたことを、私たちはフリードリヒの鷹狩りの書物から読み取れる」[43]とある。スコットの手稿を調べたソーンダイクも「それらはマイケル自身の観察と経験を反映している」[44]と断言している。とするならば、この磁石の指向性の表明は、マイケル・スコット自身の経験あるいは実験にもとづくものであるという蓋然性は高く、ここに私たちはヨーロッパ人の磁力認識の転換点のみならず磁力研究の転換点をも見ることになる。

5　マイケル・スコットとフリードリヒ二世

じつは、マイケル・スコットおよびそのパトロンであったシチリア王国の王フリードリヒ二世は、磁力認識にかぎらずヨーロッパ人の自然認識そのものの転換点に位置している。それゆえ、スコットとその周辺をもうすこし立ち止まって見ておくことにしよう。

マイケル・スコットについて時の教皇ホノリウス三世（在位一二一六―一二二七）は「学識ある人たちの間で科学にとりわけ能力を持っていた人物」[45]と記しているから、彼は一三世紀前半のラテン・キリスト教世界ではそれなりに知られていた人物のようである。彼はフリードリヒ二世には占星術師として召し抱えられていた。死後にはダンテの『神曲』（地獄篇第二〇曲）やボッカッチョの『デカメロン』

（第八日第九話）に魔術師として言及されている。もちろんそのことは、彼がきわめて学識ある人物であったことを意味している。実際一二一七年に彼がトレドでアルペトラギウスの天文学の書を訳したことはわかっている。彼はまたアリストテレスの動物についてのいくつかの著作のラテン語訳をまとめて『動物について（*De animalibus*）』の標題で出しているが、これはアルベルトゥス・マグヌスさらにはロバート・グロステストが利用するところとなった。のちにロジャー・ベーコンは『大著作』で「アリストテレスの自然学と形而上学のいくつかの部分の信頼のおける解説をともなったマイケル・スコットの翻訳が出たのは一二三〇年であるが、爾来、アリストテレスの哲学はラテン世界において重要さを増していった[46]」と証言している。

アウグスティヌス以来のラテン・ヨーロッパの自然観は、アリストテレス哲学の発見によって転換を迎えるのだが、マイケル・スコットはその転換の中心的な担い手の一人であった。そのことの意味は、単にアリストテレスの一部の著作を翻訳したことだけではない。じつはヨーロッパにおけるアリストテレスの再発見は、コルドバ生まれのイスラームの哲学者アヴェロエス（一一二六―九八、アラブ名イブン・ルシュド）の注釈をともなってであった。次章以下でくわしく見るように、アリストテレスの自然観は、世界は永遠であり自然はその内在的法則にのっとって作用すると考えるものであり、それゆえ世界の外にある超越的実体（神）による天地創造を認めない。それはキリスト教にもユダヤ教にもそしてイスラーム教にも反し、宗教的には本来認められないものである。これにたいしてアヴェロエスは、宗教の真理（信仰）と知識の真理（哲学）は別であり、神学的に偽である命題も哲学的に真でありうると語ったと伝えられる。そしてアヴェロエスによれば、「聖典」にたいする関係では人は三つの階層に分けられる。第一は解釈には無関係な「圧倒的多数の大衆」であり、第二は「弁証による解釈をする人」すなわち「神学者」、そして第三は「確実な解釈をする人」すなわち「哲学にもとづく証明」をする人である。(47) この時代にあっても、こういう論理は新しい知識に目覚めた若い知識人にはアピールしたことと思われる。のちにこの思想はヨーロッパにおいて、ラテン・アヴェロエス主義と語られ、「二重真理説」のレッテルを貼られ、やがて断罪されることになる。しかし、信仰が間違うことはないにせよ、哲学がそれとは別の結論に導きうることを認めたことの影響は大きい。一三世紀におけるそのアヴェロエス主義のパリ大学への浸透こそがヨーロッパにおけるキリスト教的な自然観の転換に決定的な作用を及ぼしたのであるが、ほかでもないマイケル・スコットはその時代に「アヴェロエスをもっとも精力的に翻訳した」人物として中世哲学史に名を残しているのである。(48)

アヴェロエスの著作が一二世紀後半のものであることを考えると、マイケル・スコットが一三世紀はじめにアヴェロエスに着眼したのは瞠目すべき嗅覚と言うべきであろう。科学史家サートンによれば、アヴェロエス説はスコットによって「大多数のイスラーム教徒がまだそれに気づかぬうちに西方世界に届いた」のであり「ラテン世界はここにはじめて、一人のイスラーム教徒の業績を新鮮で生きのよいうちに知ることができた」のである。(49) そして一三世紀中期以降、多くのスコラ学者はそのアヴェロエスの注釈に依拠してアリストテレスを研究した。(50) つけ加えるならば、マイケル・スコットの訳したアリストテレスの著作が、第一原理からの演繹的論証を学知の基本的なあり方と見る『分析論前後書』のような書物ではなく、膨大な個別事実の蒐集と博物誌的記述で貫かれている『動物誌』であったということは、性急に普遍概念つまり「事物の本性」を求めるのではなく個別にこだわる帰納的・経験的な自然学の意義を強調し印象づけることになったと考えられる。

そしてこのマイケル・スコットをパレルモの宮殿で庇護したのが、同時代のイングランドの歴史家マシュー・パリスにより「世界の驚愕」と呼ばれたフリードリヒ二世であった。ホーフェンシュタウフェン家の嫡流ハインリヒ六世と初代シチリア国王ロジェー二世の娘コンスタンツァの間に生まれ、ヨーロッパの異界パレルモで育ち、教皇イノケンティウス三世から帝王学を学んだフリードリヒ二世は、やがて神聖ローマ帝国の皇帝とシチリアとナポリ王国の王、さらにはエルサレムの王位をもかね備えるヨーロッパ最大の実力者になる。しかし彼が「驚愕」と呼ばれる所以は、その権力の大きさもさることながら、むしろその権力行使の思想と実態において時代を超越していることにある。

実際、卓抜した政治的手腕の持主であったフリードリヒ二世は、ギヨーム二世没後一度は混乱におちいったシチリア王国を立てなおし、国内統治においては封建貴族の特権を剝奪し、ヨーロッパで「絶対王政」を最初に実現した人物であった。専門家によると、一二三一年に制定した『メルフィ法典』は「西欧諸国における最初の成文法で、軍事力、裁判権を王権の下に集中し、国家による産業経営、直接税、間接税をふくむ国家の統制、都市の商業活動の国家管理、土地支給によらず貨幣給与を立て前とする官吏の職階制等を規定した」(51)とある。アルプス以北で絶対王政の基礎を築いたのは、イギリスのヘンリー七世（在位一四八五―一五〇九）そしてフランスのアンリ四世（在位一五八九―一六一〇）と言われているが、実にそれより二五〇年から三五〇年早い。さらには国家の官僚養成機関として、一二二四年にヨーロッパではじめての——教会の息のかからない——国立大学であるナポリ大学を創設したのも、フリードリヒ二世であった。やがてこの大学に入学するのが、フリードリヒ二世の家臣の息子としてこの年かその翌年に生まれたトマス・アクィナスである。

宗教においてはフリードリヒ二世は、ローマ教皇の寵児として育ちながら、十字軍熱に浮かされていた当時のヨーロッパの諸侯と異なりイスラーム社会との関係を冷静に判断し、派兵を命ずる教皇に非協力の廉で破門されることになる。このように教皇の仇敵となった彼は、一転して破門の身でみずから組織した十字軍では戦闘をまじえずに交渉でエルサレムを手にいれるという離れ業をやってのけた。実に当時のカソリックの君主の枠をはみだし、中世キリスト教世界の思考様式を超越した破格の人物であった。国内的には、かつてのシチリア王国の伝統にしたがい宗教的寛容を貫こうと志すも、現実にはイスラーム教徒の人口比が減少するにつれてローマ教会系の聖職者や封建諸侯によるイスラーム教徒への迫害が増加し、それがはねかえってイスラーム教徒の叛乱をひき起すことになり、最終的には南イタリアのルチェーラにイスラーム教徒を集団移住させることになった。こうしてシチリア王国建国以来の宥和政策は事実上終焉を迎えることになる。そして王の死後、教皇の後ろ盾でシチリア王国を滅ぼしたアンジュウ伯シャルルがこのイスラーム教徒の居住地ルチェーラを攻撃したときに、従軍していたペトロス・ペレグリヌスがその野営地で書き上げたのが、磁力についての最初の近代的論文と称される『磁気書簡』であった。

学芸面では、フリードリヒ二世は、母方の祖父ロジェー二世ゆずりのコスモポリタンで数か国語をあやつり、学術・文芸の保護者であり、マイケル・スコットの他にも、キリスト教徒でアラビア数字を最初に使った代数学者と言われるピサのレオナルド（別名フィボナッチ）その他の、キリスト教徒のみならずユダヤ人やアラブ人やギリシャ人の学者を宮殿に呼び寄せた。そして彼は、一方では御抱えの詩人たちに俗語の詩を作らせ、その意味ではトスカナ方言をイタリア語として確立したダンテやボッカッチョやペトラルカの先駆者であり、他方ではアリストテレスをはじめとする古代哲学を翻訳させて学んでいる。その二点において「皇帝フリードリヒ二世の治世は中世文化から近代文化への転換において重要な位置を占めている。……イタリア・ルネサンスの真の起源はペトラルカの時代にではなく、むしろフリードリヒのもとに求められるべきように思われる」[52]と言うことができよう。

いや、フリードリヒ二世は学芸の保護者であっただけではない。大著『鳥をもちいた狩りの技術について（*De arte venandi cum avibus*）』を書き残したことによって、みずからが歴とした学者であることをも立証している。これは王が手慰みにものにした趣味的な書物といった態のものではなく、三〇年にわたる構想ののちに激務をぬって書き上げた、*鳥の生態学・解剖学についての堂々たる学術書である。そしてその序文には次の注目すべき一節がある。

＊　本書の真の著者が誰であるのかについては、「フリードリヒ自身がその著者であることは疑いえない。……彼が実際自分の手で書いたのではないにしても、彼はすくなくともその構成を指示し、その多くの部分を口述している」というハスキンズの判断を信用してよいであろう。[53]

私たちはアリストテレスの論証が理性に訴えかけるかぎりにおいて、アリストテレスの議論にしたがったが、しかし困難な経験をとおして、彼の議論に全面的に依拠するわけにはゆかないということを見出している。私たちが哲学の王〔アリストテレス〕に盲従しないのは、他にも理由がある。というのも、アリストテレスは鷹狩りの実際には通じていないからである。それにひきかえ私たちは、つねに狩りを喜びとし、狩りに習熟してきた。アリストテレスの『動物誌』には他の著者からの多くの引用が見られるが、それを彼は自分では確かめていないし、他の著者たちもまたおのれの経験にもとづいて語ってはいない。たんなる伝聞からは真理にたいする百パーセントの確信が生まれることはない。(54)

このようにフリードリヒ二世は、アリストテレスを哲学の第一人者と認めているが、しかしそれと同時に単なる伝聞による知識の不確実さを指摘し、その意味でアリストテレスの不十分性をも見抜いていたのだ。現にこの書物には、たとえば鳥の腎臓について「鳥は右と左の両側に二つの腎臓を持つ。それらは腸骨の下にある脊椎に近く、肛門にまで伸びている。尿は腎臓からそれらの下部でそれらに接している尿細管をとおって肛門で排泄される。尿は糞便とともに排泄されるので、鳥は膀胱を必要としないし現に有していない(55)」とある。アリストテレスの『動物誌』（第二巻第一六章）では鳥には腎臓がないと記されていることに鑑みるならば、これはあきらかに実際の解剖にもとづく所見であろう。ほぼ同時期に書かれたアルベルトゥス・マグヌスの『動物論』における「いかなる鳥もけっして排尿しない」という表面的な記述[56]にくらべても、この鷹狩りの書がはるかに優れていることがわかる。

ヨーロッパにおける自然思想の変遷・発展は、くわしくは次章以下で見てゆく心積りであるが、概略を言うと、アウグスティヌス以来の中世キリスト教的啓示思想が一三世紀のアリストテレスの発見によって大きく手直しを迫られ、さらにルネサンス期の魔術思想の復興をへて、一六・一七世紀にあらためてそのアリストテレスが批判されることによって近代科学へと登りつめてゆくという屈折した経路をたどる。その意味でアリストテレスは「全中世科学に君臨する悲劇的英雄[57]」であり、それゆえ彼にたいする批判は、歴史的には、アリストテレス受容以前の前期中世サイドからのキリスト教主義にもとづくものと、受容以後の近代サイドからの実証科学にもとづくものの二通りの視点でなされている。そしてフリードリヒ二世のこの批判は、まさに近代からの視点によるものである。政治思想と同様に、哲学においても彼は時代を二世紀か三世紀先んじていたのである。

顧みれば、これまでヨーロッパの知識人のあいだでは、ディオスコリデスやプリニウスからイシドルスやマルボドゥスそしてアルベルトゥス・マグヌスにいたるまで、古来の伝承にたいする軽信とも言うべき無批判的受容の姿勢が貫かれていた。とりわけ文書に書き残されたものは、ほとんど無条件に信用されていた。ラテン語では auctoritas が「権威」と「文書」の両義を有している。もともとは「権威」が「文書化」によって保証されたのであろうが、いつしか逆転して「書かれたもの」はそれだけで疑うことのできない「権威」を有するにいたったようである。それにたいして、フリードリヒ二世のこの著書は、過去の文書の権威にたいしておのれの経験を上位に置くことをはじめて宣言したものである。彼は経験学の先駆者であった。

＊

一二世紀から一三世紀はじめにかけてラテン・ヨーロッパの自然認識は、古代ギリシャの最大の遺産アリストテレス哲学と最新のイスラーム哲学者アヴェロエスを見出した点において、都市の発展と大学の登場において、思想的にも社会的にも転換点を迎えていたのであった。とりわけ磁力認識においては、磁針と磁石の指向性（指北・指南性）の発見は、磁極の発見を準備するものであると同時に、当時は地上の物体にたいする天の影響を示す恰好の例と思念され、このことによって力概念の大きな転換を与えることになる。これらの転換のそれぞれの相は、トマス・アクィナス、ロジャー・ベーコン、そしてペトロス・ペレグリヌスによってほぼ同時期——一二六〇年代末期——に表現されることになる。そしてここに私たちは、近代物理学の胚の発生を見ることになる。

第六章　トマス・アクィナスの磁力理解

1　キリスト教社会における知の構造

一二世紀にはじまる古代ギリシャの科学や哲学とのヨーロッパの遭遇、とりわけアリストテレス哲学の発見は、キリスト教社会の知の全体構造に亀裂をもたらし、その精神的統一をも揺るがしかねないものであった。

それまでのキリスト教社会では、自然の研究は信仰に従属し、その目的は、好奇心——「目の欲」——を満足させることでもなければ、人間生活の物質的条件を改善するためでもなかった。端的に言って「神の愛に導くもの」こそ「知るに値するもの」であり、自然を学ぶことの目的はひとえにその中に神の啓示を読み取るためにであった。それというのも三世紀初頭の教父オリゲネスの言うように「この世に存在しかつ起っていることのすべてを神の摂理が司っている」(1)からである。

したがって大衆にたいしては、天地万有は神が人間に道徳や信仰の手本を示すために造りたもうたものであるというイデオロギーが比喩や寓話によって与えられるだけであった。二世紀頃にギリシャ語で書かれ、ラテン語だけではなく各国語に訳され「聖書とならぶ中世のベストセラー」と言われ、中世社会に広く長く読みつがれてきた『フィシオログス』のなかから二、三引いてみよう。

火打ち石　東方の地に一種の火打ち石がある。その性質上、ひとつは雄の石、他は雌の石である。それらが離れているかぎり、火を発することはない。しかし雄の石と雌の石が近くにくると、火が燃え、すべてを炎にする。ああ汝、教区の誠実な民よ、女を避けよ。女を近づけたために、あなたは燃えて歓楽にいたり、すべての徳を灰にする。……

強ダイヤモンド石　強ダイヤモンド石にはまた別の性質がある。これは鉄であっても、それが自分を切りはなしはしないかと怖がらないし、火であっても、それが自分を燃やしはしないかと怖がらない。また煙の匂いもつかない。それが家にあると、悪い霊は入ってこない。……それを自由に扱える人にはどんな悪魔の力も及ばない。ダイヤモンドは私たちの主イエス・キリストだ。もしあなたがイエス・キリストを心にもっていれば、おお汝の仲間よ、いかなる悪いことも絶対に起らないぞ。……

磁石　磁石は鉄をおのれにぶらさげさせる。石に鉄をしっかりつけるために、鉄はぶらさがるのだ。創造されたものが、たがいに引き合うならば、まして創造主、天地創造の棟梁は、天を幕のように張り、天を地に固くとめたにちがいない。(2)

「フィシオログス」とはギリシャ語で「自然を知るもの」というような意味だそうだが、この本自体はこのように典型的な寓話譚であって、自然にたいしては、そのなかに道徳や教訓を読み取るか、宗教的シンボルを見て取るか、人間には適わない神の力を感じ取るか、そのいずれかの姿勢しかそこには見られない。

高等教育においても基本思想は同様で、そのことは一二世紀に創設された大学の教育システムにも反映されている。中世の大学では、当時の教養の基礎であるいわゆる「自由学芸（artes liberales）」すなわち修辞学・弁証法・文法の「三学」と算術・幾何・天文学・音楽の「四科」を教える「学芸学部（facultas artium 人文学部とも訳される）」があり、その上に専門学部としての「神学部」「法学部」「医学部」が置かれていた。つまり「学芸学部」は現在の教養課程に相当し、そこで「自由学芸」を修めてはじめて上級の専門学部に進学できたのである。したがって、聖書と教父の著作の注解を教育の中心に据えている神学部から見るならば、学芸学部は予備課程にすぎず、言語と事物に関する世俗の学問としての「自由学芸」はあくまでも神の御言葉を研究するための補助学、すなわち「神学の婢」でしかなかった。以前に述べたように、アウグスティヌスは世俗の学問の学習を否定してはいないが、しかしそれはあくまで聖書の理解に資するかぎりにおいてであった。

実際、一二四八年から五五年までパリ大学で神学を講じ、一二五七年にフランチェスコ会の会長に選ばれたボナヴェントゥラ（一二二〇頃—七四）が一二五九年に著した『魂の神への道程』では、自然学が次のように位置づけられている。

魂は自己の能力の三一構造（trinitas）によって自己の三にして一なる始源について観照するために、諸々の学知の光によって援けられる。諸学知は魂を完成し、形相を与え、至福なる三位一体を三様の仕方で表すのである。すなわち、哲学はすべて、自然哲学であるか、言葉の哲学であるか、あるいは道徳哲学であるかのいずれかである。第一のものは存在の原因にかかわる。それゆえそれは御父の力に導く。第二のものは知解の原理にかかわる。それゆえ御言葉の知恵に導く。第三のものは生活の規範にかかわる。それゆえ聖霊の善性に導く。

さらに第一のもの（自然哲学）は、形而上学と数学と自然学に分かたれる。そして形而上学は事物の本質にかかわり、数学は数と図形にかかわり、自然学は自然の諸本性（naturae）と諸能力とさまざまの拡散する作用にかかわる。それゆえ形而上学は第一の原理である御父に、数学は御父の像である御子に、自然学は賜物である聖霊に導くのである。(3)

哲学を論理学すなわち言葉の哲学、自然哲学、そして道徳哲学に分類するのは、新プラトン主義以来のものでアウグスティヌスにも語られてきた。ともあれボナヴェントゥラの主張するところでは、自然哲学のうちの数学や自然学をふくめてこれらすべての学問は信仰にもとづくより高次の綜合を必要とし、ただひたすら三位一体という神の内的構造の理解へと向かわせるものでなければならず、その意味においてキリスト教的学問の統一は保証されるのである。

一二世紀にアリストテレスが発見されるまでのヨーロッパ人の自然観のよって立つ基盤は、キリスト教とプラトン主義、もっとはっきり言うと『聖書』――それも『創世記』――と『ティマイオス』であった。『ティマイオス』では超越的製作者「デミウルゴス」が世界を永遠の「イデア」にならって形成し秩序へと導いたとする創世神話が語られている。『ティマイオス』のこの教説は、神の意志による天地創造を説き自然の内に神の啓示を探るキリスト教にとっては比較的受け入れやすいものであった。事実、アウグスティヌスの眼には、プラトン主義に欠けているのは「受肉」の教義だけと思われていた(4)。そんなわけでキリスト教の教父たちは「デミウルゴス」をキリスト教の神と読み替え、「イデア範型説」という形でプラトンのイデア論を継承することができたのである。プラトン主義はキリスト教にとって脅威とは見なされていなかった。

2　アリストテレスと自然の発見

ところがアリストテレスの自然思想は、キリスト教の教義、とりわけ天地創造と最後の審判を語り神の奇蹟を認め森羅万象を神の意志に結びつけるキリスト教の自然観とは根本的に異なっていた。アリストテレスにおいては「天界はひとつにして永遠で始まりも終りもない」し「何事も自然に反して起ることがない(5)」のである。つまりアリストテレスの「世界と自然」は超越的な他者によって外から意図的に作られたものではないし、超越者の恣意に委ねられてもいない。キリスト教およびプラトン主義とアリストテレスの自然観・世界像の違いは、つきつめれば「始めと終りのある世界」と「永遠の世界」の違いであり、「被造物としての自然」と「おのずから成った自然」の違いである。

そしてまたこのことによってアリストテレスは、自然が理性的で合理的な論証によって探究され読み解かれるべき対象であることを示したのである。彼の自然観の根本は「自然はなにかのためであるから、これ〔すなわち目的〕を調べねばならず、またなにゆえに〔という原因への問い〕にたいして、そのすべての意味で答えねばならない[6]」ということに集約的に表現されている。アリストテレスの膨大な著作群は、キリスト教の色眼鏡で自然を見ていた中世人に、それまで隠されていたおびただしい自然観察の事実を与えただけにはとどまらない。さらには、それらの事実を統一的に捉える概念装置と論理図式——自然理解のための原理——を提供し、そもそもが自然に向き合う姿勢、自然にたいする眼差しそのものを変えてしまったのである。

こうしてアリストテレスの発見とともに、自然の秩序やその変化はそれ自体の原理——自然に内在する力と目的——に支配されているのであり、自然的理性によって合理的に理解されるはずのものであるという意識が、ヨーロッパの知識人のあいだにすこしずつ芽生えていった。トマス・アクィナスやロジャー・ベーコンの一世紀前、イスラーム社会から西欧へのアリストテレスの翻訳のはじまった一二世紀が「自然の発見の時代」と言われているのは、その意味においてである。

一二世紀に書かれたコンシュのギヨーム（一一五四没）の『宇宙の哲学』には、聖書に「造られた」

と語られている事実について「それがいかにして造られたか」をわれわれが説明したからといって、そのことは聖書に反することではけっしてない、むしろ「われわれとしては、万物のうちに根拠を求めるべきであると主張する（Vos dicimus in omnibus rationem esse quaerendam）」とある。この一節がこの転換過程を象徴している。聖書を認めるにしても、ただそれを鵜呑みにするような「敬虔なる怠惰」をギヨームは諒としえない。つまり「神は女性をアダムの肋骨から作った」というような聖書の文言を「文字どおりに信ずるべきではない」のである。ギヨームの説では、諸元素が最初に創り出されたのは神の働きであるにしても、その後に元素から宇宙が創り上げられていった過程は元素自体の自然的な働きによる。聖書の真理を上位に置き天地創造を認めるにしても、もはや自然の自律的な働き、自然の内在的な法則性を無視することはできなくなっていたのである。[7]

しかし一二世紀の先駆者たちのおずおずした歩みのうちは、アリストテレスは、部分的にしか知られていなかったこともあり、神学に従属する位置に留め置くことも可能であった。しかしやがてその全貌が明らかになるにつれて、情況は変わっていった。実際、アリストテレスの自然観はキリスト教とまったく異なる地盤のうえに展開されていたのであり、異教的な宇宙とキリスト教的な宇宙の矛盾は、早晩明らかにならざるをえなかったのである。

一三世紀はじめには、教会はその危険性をはやくも見抜いていた。

当時のアリストテレス研究の中心はパリとオクスフォード、とりわけパリ大学の学芸学部であったが、一二一〇年にはサンスの教区の教会会議が自然哲学に関するアリストテレスの見解とその注釈を教えることを禁止し、一二一五年には教皇の特別使節が大学に介入し、パリ大学にたいしてアリストテレス自然学の教育にたいする禁令を発している。そのため一二一〇年から一二四〇年にかけて、パリ大学のアリストテレス研究と教育は、表向きは論理学と倫理学に限定されることになった。

しかし一二三一年にグレゴリウス九世は一二一〇年の禁令を手直しして更新しているから、実際には掟破りがいたのであろう。一二二九年にトゥールーズに大学が新設されたとき、パリでは禁じられているアリストテレスの著書がトゥールーズでは勉強できると発表して学生たちを惹きつけようとしたと言われているから、学生のあいだではアリストテレスの学習熱はむしろ昂じていたと推察される。実際、海峡をへだてたオクスフォードではアリストテレスのすべての著作は自由に研究・教育されていたのである。こうして一二四〇年になるとパリでもこの禁令は等閑視されてゆく。一二四〇年から一二四七年の間、イギリス人ロジャー・ベーコンがパリ大学学芸学部で自由学芸を教えたとき、彼は『形而上学』『自然学』『生成消滅論』『霊魂論』をふくめ幅広くアリストテレスの著作を講読した。壮大で力強く合理的なアリストテレスの体系は、紆余曲折をへながらも次第次第にパリの知識人や学生を魅了していったのである。

そして決定的な転換点が一二五五年に生じる。この年の三月一九日、パリ大学学芸学部はアリストテレスのほとんどすべての著作を講義に取り入れることを公式に決定した(8)。もともと神学部にくらべて世俗的な学芸学部では、アリストテレスは護教論的な配慮なしにそれ自体として研究され論じられる傾向にあった。そして一二五五年のパリ大学学芸学部のこの決定は、アリストテレスの哲学を事実上教育の中核にすえることの宣言であった。そのことはまた、三学四科の自由学芸が神学の補助学というそれまでの地位から哲学の補助学へと役割を変じ、神学部の下に置かれていた学芸学部が事実上「哲学学部」として独り立ちし、ひいては神学とは独立に哲学の真理が語られるようになることを意味していた。

この動向は、やがてブラバンのシジェルやダキアのボエティウスたちによる「あらゆる宗教的規範また正統のキリスト教にたいする尊重から独立した、《合理的であるがゆえに異端》であるようなアリストテレス説」(9)を唱える哲学運動の流派を産み出すことになる。一二五五年から六〇年にパリ大学学芸学部に学び、その後、学芸学部の教壇に立ったシジェルは、アリストテレス哲学に心酔し哲学的推論の導くところにつきしたがおうとした。教えはじめた当初から彼は、宗教と哲学の関係についてアヴェロエスの理論を受け入れ、キリスト教信仰にとって危険な、宇宙は永遠であり知性は全人類に共通でひとつしかなく個々人の霊魂は滅びるという学説を擁護したのである。

こうして一二六〇年代には、一方にはアウグスティヌス以来の、信仰の真理を上位に置き、哲学にたいしてキリスト教の教義の優越性をあくまで主張するボナヴェントゥラたちの立場と、他方では、啓示の真理を受け入れつつ――「二重真理説」と批判されたように――哲学の合理的真理に固執し、哲学をそれとして貫き徹底させようとするシジェルたちの立場に、キリスト教世界の知が分裂するにいたる。前者の神学者は後者の哲学者を猜疑と敵意で見ていたのである。

3 聖トマス・アクィナス

キリスト教神学はアリストテレス哲学の浸透によって危機を迎えていた。そのアリストテレス哲学をキリスト教神学に調和的に取り込むことで、この危機を救うのに成功したと言われているのが、斯界の権威パリ大学神学部に一二五六年に赴任したトマス・アクィナスであった。

トマスは一二二五年頃にナポリの貴族の家に生まれた。当時は貴族といっても末子ともなれば相続する領地もなく修道院に入れられるのが通常だったようだが、トマスも五歳から生地の近くのベネディクト会モンテ・カッシーノ修道院に入れられ、その後一二三八年から六年間ナポリ大学学芸学部に学んでいる。そこでは文法と論理学だけではなく自然哲学も教えられていた。先に述べたようにナポリ大学がフリードリヒ二世によって創設されただけではなく、モンテ・カッシーノ修道院も当時はフリードリヒ二世の支配下にあった。いずれにせよ当時シチリアとともに南イタリアは、ラテン・ヨーロッパがイスラームおよびビザンチンの文化に接する東西文化の交錯点であったことは注目してよい。そしてここではじめてトマスはアリストテレス哲学に触れたようである。(10)

その後一二四四年にはトマスは周囲の反対をおしきってドミニコ会に鞍替えしている。家族の反対の背景には、対立する皇帝と教皇のどちらに与するのかという政治の問題があった。それとともに定住修道会のベネディクト会は聖職者の世界の出世コースであったのにひきかえ、新興の喜捨にたよるような托鉢修道会は裕福な貴族の子弟にふさわしくないと見られていたこともある。ゆくゆくはモンテ・カッシーノ修道院の院長になると嘱望されていたのであろう。しかしトマスはドミニコ会において、会きっての碩学でギリシャの哲学と科学がキリスト教にとってむしろ有益であることをいちはやく洞察したアルベルトゥス・マグヌスにめぐり合い、この出会いがその後の思想形成に決定的となった。こうしてトマスは四八年から五二年までケルンのドミニコ会の修道院で大アルベルトゥスの指導を受け、神学だけではなくアリストテレス哲学をも学んでいる。ちなみに「アリストテレスの全著作のラテン語訳がほぼそろったのは一二四〇年頃である」[11]と言われているが、トマスが本格的に学習を開始した時期はアリストテレス思想の全貌がほぼ明らかになったこの時代であった。

図6.1　1274年7月3日に死亡したトマス・アクィナス歿後700年を記念して1974年にドイツで発行された切手

　一二五二年には大アルベルトゥスの勧めでトマスは当時の哲学と神学研究の中心であるパリ大学に進み、五六年、当時キリスト教世界全体でももっとも高い威信を有していたパリ大学神学部の教授に就任する。学芸学部が教育の中核にアリストテレス哲学を据え、神学にたいする顧慮なしに哲学が語られていた時代であった。それから一二七三年頃まで、トマス・アクィナスは不撓不屈の努力でキリスト教神学をアリストテレス哲学と宥和・統合する鴻業にうち込み、畢生の大著『神学大全（*Summa Theologia*）』の執筆途上の一二七四年に死んだ。五〇になるかならないかの享年であった。

トマスは一二五九年にはひとたびパリ大学の職を辞し、イタリアに移っている。そして一二五九年から六四年にかけて『対異教徒大全（*Summa contra Gentiles*）』を書き上げたが、それはキリスト教の前提や真理性を認めていないイスラーム教徒やユダヤ教徒を論破し説得するための書であった。それゆえ議論は異教徒とおなじ武器つまり哲学でなされねばならないのであり、キリスト教的な予断を排した哲学的議論が展開されている。その議論の基軸は「自然的理性」によって論証される「科学的真理（scientia）」は啓示の真理すなわち「信仰（fides）」とは矛盾しないということを示すことにある。トマスによれば、信仰のうちには人間の理性を越え、啓示の力を借りなければ把握できないものがふくまれていることは確かである。というより、弱い人間理性によっては到達しえない高みを示すものこそ信仰なのである。しかし同時に、理性によって合理的に捉えうる事柄はそれとして存在し、それは信仰と矛盾するものではなく、そのかぎりにおいて正しいと認められるのである。ただしその議論が説得的であるかどうかは、ここでは問わない。

そしてこの間トマスは、一二六八年にふたたびパリ大学の教授に復帰し三年間パリに留まっている。その期間がトマスのもっとも多産な時代であり、そしてまたアリストテレスの自然理論にたいするトマスの関心がもっともたかまった時代でもあった。実際、一二六九年から七二年にかけてアリストテレスの注釈書『自然学注解』『形而上学注解』および『霊魂について』を著している。ちなみにトマスは、一二六〇年当時に使用することのできたアリストテレスの翻訳の質があまりよくないことを認め、ドミニコ会修道士メールベクのギヨーム（一二一五—八六以前）に委嘱してアリストテレス著作集のギリシャ語からの新しい訳、つまり新プラトン主義に汚染されていない訳を作らせている。ギヨームは一二六一年から七〇年にかけて、『分析論前書』『同後書』をのぞくほとんどすべてのアリストテレスの著作を直接ギリシャ語の写本から翻訳しなおした。

こうしてトマスは、アリストテレス哲学とキリスト教神学の統合をめざして『神学大全』を書きつづけ、アリストテレス哲学の合理的体系でもってキリスト教神学を再編成して新しい哲学——勝義の「スコラ哲学」——を作りあげたのである。『神学大全』には「神の意志は啓示によって人間に示されるのであり、信仰はこうした啓示に依拠している。したがって世界に始まりがあったということは、信じられるべきことがらであって、論証されるべきことがらでも学的に認識されるべきことがらでもない」(12)とあるように、現実には神学のドグマが先行していたのである。したがって、神学と哲学の統合といっても、キリスト教の教義に反しないような巧妙な手の込んだ論証を編み出したと言うべきかもしれないが、それにしてもおそるべき力業である。

当時のパリ大学の思想状況は、アリストテレス哲学との距離で仕分けるならば、一方の側にはアウグスティヌス派すなわちあくまで神学の優越に固執する保守派ボナヴェントゥラと神学部の大多数の教授たち、他方の側にはアヴェロエス派すなわち哲学的合理主義者・根底的アリストテレス主義者シジェルを筆頭とする学芸学部の——おそらくはわずかな数の——教授たちが立つ。トマスは『知性の単一性について』においてアヴェロエス派にたいする批判を展開することによって、たしかに学芸学部の哲学者たちとの距離を明らかにしている。しかし彼は、穏健ではあるがアリストテレス哲学を正当に認める立場にあり、それゆえどちらかというとシジェル側に位置し、保守派からは、異教思想にたいして譲歩しすぎというか、むしろ危険なシジェルのグループのシンパないしは共犯者とさえ見られていたようである。一二七〇年にはパリの司教エティエンヌ・タンピエはシジェルとそのグループの著作や教授内容からとった一三箇条の命題を断罪し、そしてトマスの死後の一二七七年には教皇ヨハネス二一世はタンピエにたいし大学で起っている誤りを調査し報告するよう命じ、これに応えてタンピエは二一九条の命題を異端として断罪した。それはシジェルのものだけではなくトマスの哲学をも有罪と宣告するものであった。

トマス・アクィナスが死後に復権して教皇により聖別されたのは一三二三年、そしてパリの司教が一二七七年の断罪のうちで聖トマスに触れるものを無効とするという決定を下したのはようやく一三二五年、死後半世紀後である。こうしてトマスの神学がヨーロッパ・キリスト教世界で公式に認められるようになり、勝義のスコラ学が誕生し、その後の中世ヨーロッパの精神世界を席巻風靡することになる。

トマスが異教的なアリストテレス哲学をどのような論理で福音書と調和させて教会公認のスコラ学に仕上げていったのか、云々といった問題は、それはそれでたいへんな議論を必要とし、ここでは立ち入らない。第一、筆者の手に負えるものではない。手っ取り早くはトマスの『形而上学注解』の第一二巻を読んでもらうとよい。ここでは次のことだけ注意しておこう。つまり自然的理性により認識される哲学的真理は、その範囲内では信仰と矛盾するものではなく、信仰に調和的に包摂されるはずであるというトマスの与えた御墨付きは、結果的には理性が自律的に活動しうる分野を保証することになった。つまりトマスは啓示にかかわる問題をはなれたところに理性の権利を認めたのである。そのことは、さしあたって啓示の真理を顧慮することなく、そしてまた神学的な動機づけをはなれて、自然をそれ自体で合理的に研究するゆき方を事実上容認するものであった。

もちろんスコラ学は、やがて自然科学の発展にとっての桎梏となりむしろ深刻な阻害要因となっていったことは事実であるが、その責めはどちらかというとスコラ学の方法とりわけその論証形式に帰されるべきであろう。そして実際には、逆説的に聞こえるにせよ、一三世紀の時点ではトマスの理論がむしろ自然学の神学からの自立を促した側面を有することは認めなければならない。

4　アリストテレスの因果性の図式

トマス・アクィナスの哲学、とりわけ自然学は基本的にはアリストテレスのものであり、トマスは四元素説や宇宙論についてはアリストテレスのものをほぼそのまま受け入れている。そしてトマスは、磁石や磁力そのものを主題として論じてはいないが、おりにふれ磁石や磁力に言及していて、それらから判断するに、磁石の示す性質をもアリストテレスの論理の枠組で捉えようとしている。この点では次章で見るロジャー・ベーコンもふくめて、一三世紀にアリストテレスを復活させた人たちの磁力とくに磁化作用（磁気誘導）の捉え方はほぼ一致している。それゆえここでアリストテレスにおける「因果性の図式」に立ち寄っておこう。

アリストテレス自然学においては、「運動」は広い意味を持っている。実際「運動には、場所にかんするそれと、性質にかんするそれと、量にかんするそれの三種類がある」(13)とあるように、アリストテレスの言う「運動」には、狭義の運動つまり場所的移動だけではなく、質的変化や量的増減までが含まれている。すなわち化学変化はもとより動植物の成長や変態あるいは氷の融解や水の蒸発や気体の熱膨張のような物質の状態変化一般も、「運動」と理解されている。

そのさいアリストテレスは、変化する事物を「形相」と「質料」という二重の規定において捉える。つまり「われわれは青銅の円の何であるかを二通りに規定する。すなわちその質料を規定しそれを青銅であると言い、その形相を規定してそれをこれこれの図形であると言う」とあるように、(14)「形相」は「質料」すなわち「素材」と相関的に使用され、「質料」にそのものそのものたる所以を与えるところのものである。たとえば「机の形相」とは、ある形状と構造を持ちその上で読書や筆記や食事をすることのできる機能を持つものということになる。したがって「形相」は、そのものの本質規定でもあれば、それを他と区別する種差でもあり、またそのものを「質料」から作るにさいしての目的（設計図）でもあれば、あるいは「質料」の状態規定の場合もある。いずれにせよ「質料」がなんらかの事物のなにがしかの状態たりうるのは「形相」によってである。

そして物体が呈する変化――広義の運動――は、「可能態（デュナミス）から現実態（エネルゲイア）

への転換」という図式で捉えられる。たとえば職人の手によって木材から机が作り出される過程は、可能態としての机である木材（机の質料）が机の形相を得ることによって現実態としての机に変化する過程である。その意味において「存在するものは二重の仕方で存在する」[15]のである。すなわち、すべての事物Xは現実にはXとして存在しつつ、同時におのれのうちに他のものYになる可能性を潜在的に有しているのであり、そのかぎりでYの質料としてある。言いかえれば、Yの形相を得ることによってYの現実態となりうる質料Xは、Yの形相を受け容れていないかぎりでYの可能態なのである。可能態から現実態への変化というこの独特の図式こそは、パルメニデス以来収まりの悪かった存在と変化の問題にたいするひとつの手の込んだ解答であった。

トマスは基本的にこの枠組を継承しているが、『自然の原理について（*De principiis naturae*）』においてこの点をさらに敷衍し精密化しているので、簡単に触れておこう。トマスは、アリストテレスの『形而上学』に依拠して、存在を「本質的存在」すなわち「実体的存在」と「偶有的存在」すなわち「付帯的存在」に分類する。「人間が存在する」というのは「実体的存在」であるのにたいして、「人間が白い」ということは「付帯的存在」である。そしてこの区別に対応して、「形相」も「実体的形相（forma substantialis）」と「付帯的形相（forma accidentalis）」の二通りに区別される。

あるものがそれから存在を――その存在が実体的存在であろうとも付帯的存在であろうとも――もつその元のものはすべて形相と呼ばれることができるのであって、人間が可能態において白くあるとき、白さによって現実的に白くなり、精子が可能的に人間であるとき、魂によって現実的に人間になるのはその例である。そして形相は現実態における存在を作るのであるから、形相は現実態といわれる。ところで、実体的な現実的存在を作るところのものは実体的形相と呼ばれ、付帯的な現実的存在を作るところのものは付帯的形相と呼ばれる。(16)

そしてまたトマスの『存在者と本質について』には、「実体的形相」と「質料」が結合することにより「それ自体として自存する〔実体的〕存在が生じ、……この両者の結合からある本質（essentia）が生じる」とも「実体的形相と質料から自体的なひとつのものが生じてくる、つまり、この両者の結合から固有の意味で実体の範疇のうちに配置されるようなあるひとつの自然本性（natura）が生じるわけである」とも記されている。(17)すなわち事物に偶有的規定を与えるにすぎない「付帯的形相」と区別される「実体的形相」とは、そのものを真にそのものたらしめている本質を与えるものの謂である。したがってスコラ学では、事物の原因の解明はその事物の実体的形相を規定することに帰着する。

5　トマス・アクィナスと磁力

そして可能態・現実態というこの特有の「因果性の図式」こそが、ロジャー・ベーコンやトマス・アクィナスたちが積極的に援用した論理であった。アリストテレス自身は、以前に見てきたように磁石をそれ自身は動かされることなく鉄を動かす霊的で生命的な存在だと仄めかしている以外には明確な断言を避けていたが、トマスたちは磁石の作用をもアリストテレス理論の枠組で捉えようとしたのである。一例を挙げると、一三世紀後半にサンタマンのジャンは鉄にたいする磁力の起源を「磁石の形相（forma adamantis）によって完全なものとされるべく、鉄のなかに不完全に存在していた潜勢的能力（potentia activa）を磁石が励起することによる」と記している。[18] あきらかにアリストテレスの図式で語られている。そしてたしかにこの論理は鉄の磁化（磁気誘導）の現象と相性がよい。

そしてトマスは、より積極的に、磁力を磁石の形相であると理解している。

アリストテレスの『自然学』には、「自然が運動の原理であるということは、自然学者にとって〔全理論の基礎となる〕基本提題である」[19] と明記されている。ここにある「自然（ピュシス）」は、事物にその固有の行動様式をとらせるところの力としての「自然本性」を意味しているのであろう。トマスの『自然学注解』においても「自然的運動の原理は動かされる自然的事物の内にある」とあり、そのうえで事物の運動や変化を論ずるときの基本概念は「事物の自然本性（natura）」であるとされている。すなわち

自然的事物は、自然本性を有しているかぎりにおいて、それ自身のうちに運動の原理を有しているかぎりにおいて、非自然的なものと異なる。それゆえ自然本性とは、そのうちに付帯的にではなく第一義的にそれ自体として内在する運動と静止の原理にほかならない。[20]

そして運動と変化を問題とする自然学に話をかぎれば、自然的事物の「形相」とは、この「自然本性」のことであると理解してよい。実際トマスの『形而上学注解』には「自然本性とは、自己に内在するところの作用と運動の原理である」とあり、そのすぐ後に「事物の自然本性とは、自然的生成がそれへといきつくところのもの、すなわち形相である」と明記されている[21]。その意味において、人間の霊魂は人間の自然本性でありそれゆえにまた人間の形相であり、同様に、トマスにおいては、磁石の特異な作用をもたらす原理は磁石の自然本性でありそれゆえにまた磁石の形相なのである。

しかしトマスは、自然物に備わるそれらの形相のあいだにはヒエラルキーが存在することを認める。そして磁力という質は温冷乾湿といった地上物体の持つ質すなわち四元素の形相よりは上位にあるがしかし植物や動物のものよりは下位にある鉱物の質ないし形相であるとされる。トマスがおのれの思想を確立しもっとも精力的に著作に励んだのは一二六九年から七三年にかけてであるが、一二六九年頃に書かれた『霊的被造物について（*De spiritualibus Creaturis*）』には、その形相の序列について次のように記されている。

ある形相がより完全であれば、それは物質的物体をよりいっそう上回ることは、心に留め置かなければならない。このことは諸形相のさまざまな序列に関する帰納から明らかである。というのも、ある種の元素の形相は、物質的物体の諸性質である能動的性質〔熱と冷〕や受動的性質〔乾と湿〕をとおして生じるもの以外の作用をまったく有していないが、他方で鉱物物質の形相（forma corporis mineralis）は、たとえば磁石が鉄を引き寄せ、サファイアが腫れ物を治すように、能動的性質や受動的性質を越える、そして天の物体の影響に由来する作用をその種に応じて有しているからである。[22]

ほとんど同趣旨の記述——そしてよりくわしい説明——は同時期の『霊魂について（*De anima*）』にも見出すことができる。そこには次のようにある。

われわれは低位の諸物体の形相の内に、形相がより高位であればより高位の原理に類似し近づくということを見出す。このことは形相の固有の働きのうちに見ることができる。というのも〔形相の序列において〕もっとも低位にあり物質にもっとも近い諸元素〔土・水・空気・火〕の形相は、希薄化や凝縮のような物質的性質であることが示されるその能動的ないし受動的な性質〔熱冷乾湿〕を越える作用を有していない。これらの形相を越えるものは混合物体の形相で、それらの形相は〔上述の作用のほかに〕天の物体から恵まれたある作用をその種に応じて有している。たとえば磁石が鉄を引き寄せるのは、その熱やその冷やあるいはなにかその手のものによるのではなく、それがある種の天界の力を分ち持つからである（ex quadam participatione virtuitis coelestis）。[23]

磁石そして一般に鉱物については、その形相をトマスは必ずしも霊魂とは言っていないが、それは事実上、動植物における霊魂に準じるものである。実際『霊的被造物について』には、この後に、鉱物の形相の上には栄養を摂取し生長する力を有した「植物の霊魂」が存在し、その上には「知覚する霊魂」すなわち「動物の霊魂」があり、それは場所的運動をおこない見たり聞いたり欲望したりする力を有し、さらにその上には理解する力を有した「人間の霊魂」がもっとも完全な形相として存在すると続いている。つまり無生物から植物・動物・人間へとつながってゆく存在の連鎖において、鉄を引き寄せる磁石は無生物と植物の中間に位置しているのである。直接には言及されていないけれども、ここには「自然界は無生物から動物にいたるまでわずかずつ移り変わってゆくので、この連続性のゆえに両者の境界もはっきりしないし、両者の中間のものがどちらに属するのかわからなくなる」というアリストテレスの『動物誌』の一節があきらかに下に敷かれている。(24)

しかし同時にこのトマスの議論は、アリストテレスの霊魂論を手直しし、あるいは越えようとするものでもある。というのもトマスの理解では「アリストテレスにしたがえば、諸天体の下位に魂をもったものとして措定されるのは動物と植物だけである(25)」からである。これにたいしてトマスは――後でくわしく見るように――霊魂の数を増やそうとしているのである。トマスのこの霊魂の稠密なヒエラルキーは、言うならば磁力を霊魂と見なしたタレスの理解を、霊魂の数を増やすことでアリストテレス理論の立場からより精密に論じ、アリストテレス自然学のうちに整合的に取り込もうとするものである。

トマスの磁力理解がもっともよく見て取れるのは、『自然学注解』の次のくだりであろう。そこでは「他のものによって動かされるものどもにおいては、その運動は四通りの仕方でおこなわれるのでなければならない。つまり、他のものによる移動には、引き、押し、運び、廻しの四通りがある。……これらの四種の移動のうちで運びと廻しは結局引きと押しのなかに入る」というアリストテレス『自然学』の一節にたいする注解として「引きが押しと異なることは理解されなければならない。……他のものをおのれの方に動かす（movere ad se ipsum）ことが引く（trahere）と言われる。何かをおのれの方に場所的に動かすのは、三通りのやり方でなされる」とあり、その「第二の仕方」が磁石の引力であり、それは次のように説明されている。[26]

いまひとつの仕方では、あるものは他のあるものをなんらかのやり方で変化させ、その変化させられたものがその変化によって場所的に動き、その結果として前者が後者をおのれの方に引き寄せると言うことができる。磁石はこのようにして鉄を引くと言われる。というのも、生成するものが重い物体や軽い物体にたいしてある形相を与え、その形相によってそれらの重い物体や軽い物体をある場所にむかって動かすのとまったく同様に、磁石はそれによって鉄が磁石にむかって動かされるところのある性質を鉄に与えるのである（magnes dat aliquam qualitatem ferro, per quam movetur ad ipsum）。

そしてさらに重力と対比される磁力の特徴が三点挙げられている。

第一に、磁石は鉄を任意の距離から引き寄せるのではなく、引き寄せるのは至近距離から（ex propinquo）だからである。しかし、もしも重い物体がそれ自身の場所に動かされるように鉄が端にむかって動かされるのだとすれば、鉄は任意の距離からその端に向かうはずであろう。

第二に、磁石はニンニク（alium）を塗りつけられたならば鉄を引き寄せることはできない。それはあたかもニンニクが鉄を異なるものに変える力を妨げたか、それともそれを反対のものに変えたかのようである。

第三に、磁石が鉄を引き寄せるためには、鉄ははじめ磁石で擦られなければならない。磁石が小さいときにはとりわけそうである。それはあたかも鉄が磁石にむかって動かされるために磁石からなんらかの力を受け取ったかのようである。このようにして磁石は〔引かれる〕先として鉄を引き寄せるだけではなく、動かすものとしてそして変化させるものとして鉄を引き寄せるのである(27)。

つまり、重量物体はいくら遠くにあってもその本来の場所である宇宙の中心に向かい、また重さは他の物体の力でそれを無くすことはできないし、他の物体の作用で与えられるものでもないが、磁力はこの三点において重さ（重力）と異なり、その意味で、トマスによれば磁力は特殊な性質であり特殊な形相なのである。そして、そのようなものとして磁石は磁石にむかって動くという形相——磁石の自然本性——を鉄に与えることによって鉄を引きつけるというのである。その根拠にあるのは「なんらかの力がある事物に及ぶのは、それらがその自然本性を共有しているかぎりにおいてである(28)」という理解である。要するに、アリストテレス自然学の論理でもってはじめて鉄にたいする磁石の力を理論的に捉えようとしたものである。宝石が薬効を有しニンニクが磁力を妨げるという中世の伝承は相変わらずだが、すくなくともアルベルトゥス・マグヌスにいたるまでの魔術的なあるいは神秘的な磁力理解については、それを脱却しているのであり、機械論による還元主義とは異なる形で磁力と磁化作用をそれなりに合理的に理解しようとしたはじめての試みであるといってよい。

なお、先の引用の第一点は磁力の到達距離が有限であることのはじめての指摘である。それは「力の作用圏」という概念の形成にいたる第一歩の認識である。

6　磁石にたいする天の影響

ところで上記のいくつもの引用中にある、磁力が「天の物体の影響に由来する（ex influentia corporis coelestis）」、あるいは「天の物体から恵まれた（fortiuntur ex corporibus coelestibus）」ところの「作用（operatio）」で「天界の力（virtus coeli）を共有している」といった表現が私たちの注意を惹きつける。『知性の単一性について』においてはより明瞭に「われわれは多くの場合に、ある形相が諸元素の混合から生じた物体の現実態でありながら、どの元素のものでもないある種の力を有していること、しかも磁石が鉄を引き寄せる力をもち、碧玉が止血の力をもつ場合のように、その力がたとえば天体のような高次の根源からそういう形相に賦与されたものであることを了解している[29]」とあり、もっと一般的には「自然的物体の自然的な力は、天の物体からそれにふりあてられるところのそれらの実体的形相にともなう」という『神学大全』の表現[30]にゆきつく。

天の物体が磁石に作用してその形相を与えるというのは、そのとおりのものとしてはアリストテレスには見られなかった論点である。古代においては磁針や磁石の指向性が知られていなかったのだから当然といえば当然である。しかしアリストテレスは『気象論』に「この〔月下の世界の〕領域は必然によって天界の移動に続いており、それゆえそのすべての運動能力はかしこから統御されている。なぜなら、万物の運動の始まりがそこからくるかのもの〔諸星〕をもって第一原因と見なさねばならないからである」[31]と記し、天体の地上物体への影響をはっきり語っている。しかしアリストテレス自身は『気象論』ではその影響をもっぱら自然学的にのみ——すなわち空気を介した近接作用として——考察している。というのもアリストテレスは天から地表までの距離を現在知られているものよりずっと小さく見積り、しかもその空間には空気が充満していると考えていたからである。それにたいして、天の物体の地上への影響を形而上学的・神学的に考察したのがトマスであった。

くわしく言うとこうだ。

アリストテレスにあっては——以前に述べたように——「運動の第一原因」すなわち「神」が恒星天球を動かしている。そしてその下にある惑星天球はまた、その第一原因に服している非質料的実体によって動かされている。その関係をトマスは『形而上学注解』で「もろもろの物体のうちで包むものであるものの方が、より形相的で、しかもこのことによってより高貴で完全であり」そのため「その天球が秩序づけられる上位の惑星は下位の惑星よりいっそう高くいっそう普遍的な力のうちにあり、……いっそう永続的な影響を与える。……そしてこのようにして諸惑星の影響が惑星間の秩序にしたがってそれらの下位のものに現れるのである。」それゆえに「天体が上位にあればあるほど、それだけいっそう普遍的かつ永続的であり、力強い効力をもっている(32)」と記している。

ところでアリストテレス自然学においては、惑星球を動かすこの「力」は、離存的で非質料的な実体すなわち「天使」の働きであった。トマスはそれをキリスト教神学に取り込む。絶筆となったトマスの『離存的実体について（天使論）』では「聖書の言葉を注意深く吟味しようとする者は、聖書の言葉にもとづいて天使たちが非質料的なものであることを知るであろう。なぜなら聖書は彼らをなんらかの力（virtutes）という名で呼んでいるからである」とあり、この「第一原因のより近くにある霊的諸実体――われわれは彼らを天使と呼ぶ――がより広い範囲で神の摂理を実行する(33)」のである。

ところでトマスは、アリストテレスがこの非質料的実体の数を天に見られる運動の数に等しいとしたことを誤りであると考える。すなわち

　非質料的実体が物体的実体を越える程度は、天体が元素的物体を越える以上のものである。したがって非質料的実体の数と力と状態は、天の運動の数にもとづいては十分に把握することができない(34)。

つまりアリストテレスにあっては、第一原因の支配下にある非質料的実体――天使――がそれぞれの

惑星天球を動かしているだけであるが、トマスはそれ以外にも多くの非質料的実体が存在し、それらが天上世界だけではなく月下の世界の諸運動にもかかわっていると考える。

次のように言いなおしてもよい。トマスによれば「天がもつ最上位の魂は、より下位のすべての魂にたいして、そしてさらに下位の諸物体の生成全体にたいして摂理を及ぼす。また、より上位の魂は下位の魂に摂理を及ぼす」という点ではアリストテレスとプラトンは一致している。しかし「アリストテレスはプラトンとは違って諸天の魂と人間の魂のあいだにはいかなる中間的な魂も措定しなかった[35]」のであり、そのため「アリストテレスによって提示された説にしたがうと、感覚に現れてくる多くのことの説明がつかなくなる」のである。実際、この地上においても「ダイモンに取り憑かれた人々や魔術師の業を見れば、なんらかの知性的実体によってでなければなしえないようなことが起っている」のであり、このため「アリストテレス学派に属するある人々は……このようなことの原因を諸天体の力に帰そうと試みた」のである[36]。

というのも月下世界に見られる運動や変化は四元素の性質だけでは説明がつかないからであり、したがって星辰から地上物体に与えられる影響も存在すると考えなければならないのである。とするならば、一二六〇年代のはじめに書かれたトマスの『対異教徒大全』に次のような記述を見出しても、さして異とするにはあたらぬのかもしれない。

人は選択する能力と選択したことを実行する能力の二つを有しているのであるが、人はより高位の原因により、ときにその両者について手助けされ、またときに妨げられうるのである。もちろん選択について言うならば、人は、天の物体によりあることを選択するように促されたり、あるいは天使の守護のもとで啓発されたり、あるいは神の作用によりその選択に向かわされたりさえする。しかし、その選択の実行にかんして言うならば、彼が選択したことを遂行するにあたって必要な力と性能を高位の原因から得ることができる。ところでこれは神や天使のみから来るのではなく、そのような性能がその身体に置かれているかぎりで、天の物体からも来るのである。というのも、不活性な物体もまた、元素の受動的性質や能動的な性質を越えさえしているある種の力を天の物体から得るのであり、その力は、やはり天の物体に支配されているからである。たとえば、磁石が鉄を引き寄せるのは天の物体の作用により、同様にある種の石や草はそれとは別の隠れた力を有しているのである。それゆえ、たとえば医師が治療にあたって、農夫が種蒔きにおいて、兵士が戦闘にのぞんでおこなうように、人が、天の物体の影響の結果として、ある身体的作用をおこなうにさいして他人が有していないある特殊な力を、何ものにも妨げられることなく発揮するのである(37)。

「天界の力」についてのこのトマスの見解は、パリにおける最初の教授時代に書かれた『真理についての討論問題集（*Quaestio; De veritate*）』における「物体のうちには、磁石の鉄にたいする引力のように、冷や熱によって引き起されたのではない、天の物体の作用が存在する(38)」という主張から、晩年の『神学大全』の「自然的物体にたいしては天の物体による印刻づけにより、その種にしたがって何らかの隠れた力がふりあてられる[39]」という表明まで、一貫して変わらずに貫かれている。

率直に言って、このような理解がトマスの思想全体のなかでどのように位置づけられているのか、筆者にはわからない。一二七〇年にタンピエが異端として断罪した命題のなかには「世界は永遠である」とか「霊魂は人間の身体とともに滅びる」といった命題にならんで「現世で起ることは天体の必然性にしたがう」という命題が含まれている。天体が地上物体に及ぼす影響という見方は非キリスト教的、否、反キリスト教的なものと見なされていたのである。

こと磁石に話をかぎるならば、磁力が天の物体の働きによるという見方は、アリストテレスはもとより、古代ギリシャから前期中世ヨーロッパにいたるまでの磁力をめぐるそれまでのどの言説にも見ることのできなかったまったく新しい視点であり新しい見解である。トマスにおいてどのような理論的背景が存在するのかはよく分からないにせよ、このような見方が登場したのは、この間にヨーロッパ人が磁石と磁針の指向性（指北性）を知ったことの直接的な結果であることは、まず間違いがない。

いずれにせよ、磁石で擦った鉄針がつねに北を指す――北極星に引かれているように見える――という特異な事実の発見は、後期中世ヨーロッパの人たちにたいして天の物体（北極星）が磁石に直接作用し影響を及ぼしているということを強く確信させたことは確かである。その影響は一四世紀のパリ大学のスコラ学者ジャン・ビュリダン（一二九五―一三五八頃）から、さらにはアリストテレスに批判的な一五世紀のフィレンツェの新プラトン主義者でヘルメス主義に影響を受けたフィチーノにまでおよぶ。フィチーノについては後に述べるが（本書第一〇章4）、ビュリダンの著書には磁石については、疑いもなく星々と天の相異なる諸特性と諸能力を持ち、この地上のものに相異なる諸結果を引き起すことは言える。だから磁石では北極の近くにある星々からとくに影響を受ける部分と、南極の近くにある星々から影響を受ける部分があるということはありうる。

とあり、さらにはまた「磁石がそのような区別を天からしか得ないことは確かである」[40]とまで記されている。さらに後の一七世紀になっても、アリストテレス自然学にかかわる新しい自然哲学として「化学哲学」を提唱したロバート・フラッド（一五七四―一六三七）は、天の物体が広大な距離をへだてて地上に影響を及ぼすことの証拠として、羅針儀の針がつねに北極星を指しつづけることを挙げていたのである。[41]これはギルバートが地球は磁石であり、地球上の磁針の運動が地球磁石によることを示した後である。かくのごとく、磁石の指向性の発見は、単に磁石理解にとどまらず、中世後期から近代初頭にかけてのヨーロッパの自然観に――とりわけ天体が地上物体に力を及ぼすという占星術や魔術に通底する思想を根拠づけるものとして――絶大な影響を与えてゆくことになる。

＊

トマス・アクィナスは随所で自然学にかかわる諸問題に論及しているけれども、しかしその根本には、事物の属性やふるまいは事物の自然本性が正しく把握されたならば、そこから論理的な推論で導き出され把握されるという見方が貫かれている。つまりある事実は、より一般的な原理から演繹されたとき証明されたものと見なされるのである。この思想は古代ギリシャで構想され、一三世紀にアリストテレスとともにヨーロッパに持ち込まれ、合理的なスコラ学の展開の根拠を形成した。トマスが一二五〇年代に書いた『存在者と本質について』にあるように、「事物はその定義や本質によらなければ知解されえない (non res est intelligibilis nisi per definitionem en essentiam suam)」のであり、かつ「本質とは事物の定義によって表示されるものである (essentia est illud quod per definitionem rei significatur)」。[42] トマスにあって真理は言葉の世界に見出されるのであり、「私が石の本質を捉えようと欲する場合、私は推論することによって石の本質にたどり着かなくてはならない」[43] のである。そんなわけで、トマスにおいては、自然学的なものごとの議論においても観察や実験はほとんど重視されていない。事実、アリストテレスが書き残したものを越えるトマス自身の自然観察というものを見出すことはできない。

そもそもがトマスは——師アルベルトゥス・マグヌスと異なり——自然学それ自体に特別な関心を持っていたわけではなく、彼の関心はあくまで神学と形而上学の原理にあり、そのための議論に資するかぎりで「下位の学」としての自然学は論じられているにすぎない。トマスが『形而上学注解』でアリストテレスの宇宙像をながながと論じているのは、その結論に「宇宙全体はあたかもひとつに統治されたものであり、ひとつの王国のようなものであると結論される。そしてまたこのようにして王国は一人の統治者によって治められていなければならない。……そしてそれは、アリストテレスが先に《神》と呼んだものであり、世々にいたるまで祝されるところの者なのである。アーメン」とあるように、[44]つまるところ神の存在を論証するためであった。そしてその「一人の統治者」すなわち「神」は、天球を動かしているだけではない。「神の意図は……諸存在者の最後のものにまで進む。したがってすべてのものが神の摂理のもとに服する」のである。[45]そしてその「神の摂理の全般的な実行者」として「われわれが天使と呼ぶ下位の離存的知性」が存在し日月星辰を動かしているだけではなく、その恒星や惑星や月がさまざまなレベルの霊魂をもったものとしての鉱物・植物・動物・人間という地上的存在にその力を賦与しているのである。

しかしにもかかわらずトマスが、磁石は磁力を天の物体から得たものとしていることは、そのような形而上学的根拠のみによるのではなく、あきらかに当時経験的に知られていた磁石と磁針の指向性の知識にももとづくものであろう。その意味においてトマス・アクィナスは、近代自然科学の形成にとって、その後のスコラ学が有していた意義と限界をともに体現していると言えよう。

第七章　ロジャー・ベーコンと磁力の伝播

1　ロジャー・ベーコンの基本的スタンス

トマス・アクィナスと同時代に生きて、アリストテレスに同様に大きな影響を受けながら、しかしトマスと異なり、言葉の解釈に明け暮れている当時のスコラ学の不毛を見抜いていたのが、ロジャー・ベーコンであった。彼の近代性は自然学において数学と経験をともに重視した点においても、学問の実践性と実用性を強調した点においても、同時代の知識人のなかでは一頭地を抜いている。

一二一〇年頃に生まれたベーコンは、オクスフォードで学んだ後にフランスに渡り、前章で触れたように一二四〇年代にパリ大学の学芸学部でアリストテレスを講じている。他でもない、パリ大学においてアリストテレス哲学が認められてゆき、学芸学部が事実上の哲学学部として神学部から独り立ちしてゆく決定的な時期であった。ベーコンの知的転換はこの時代、つまり一二四〇年代末と言われ

図 7.1　ロジャー・ベーコンの肖像

図 7.2　パリ大学のドクターたち

るが、一二五〇年代にはベーコンはフランチェスコ会修道士となっている。当時としては学問に専念するための限られた選択肢のひとつであったのだろう。そして彼がまとまった著作をものにしたのは、一二六六年教皇クレメンス四世（在位一二六五—六八）が彼の主張に関心を示し、その求めに応じて翌六七年に『大著作（*Opus Majus*）』『小著作（*Opus Minus*）』『第三著作（*Opus Tertium*）』を急遽書き上げたときであった。それら三部作は「説得（persuatio）」と書かれているように、教皇にたいする真摯な進言であり、「キリスト教徒の数などわずかであり、この広い世界は信仰なき者たちで占められており、真理をこれらの者たちに教えようとする者は一人もいない（III, p. 112）」という『大著作』[(1)]における現状認識をふまえた、キリスト教世界がとるべき知的戦略の提言であった。

ヨーロッパが十字軍運動の挫折を経験し、キリスト教世界が広大な異教徒の世界に取り囲まれていることを痛感させられ、イスラーム社会の高い技術力と経済力を思い知らされ、アラブとビザンチンに継承されていた古代からの高度な学問によって蒙を啓かれた一三世紀中期にあって、いまだに脚下照顧とばかりに聖書や教父の書き残したもののみをよりどころとしているようなスコラ神学は無力である。キリスト教の前提に無反省にもたれかかり聖書を持ち出すだけの独善的な議論では、異教徒を説得し改宗させることはかなわない。この点では、トマス・アクィナスによる『対異教徒大全』執筆の動機や論法に通底するものがある。ベーコンの「それゆえに私たちは、私たちと信仰なき者たちに共通の根拠を探さなければならない。それがすなわち哲学である（VII, p. 793）」という『大著作』の発言は、キリスト教徒が哲学を学習することの正当性と必要性を、キリスト教世界をも対象化し相対化する広い立場から根拠づけるものであろう。

だからと言って、ベーコンがキリスト教神学の上に哲学を置いたわけではない。それどころか、主著『大著作』には「完全な知恵（sapientia perfecta）はひとつであり、それは聖書に含まれている」とあり、のみならず「ひとつの学問すなわち神学が他の諸学の支配者であり、残余の学問が必要とされるのはひとえにこれがためである」とも言明されている（II, p. 36［710］）。神学の優位性にたいする中世聖職者の信念をフランチェスコ会修道士ベーコンも当然のこととして共有していたのである。ところで、トマス・アクィナスにおいては、哲学が重視されているにしても神の知と人間の知には断絶があり、神学は哲学の及ばない領域を有し、哲学の知識（scientia）は啓示の知恵（sapientia）にはかなわないものとされていた。しかしベーコンにおいては、「聖書の知恵は哲学によって解明されなければならない」とあるように（II, p. 65［746］）、聖書の理解に哲学は不可欠で、神学は哲学によってはじめて正しく理解されるのである。神学と哲学のあいだにトマスのような隔絶は認められない。哲学研究は補助的に聖書研究に資するのではなく、神学研究の中心を占めるのである。

そしてここに言われている「哲学」とは、もちろん異教徒の学問も含まれている。というより、むしろベーコンの言葉では「哲学はある意味で異教徒のものであり、私たちがもっている哲学もすべて彼らから借用したものである」。しかし、であるにしても「哲学は人類が神の真理を理解するように奮い立つために神が人類に与え給うた神の足跡なのである」からには「哲学のもつ力は神の叡智と完全に一致しており」、それゆえ「神の真理」すなわち聖書の教えと矛盾するものではない（VII, p. 793）。

それどころか「哲学は宗教に先行し、人を宗教に誘うものであり、哲学に支えられるべきものは唯一キリスト教にかぎられる（VII, p. 807f.）」のである。神によって与えられた真理はひとつであり、それゆえ哲学は、人類がキリスト教に到達する以前に異教徒により作られたものではあれ、正しく理解されれば必然的にキリスト教に導くというのだ。

そしてまたベーコンの言う「哲学」には、世俗的な学問つまり数学・自然学・占星術・錬金術といった諸学が含まれていることに注意しよう。結局のところキリスト教を真に普遍的なものにし、異教徒を説得し改宗させうるまでに神学を力強く豊饒なものにするには、世俗の学問、さらには異教の学問をも研究し、あげてその成果をキリスト教神学とキリスト教会のために利用しなければならない、というのがベーコンの基本的スタンスであった。なにしろヨーロッパ人がシチリアやイベリア半島で見出した現実は「イスラーム教徒たち、このサタンの息子たちが努力を傾けているいたるところで、いっさいが繁栄し、泉が湧き出し、大地は花々で被われている」(2)という驚愕すべき事態であった。来世での救済のみを語るひとりよがりな説教だけで打ち勝てるものではないのである。

ベーコンの学問思想・科学思想は、彼の言う「経験学（scientia experimentalis）」(3)の提唱に集約されている。その内容は主著『大著作』第六部に記されている経験学のもつ「特権（praerogativa）」つまりその「価値（dignitas）」の三か条にコンパクトに記されている。

経験学の特権の第一は「諸学のすべての注目すべき結論を経験〔実験〕によって探究すること（VI, p. 587［365］）」にある。すなわち、原理から個別の現象を論証するというこれまでの学問は、たとえその原理が経験から帰納されたものであったとしてもそれだけでは不十分で、その論証の結果はあらためて経験（実験）によって確かめられなければならないのである。ベーコン自身はアリストテレス主義者であったが、しかしこれはアリストテレスの方法にたいする重要な発展である。ただしベーコンにあっては、経験は「外的感覚（sensus exterior）」によるものと神の恩寵による「内的照明（illuminatio interior）」の二通りあり、後者において経験は真理を直接明らかにすると考えられていた。それゆえ、経験（実験）による確証が――その言葉から連想されるような――仮説の検証という近代科学の手続きを意味するものではかならずしもない。ともあれ「山羊の血がダイヤモンドを破壊する」というプリニウス以来アルベルトゥス・マグヌスにいたるまで、実に千年余にわたってヨーロッパの知識人たちによって語り継がれてきた話がでたらめであることをはじめて実際の実験で暴き出したのがベーコンであることは認めなければならない（VI, p. 584［361］）。

その特権の第二は「他の諸学問がどんな方法によっても与えることのできないような重要な真理をそれら諸学の範囲において与えうること（VI, p. 615［395］）」にある。裏返せば「経験によってはじめて知られ証明される事柄」が存在するのであり、かくして経験は、既存の学問における未開拓の分野を探索し未発見の知見を開示することができる点にその価値を有している。ベーコンの挙げている例のひとつは医学であり、「経験術は医学の欠陥を補完する（VI, p. 618［398］）」。もっともここでベーコンの言っている「経験術（ars experimentalis）」には、「不老長寿の秘薬」だとか「卑金属から銀と金を生じさせる薬」の発見といった、現代から見れば非現実的で空想的なもの――いわゆる「錬金術」

——も含まれていることは事実である。しかし、第一原理と事物の本性（定義）から出発して正しく論証すれば森羅万象すべてを演繹できるはずであるというのはスコラ学の思い上がりにすぎず、それどころか、圧倒的に豊富な現実的自然にくらべればスコラ学などきわめて貧しく限られたものでしかないこと、このことをストレートに指摘した点において、この議論はそれまでの干からびた学問観を打破するものであった。

経験学の特権の第三は「他の諸学問となんら関連をもたない特質に由来し、それみずからの力によって自然の諸々の秘密を探究すること（VI, p. 627［407］）」とある。具体的には「未来・過去・現在の認識」つまり占星術と「判断力において通常の占星術を凌駕する不思議な諸々の業」からなる。それは、これまで人間に隠されていた——ベーコンの言うところでは古代の賢者には知られていた——自然の秘密の力を暴き出しそれを制御し操作する術を与えるもの、現代風に潤色すれば経験にもとづく自然力の技術的使用を指している。それは「教会と国家に益する驚くべき諸々の業」であり、それゆえにもっとも重視されるべきものである。ちなみにここに言う「驚くべき諸々の業」のなかにも「消えることなく永久に光り輝くランプ」や「国家の敵対者たちにたいして、刀剣や相手に触れなければならないような武器も使うことなく、抵抗する者すべてを滅ぼしてしまうような偉大な業」や「ごく軽く触れただけでも、毒をもつ動物を殺してしまうようなもの」といった首をひねりたくなるような魔術的な技も含まれている（VI, p. 629f.［409f.］）。しかし魔術についてのベーコンの真意は、大衆の無知につけこんだ詐欺的な魔術から自然力を使役する合理的な技術を分離することにあった。この点については、後に触れる機会もあるだろう（本書第一五章1）。

畢竟するに、『大著作』全体の主張は、自然の秘密を探究しその驚異を提示しその力を技術的に応用することこそが、キリスト教社会を強化せしめ異教徒にたいして優位に立たせるための喫緊の方策であり採るべき戦略であるというひたむきな提言に他ならない。『大著作』第六部は次の宣言で終る。

たとえ他の諸学が数多くの驚くべきことをなすにせよ、国家におけるこうした驚くべき有用性をもつすべてのものは、主として経験学にかかわることである。……実際この学問は驚くべきさまざまな道具を造り出し、それをもちいることを教示する。またさらにあらゆる秘密の事柄を、それが国家と諸個人にたいして有する有用性のゆえに考察し、おのが召使にたいするごとく他の諸学に命令を下す。したがって思弁的な学はそのすべての力をとりわけ経験学から得ているのである。またこの世において、信仰に敵対する者たちに対抗する神の教会に裨益する驚くべき有用性がこれら三つの学問〔経験学の三大特権〕から導かれることはこれまでの論考で明らかであり、信仰に敵対する者たちを打ち破るのは、武闘よりはむしろ知恵の発見なのである。……キリスト教徒の流血を節約し、とくに反キリストの時代に生じるであろう諸々の危険にそなえるために、不信仰者たちと反逆者たちとに対抗して教会は以上の方策を顧慮すべきである。高位聖職者たちと諸国の王がこの研究を促進し、自然と技術の諸々の秘密を探究するならば、神の恩寵によって彼ら信仰なき者たちに対抗することは容易になるであろう。（VI, p. 633f [414f.]）

異教徒に包囲されているキリスト教社会は、言葉に拘泥し経験に学ばないスコラ学の空疎な議論を乗り越え、いまこそ実践的で実用的な「経験学」に邁進すべしというのが、クレメンス四世に具申したベーコンの熱き思いであった。こうしてベーコンは、科学の目標を自然にたいする支配力を獲得し自然を人類に役立てることに設定したのであり、これこそがベーコンをそれ以前のヨーロッパの思想家と決定的に区別するものであった。

2　ベーコンにおける数学と経験

ベーコンがオクスフォードに学んだ一二三〇年代には、『分析論後書』をふくめてアリストテレスのかなりの著作がすでにラテン語で読めるようになっていたし、パリと異なりオクスフォードではアリストテレスは禁じられていなかった。そんなわけで、ベーコンにたいするアリストテレスの影響は大きく直接的である。しかしベーコンは自然認識における経験の契機を重視するとともに、数学の重要性をも評価する点において、当時の通常のアリストテレス理解を越えていた。

自然認識の価値や方法をめぐる——とりわけ『分析論後書』に展開されている——アリストテレスの思想は、プラトンのものとくらべることによって、その特徴を浮き彫りにすることができる。

プラトンは「真実在」としての「イデア」の世界においてのみ真の意味での厳密な認識（エピステ

ーメ）が可能であると考える。実際プラトンにとっては、認識の理想は幾何学によって与えられる。幾何学では、たとえば「三角形とは何か」「円とは何か」といった定義から、誰もが疑うことのできないと考えられるいくつかの公理にもとづき、「三角形の内角の和は二直角である」「直径を一辺とする円の内接三角形は直角三角形である」といった命題が厳密に論証される。その場合の三角形や円は、現実に紙の上に描かれた——その意味で多かれ少なかれ不正確な——個別の三角形や円を超越した、イデアとしての普遍的な三角形や円を指す。つまりそれらの命題は、現実の三角形や円の測定から得られるものではなく、またその推論に誤りがないかぎり現実の三角形や円の測定によって確かめられるまでもなく正しい。それに反して「見られるものの世界」にたいしては「高度に厳密に仕上げられた言論を与えることができない」。すなわち人間の感覚で捉えられる世界にたいしては真に厳密で客観的な認識はありえず、そこにあるのは主観的な「臆見（ドクサ）」でしかない。それどころか、不確かな感覚はむしろ真の認識を誤らせるおそれさえある。[4] こうしてプラトンにあっては、叡智的世界にたいする数学的で論証的な知と感覚的世界にたいする経験的で帰納的な知は、その真理性という点で優劣があるだけではなく、背反的な関係に置かれることになる。

　アリストテレスもまた、『分析論後書』において事物にたいする真の認識を「当の事物がそれによってある原因を、その当の事物の原因であると知り、またその事物が他ではありえないと知っている」ことだとし、それを「論証による事物の知識」と呼んでいる。つまり事物の正しい知識が得られるのは、事物がその本性において何であるのかということ（定義）から厳密な推論（三段論法）でその諸属性が導かれるときにかぎられる[5]。

しかしアリストテレスは、このような論証的で演繹的な学問とならんで、経験的で帰納的な学問にたいしてもおなじようにその必要性と価値を認めている。したがってまたアリストテレスにあっては、感覚はプラトンの言うように認識を誤らせるものではなく、それどころか認識を助けるもの、認識には欠かせないものであった。というのも「論証による事物の知識」が成り立つためには「推論がそこから出発する第一の原理」をあらかじめ知っていなければならないが、その「第一原理」を知るためには感覚にもとづく帰納法が必要とされるからである。つまり人には「感覚という本具の判別作用」が備わっていて、「感覚からは記憶が生じ、おなじものについてくり返し得られた記憶から経験が生じ」、経験に含まれる「すべての事例の内におなじひとつのものが含まれているとき」に知識——事実の知識——が生まれるのである。このようにしてアリストテレスは「第一のもの〔原理〕を知るために、われわれが帰納によらざるをえないことは明白である」と結論づける[6]。すなわち「帰納することなしには、全体的なものから出発してそれら〔個別のもの〕についての〔科学的〕知識を得ることはできないし、また感覚することなしには、これを帰納をつうじて得ることもできない[7]」。結局のところ「普遍的なるもの」はなるほど「理性においてより多く可知的なるもの」であり、したがってまた「説明方式においてより先なるもの」ではあるけれども、しかし「われわれにとってより先なるもの」、それゆえ「われわれにとってよりよく知られうるもの」は、あくまで「感覚においてより先なるもの」であり、「感覚においてより多く可知的なるもの」なのである[8]。そういうわけでアリストテレス自然学にあっては、認識は個別のものについての感覚や経験から始まり、プラトンにあっては低く見られていた経験科学が正当に権利づけられることになった。

他方、数学について言うならば、アリストテレスは、たしかに「事実を知ることは感覚するものの仕事であり、根拠を知ることは数学的に思考するものの仕事である」(9)と語り、そしてまた天文学や音楽にたいして数学的認識の重要性を理念的には認めている。しかしアリストテレスの場合に現実に数学が適用されるのは天上世界にたいしてだけであり、それにたいして月下世界では――物体の場所的移動という意味の狭義の運動をのぞき――質的（定性的）認識のみが可能であるとされ、数学的な扱いはなされていない。というのもアリストテレスは感覚の対象を冷・熱、乾・湿という対立性質にまとめあげたが、そのかぎりでその感覚対象の質を量化する論理は生じないからである。つまり、冷と熱あるいは乾と湿が対立性質だということは、冷や乾が熱や湿のたんなる不足や欠如ではなく、したがって熱と冷あるいは乾と湿は量的に一元化できない異質な性質だということになり、そこからは温度や湿度という近代的で定量的な概念にいたる道は閉ざされているのである。その点では、アリストテレスの言う重いと軽いもまったく同様で、そこからは定量的な重量概念に通じる道はない。そもそもアリストテレスにおいては、質と量は絶対的に異なるカテゴリーに属している。それゆえ月下世界の事物すなわち感覚の対象をあつかうアリストテレス自然学は、基本的に非数学的な質の自然学に留まっていたのである。

ところがベーコンの自然学では、たしかに経験的方法の重要性が説かれているが、それと同時に数学の役割も強調されていることを見落としてはならない。実際ベーコンにおいては、知は数学的推論と経験的確証の二本柱からなっている。すなわち、一方では「経験なしには何ものをも十分には認識しえない（Sine experientia nihil sufficienter scire potest, VI, p. 583〔360〕）」が、他方では「数学を知ることなしには、この世界の何ものをも認識しえない（Impossibile est res hujus mundi sciri, nisi sciatur mathematica, IV, p. 128〔102〕）」のである。しかしそのことは、単に二通りの知があるということではなく、むしろ知が厳密かつ十全なものであるためには数学的（論証的）認識と経験的（感覚的）認識の双方が必要で、その両者がたがいに補完しあっていなければならないということを意味している。

実際ベーコンは『大著作』第四部で、天上世界と月下世界というアリストテレス自然学の区別を受け入れつつも、トマスと同様に天上世界の月下世界にたいする影響を認めることによって、月下世界の自然学にたいしても数学的認識が可能でかつ必要なことを論証する。いわく「天文学から明らかなように、天界の事物はただ量を通してのみ認識される。したがってそのすべてのカテゴリーは数学の関与する量の認識に依存している（IV, p. 120〔94〕）」のであるが、しかるに「天界の事物は月下界の諸事物の原因である。したがってこれら月下界のものが知られるのは、ただ天界のものが知られる場合のみである。ところが数学がなければ天界のものを知ることはできない。という次第であるから、これら月下界の諸事物の知識はまさに数学に依拠している（IV, p. 129〔104〕）」。こうした論法でベーコンは「月下界のものは数学の知識なしには認識されえない（IV, p. 129〔104〕）」と結論づける。これはアリストテレス自然学を継承しつつ、同時にその基盤の上に数学的な自然学の可能性と必然性を説くものであり、感覚的自然認識を低位に置く観念的なプラトンの狭隘性はもとより、質の自然学でしかなかったアリストテレスの限界性をも乗り越えるものである。数理科学としての近代物理学思想の先駆的表現であると言ってよい。

かくして『大著作』第四部は、諸学の基礎としての数学のハイテンションで執拗な賛歌に捧げられている。そのことは次の行文に顕著であろう。

数学においてはわれわれは、誤謬のない十全な真理へ、また疑惑のない万物の確知へ到達することができる。というのは、そこにおいては、固有の必然的な原因にもとづく論証がなされており、論証は真理を認識させるからである。……数学においてのみ、必然的な原因によるきわめて強力な論証が存在する。したがって、数学においてのみ人はその学問の力によって真理に到達することができる。……それゆえに、もしも他の諸学問においてわれわれが疑惑のない確実性と誤謬のない真理へ到達しなければならないとするならば、われわれは認識の基礎を数学に置かねばならない。……数学のみがわれわれにとって確実でありかつ検証されており、確実性と検証度の極点にある。それゆえ他のすべての学問は数学によって知られ確証されねばならない。(IV, p. 123f.〔98f.〕)

くり返しが多いのはベーコンの文体の特徴であるが、それだけにその思いの熱さが伝わってくる。ところでベーコンにおける数学と経験の関係は実はかなり特異なものである。ベーコンは、一方ではこのように認識の確実性の根拠を数学的論証に置いているが、しかし他方では、その数学の真理性を人が確かめるのは感覚によるとしている。すなわち「数学においては、図を描いたり数を数えたりすることによって、すべてのものにたいして感覚的な例示や感覚的な検証が与えられるので、すべてのものが感覚にたいして明らかであり、このことのゆえに、数学においては疑惑は存在しえない(IV, p. 124 [98])」。したがってまた、数学的論証によって導き出された結論を人が確信をもって受け入れるのも、感覚的経験によってその論証が直接的に確証された場合のみであるとされる。

知識を得る仕方は二通りある。すなわち論証(argumentum)によるものと経験(experientia)によるものとである。論証は結論へと導き、われわれに結論を容認させるが、しかしその結論を経験によって見出すことがなければ、確証(certificatio)もされないし、疑惑が取り除かれて魂が真理の直観(intuitus)に憩うまでにはいたらない。……このことはきわめて強力な証明(demonstratio)が存する数学においてさえ明らかである。実際、二等辺三角形についてきわめて強力な証明をもっている人の魂も、経験がともなわなければその結論に固執することはしないであろう。……証明とは知ることをなさしめる推論(syllogismus)であるとアリストテレスが述べているのは「もしもしかるべき経験がともなっているならば」という条件つきで理解されるべきものである。(『大著作』VI, p. 583 [360])

数学的推論なくして認識の確実性は得られないが、しかし人はそれを経験で確かめることではじめて、安心して受け入れることができるのである。ただし、先にベーコンの経験には「外的感覚」によるものと「内的照明」によるものがあるとあったが、数学の真理が経験において確証されると言うときの経験は、この後者を指している。真理は内的に照明されるのである。

3　ロバート・グロステスト

個別的で具体的な自然学研究について言うならば、これまで特に重要視されるということがなかったけれども、ベーコンはきわめて重要な「磁気作用の空間的伝播」という観念を提唱している。そしてその表象を彼は、ロバート・グロステスト（一一六八以降―一二五三）の光学理論を改良し発展させることによって獲得し形成した。実際、経験的で数学的な自然科学という観念をベーコンに先駆けて提唱し、そのことによってベーコンに大きな影響を与えたのはグロステストであった。

ロバート・グロステストは一二一四年にオクスフォードの初代学長となり、同地のフランシスコ会修道士の学校で神学を講じ、その後、一二三五年から一八年間にわたって当時イングランド最大の管区であったリンカーンの大司教を務めた。「グロステスト」という名は「頭でっかち」に由来する綽名だそうで、そのとおり当時のイングランドの傑出した知識人であった。ベーコンは『大著作』で、科学書の翻訳をするにはその二つの言語だけではなく科学の内容そのものにも精通していなければならないが、翻訳にたずさわっている者たちのうちでは「グロステストと呼ばれている師ロバートのみが科学を知っていた」と記している（III, p. 76)。実際グロステストは、みずからアリストテレスの『ニコマコス倫理学』のラテン語訳を手がけただけではなく『自然学』や『分析論後書』の注釈をも著している。とくに重要なことは『分析論後書』で語られている二通りの認識の区別を認め、自然の探究は経験にもとづく事実の知識にはじまり根拠の探究へと向かわねばならないと考え、感覚に依拠した経験的認識の価値を正当に評価したことにある。しかしグロステストの科学思想が特筆に値するのは、たんに経験的認識の意義を強調しただけではなく、それと同時に、自然認識において数学、なかんづく幾何学のはたす役割を高く評価したことにある。そして彼の幾何学の重視は、とりわけ彼の光の理論——光の形而上学——に由来している。

グロステストのユニークな光の理論は、オクスフォード時代に書かれたと考えられる『物体の運動と光について（*De motu corporali et luce*)』および『光について（*De luce*)』で展開されている。『光について』の冒頭にはその概要が記されているが、それは言葉遣いもふくめてかなり特異な議論であって、簡単に要約しうるものではないから、少々長いが引いておこう。

ときには物体性（corporeitas）とも呼ばれる物体的第一形相は〈光（lux)〉であると私は考える。というのも〈光〉は、不透明な物体によって妨げられることのないかぎり、〈光〉の点が瞬時に任意の大きさの〈光〉の球面を作り出すような仕方で、そのまさに本性からあらゆる方向におのれ自身を拡張（diffundere）させるからである。ところで、物体性も質料もともにそれ自体としては単純であっていっさいの広がりを欠いた実体であるが、それにもかかわらず質料の三次元的延長は物体性に必然的に付随するものである。しかし、それ自体として単純で広がりを欠いた形相は、自力で増殖（multiplicare）し自力ですべての方向に瞬時に拡張することがなければ、同様に単純で広がりを欠いた質料にたいしてどの方向にも広がりをもたらすことができない。というのも、形相は質料と不可分であるので、形相は質料を捨てることができず、質料自体も形相が取り去られては在りえないからである。しかし私は、〈光〉はその本質からしておのれ自身を増殖させ瞬時にあらゆる方向に拡張せしめる働きを有しているということを、今語った。この作用をとりおこなうのは、〈光〉それ自体であるか、それとも本来この働きをおこなう〈光〉の力能を分有している他のなにかの作用者であるか、そのいずれかである。したがって物体性は、〈光〉それ自体であるか、それともその〈光〉の力能を分有することで上述の作用をとりおこない質料に広がりをもたらす他の作用者であるか、そのいずれかである。しかし、第一の形相は、その後に続く形相の力能をとおしては、質料に広がりをもたらすことはできない。それゆえ〈光〉は物体性の後に生じる形相ではありえないで、物体性それ自体である。(10)

ここで〈光〉に括弧をつけたのは、グロステストの言う lux が物理的で可感的な光ではなく、すべての物体に先だって存在するある種の形而上学的存在であることによる。要するに瞬時に三次元的に広がることのできる能力を有するこの〈光〉こそが、大きさを欠いた原初の質料としての物質（第一質料）にその三次元的な延長を付与しうるのである。これは可能態としての原初の物体が現実態としての物理的物体に変化するというアリストテレスの図式にのっとった議論であるが、その変化の「動力因（作用因）」として〈光〉を置いたところがグロステストの特異な点である。このようにグロステストにおいては〈光〉は万物を無次元的な第一質料から有体の物として現実化させる原質であり、それゆえに〈光〉は「物体性そのもの」すなわち「物体的第一形相（forma prima corporalis）」なのである。さらにまた『物体の運動と光について』には「物体的第一形相が物体的第一動因である」、「物体の運動は〈光〉の増殖伝播の力である」とあるように、〈光〉は物体における運動の原理でもある。(11) このようにグロステストにあっては、〈光〉は特別な存在としてその形而上学と自然学の中心的要素の位置を占めている。

『光について』の後半では、グロステストは――〈光〉によるビッグ・バンとでも言うべき――特異な宇宙開闢説を提唱している。まずはじめに〈光〉の最大限の広がりとして蒼穹すなわち天球が作られる。〈光〉は瞬時に無限大に拡大するが、もとの質料が広がりを欠いた無限小の点であるから、それが無限大倍されて作られた蒼穹は有限の恒星天球になり、物体的宇宙の外延を形成する。そして次に、その蒼穹によって反射された〈ヒカリ（lumen）〉の、天球の内側のあらゆる方向へ向かう拡張と濃縮の結果として、惑星や太陽や月の球面、さらには地球自体が順次形成される。アリストテレス的階層的宇宙の創世記である。もちろんこの議論は「神は〝光アレ〟と言った」という『創世記』冒頭に伝えられている光の特殊な役割を踏まえたものであろう。しかし著しいことは、グロステストにおいては、天地創造が神の意志や計画によるものではなく、自然法則にのっとった自然世界の自己展開として語られていることである。前章で言ったように、アリストテレス主義がこの時代にヨーロッパにもたらした思想的転換の焦点はまさにここにあった。

グロステストは、オクスフォード時代の末期に書いたと考えられる『線・角・図形について』で、〈光〉のこの形而上学にもとづいて、自然におけるすべての作用の伝播をめぐる考察を展開している。それによれば、自然界のすべての作用は〈光〉の拡張の結果であり、したがってその伝播もすべて〈光〉の伝播様式にならって「形象の増殖」ないし「力能の増殖」としておこなわれる。すなわち

自然の作用者は、感覚にたいして作用するときも物体にたいして作用するときも、おのれ自身からその受け手へとその力能を増殖させる (multiplicat virtutem suam) ことで働きかける。この力能はときに形象と呼ばれ、ときに類似性と呼ばれるが、それがどのように呼ばれようと変わりはない。……それは出会うものすべてに一通りの仕方で作用するが、その受け手の多様性ゆえにその効果は多様になる。というのもこの力能が感覚に捉えられたならば、それはある精神的で高貴な効果を産み出し、他方、それが物質によって受け取られたならば、それは異なる物質ごとに異なる効果を作り出すからである(12)。

そしてその後には「球は力能の増殖にとって要求される。というのも、すべての作用はその力能を球面状に増殖させるからである。実際、作用は上下・左右・前後とすべての方向にすべての直径にそって増殖される(13)」と続いている。この一文をはるか後に近代物理学において証明されることになる発

散性の場にたいするガウスの定理を予言するものであると言えば、それはいくらなんでも時代錯誤であろう。しかしグロステストの言うこの作用の球面状の伝播、すなわち「力能の増殖」ないし「形象の増殖」[14]と呼ばれる表象は、直後にロジャー・ベーコンが磁気作用の空間的伝播のモデルとして受け継いだことによって、私たちの議論にとってはきわめて重要な位置を占めている。

レウキッポスやデモクリトスたちの古代原子論では「視覚対象からそれと類似した形態の写影像なるものが絶え間なく流出していて、これが視覚に飛び込んでくることがものを見ることの原因である」とされているが[15]、ここで「形象」と訳された species は、動詞 specere（見る）に由来し、もとはこの古代原子論で言う、視覚対象から剝離した「写影像（エイドーラ）」に近いものを指していたようである。すなわち species とは、本来は「外見・形・様相」を指し、転じて「姿、まぼろし・幻影、像、観念・概念、理想、種」などを意味する。「種」というのは、「類（genus）」と対をなす主要に分類にかかわる言葉であるが、そこに含まれる物を他から区別する共通性ないし類似性といった意味であり、「姿」や「像」とともにその物を他と区別して知覚するさいの因子を指す。他方、「観念、理想」はプラトンの「イデア」やアリストテレスの「形相（エイドス）」に通底する言葉であり、事実、一九四二年のリードルによる英訳では「形相（form）」と訳されている。しかし、上記の引用にもあるように、グロステストの species は「力能（virtus）」であり、ときに「類似性（similitudo）」とも呼ばれ、さらには「〔表面が〕粗い物体で反射されたときには species が散逸されるため作用は弱くなる」[16]というような使われ方をしていることも考えあわせると、アリストテレスの「形相」よりももっと物理的で能産的な概念、すなわち作用者が他に働きかける作用そのもの、ないしは物体の拡張と作用の伝播の原質を意味している。

話を戻すと、すべての物理的作用の伝播はこのように〈光〉の三次元等方的放射をモデルにして考えられている。その原理としてグロステストは『線・角・図形について』において「自然は可能なもっとも単純な仕方で作用する」という命題を置き、そこから、作用の伝播様式について次の三つの法則を導いている。第一に均質媒質中では作用は直線的に伝播すること、第二に不透明な媒質に入射するときには作用は入射角と反射角が等しくなるように反射されること、第三に透明な媒質に入射するとき、第二の媒質がより密であれば内側に屈折し、より疎であれば外側に屈折すること。じつはこの三法則――幾何光学の基本法則――にもとづいてグロステストは虹が水滴による太陽光の屈折によるものであることをはじめて指摘し、虹の理論のその後の発展の端緒を開いたのであるが、そのような光学固有の現象にかぎらず、すべての物理現象・自然現象が〈光〉の規定性に貫かれているところに、グロステストの〈光〉の形而上学の基調と特異性がある。ともあれ、その場合にはすべての作用の伝播様式がすぐれて幾何学的な規定性を有しているのであり、そのかぎりで、自然学において幾何学的概念が重要視されることになるのは必然であろう。

こうして『線・角・図形について』の冒頭に、幾何学的諸概念の重要性が次のように提起される。

線や角や図形を考察することの有用性はきわめて大きい。というのも、それらをもちいることなく自然哲学を理解することは不可能だからである。それらは宇宙の全体についても宇宙の個々の部分にとっても有用である。それらはまた直線運動や円運動といった関連した性質についても有用である。……自然現象のすべての原因は線や角や図形でもって表現されなければならない。というのも、さもなければその根拠（propter quid）は理解されないからである。[17]

この一節は「自然という書物は数学の言葉で書かれており、その文字は三角形、円、その他の幾何学的図形であり、それらの手段がなければ、人間の力ではその言葉を理解できないのです」という四百年後のガリレイの言葉[18]を確実に先取りしている。

そしてまた、自然界のすべての作用を「作用者（agens）」とその「受け手（patiens）」の対によってではなく、両者の媒介項として「力能（virtus）」すなわち「形象（species）」を加えた三項で捉えたところに、グロステストの議論の歴史的意義がある。そしてこの形而上学的な理論を換骨奪胎してより自然学的なものに改作したのが、ロジャー・ベーコンであった。実際このモデルを下敷きにして、ベーコンは作用の近接伝播の理論を作りあげたのである。

4　ベーコンにおける「形象の増殖」

ベーコンは、物理的な作用はもとより霊的な作用もふくめて、すべての作用が「形象の増殖」によ

って伝播すると考える。すなわち

> あらゆる作用者は、それが働きかける質料中に作り出すそれ自体の力能（virtus）によって作用する。たとえば太陽の光（lux）は空気中にその力能を作り出すが、それは太陽の光から全世界に広がってゆくヒカリ（lumen）である。この力能は、類似性（similitudo）、像（imago）、形象（species）、およびその他多くの名称で呼ばれている。またこれは実体によっても偶有によっても、霊魂的なものによっても物体的なものによっても作り出される。（『大著作』IV, p. 130［104f.］）

言葉遣いもふくめてグロステストの影響は覆いようもない。この理論はほぼ同時期に書かれたベーコンの『形象増殖論（*De multiplicatione specierum*）』で、独立にそしてより詳細に展開されている[19]。そこには「形象とはなんであれ自然における作用者の第一の効果（primus effectus cuiuslibet agentis naturaliter）を指す」とあり、「この意味をひとつの例で説明するならば、大気中における太陽のヒカリ（lumen）は、太陽の物体中における太陽の光（lux）の形象であると言うことができる。……〔大気中の〕ヒカリは、太陽の光から生成され増殖されたものであり、空気やその他の希薄な物体の中で作り出されたものである。そして空気やその他の希薄な物体は媒質（medium）と呼ばれる。というのも、形象はその媒介によって増殖されるからである（I-1, 27）」と続けられている。もとよりグロステストの所説の継承であることは明らかであるが、しかしベーコンの立論はいくつかの基本的な点でグロステストのものと異なっている。

第一に、ベーコンの場合も「形象の増殖」は光の伝播にならって論じられてはいるけれども、しかしベーコンの光はいく種類もある作用の一例にすぎず、グロステストの〈光〉のようにすべての作用の原質として特別な位置を占めているわけではない。ベーコンはすべての作用を同レベルで見ているのであり、それらの作用の担い手としての特別なメタレベルの原質を考えない。ベーコンにあってはむしろ「形象の増殖」という伝播のダイナミズムこそが、すべての作用に汎通する形式なのである。

ところで上記の引用中に「第一の効果」という言葉が使われているが、これは「形象は作用者の第一の効果である（species est primus effectus agentis, I-1, 74）」というように『形象増殖論』においてくり返しもちいられている言葉であり、そのことはベーコンが作用の伝播を端的に近接作用と捉えていることを意味している。そして、この点がベーコンの議論のグロステストのものと相違する第二のそして決定的な点であり、とりもなおさず形而上学から自然学への転換点である。くわしく言うならば次のようになる。

> 作用者としての能動的実体は、あいだに介在するものなしに（sine medio）受け手の実体にじかに触れることによって、その能動的な力能（virtus）や能力（potentia）により、それが直接触れている受け手の最初の部分（prima pars patientis quam tangit）を変えることができる。かくしてこの作用はその部分の内部に流れ込んでゆく。（『形象増殖論』I-3, 151–153）

すなわち「作用には必要条件として近接性が要求される（approximatio requiritur ad actionem necessaria conditio; I-4, 122)」のであり、そのため作用者は直接接しているものにしか作用することができない。したがって作用者と受け手が空間的に離れている場合には、両者のあいだを満たす媒質が必要とされ、もとの作用者は媒質の最初の部分――作用者にじかに接している部分――のみにその形象を産み出すことができる。ベーコンの言う「第一の効果」はこのことを指している。この形象すなわち「第一の効果」は、さらにそれに接する媒質の部分にその形象つまり「第二の効果」を引き出す。「変化を被ることによって形象を現実態として有している受け手の第一の部分は、第二の部分を変化せしめ、第二の部分は第三の部分を変化せしめ、等と続いてゆく（II-1, 11)。」このようにして形象が媒質中に連鎖反応のように増殖され、その結果として作用は伝播してゆく。はじめに挙げられている例では、光源としての太陽の光（lux）が媒質としての大気中にその形象としてのヒカリ（lumen）を産み出し、それがさらに大気中を伝播すると考えられている（当時は太陽から地球にいたるまで全宇宙つまり恒星天の内部全体にわたって空気が存在すると考えられていた）。そのことは『大著作』にはより明瞭に

空気の最初の部分に〔作用者によって〕作り出された形象は空気のその部分と分離しておらず、おのれに類似したものを空気の第二の部分に作り出す。その先も同様である。したがってそれは場所的な運動ではなく、媒質の異なる部分を介しての増殖による伝播なのである。(V, p. 489f.［256f.］)

と説明されている。光で言えば、粒子説ではなく波動説の提唱にあたる。

当然その結果として、光をふくめてすべての作用の伝播には有限の時間を要することが結論づけられる。すなわち「聖人であれその他の人々であれ、〝光が瞬間的に増殖される〟と述べている著作家たちの言っていることはすべて、〝感覚不可能ではあるが分割可能な瞬間〟と理解されるべきであり、線の一点のような時間の不可分割的な真の瞬間として理解されるべきではない（V, p. 491［258］）」。言い換えれば「光は時間において増殖し、また可視的事物の形象も視覚器官の形象もすべてそれにならう（V, p. 489［256］）」。グロステストにあっては〈光〉はそれ自体で瞬時に球面状に広がり、それゆえその〈光〉を原質とする形象の増殖は媒質を介さずにおこなわれた。ベーコンによってはじめて、光をふくめてすべての作用の伝播に媒質が必要とされ、したがってその伝播速度が有限であることが語られたのである。

さらにベーコンは作用の伝播つまり形象の増殖の様式について、次のようなモデルを語っている。非生命的な媒質中での作用の伝播の様式としては、「光線（radius）」の場合と同様に、均質媒質中での直進、密度の異なる媒質の境界面での屈折、不透明媒質の表面での反射があり、これらの作用の伝播経路は直線およびその屈折で表現される。その他に霊魂の力により生命を与えられた媒質中での作用の伝播があり、これは曲がりくねった経路をとる。これら四種類の伝播は作用者に直接源を発するもので「基本的増殖（multiplicatio principalis）」とされ、いずれもその伝播経路は「線（linea）」で表される。それ以外に以下のような「付帯的増殖（multiplicatio accidentalis）」がある。

形象が伝播する第五番目の線は、これまで述べた四つのものすべてと異なっている。というのもそれは作用者〔それ自身〕から発するのではなく、上述の四つの線から発し、それゆえ形象を作り出す物体からではなく形象から生じるものだからである。したがってこの線にそって伝播する形象は形象の形象（species speciei）である。それは、家の内部の〔太陽からの直接光で照らされることのない〕一角にも、窓を通って入ってきた太陽光線からの〔二次的な〕光が来ているのとまったく同じ理由である。というのも、太陽光線は太陽から直線経路にそって、あるいは反射や屈折された経路にそってやって来て、それゆえその伝播は基本的増殖である。しかし家のその他の〔一次光線の直接あたらない〕部分にこの〔二次〕光線からくる光は、付帯的増殖である。（『形象増殖論』II-2, 116–123）

つまり光線上の各点から二次的な作用の増殖が生じ、これが付帯的増殖と称されているのである。これによって影の部分にヒカリがいくらか回り込む回折が説明される。この瞠目すべき議論は、その伝播のメカニズムにおいて後のホイヘンスの原理を先取りしている感がある。もちろん後知恵による過剰な読み込みや現代的な意味付与は科学史においては慎むべきであり、したがってベーコンの形象増殖論が近代物理学の場の理論の先鞭をつけたといえばたしかに言葉が過ぎるであろう。そもそもベーコンの言う「形象の増殖」は、近接作用ではあるにしてもアリストテレスの因果性の図式にのっとったもので、ホイヘンスの言うような機械論的なものではけっしてない。そのことは次節で見る光や磁力の伝播の例が示している。しかし、すくなくとも約三五〇年後の一六〇九年にヨハネス・ケプラーが『新天文学』で「太陽は惑星を公転させる力の源泉であり……、光の非物質的形象に類似のその物体の非物質的形象（species immateriata corporis sui, analogam speciei immateriatae lucis suae）を広い宇宙空間に放っている」と語ったとき[20]、増殖モデルと放射モデルの違いはあれ、「形象」という言葉遣いにベーコンの影響が見られると言うことは十分に許されるであろう。

いずれにせよ、ベーコンがグロステストの形象増殖論から形而上学的な含意をあらかた拭い去り、それをより物理学的な理論に書き直したことは確かである。

5　近接作用としての磁力の伝播

ロジャー・ベーコンは、このように数学や――ときに実験と訳される――経験を重視したことでしばしば近代自然科学の先駆者のように語られている。しかしベーコンが自然を見る図式や個々の自然現象を解釈する論理は、実際にはアリストテレスのものである。

一二六七年の『小著作』でベーコンは、磁石についての次のような観察とその解釈を語っている。

鉄は磁石のそれに触れた部分を追いかけ、そのおなじ磁石の他の部分からは逃げてゆく。そして鉄は、それに触れた磁石のその部分がしたがっている天の部分（pars coeli）にむかってひとりでに回転する。ところで世界の四つの部分（quatuor partes mundi）すなわち東西南北がたしかに磁石の中で区別されている。そして、天のどの部分にむかって〔磁針の〕所与の部分が回転するのかが明瞭に示される実験によって、それらを識別することができる。そして、もしも鉄が磁石の北の部分で触れられたならば、その鉄は、上下であれ左右であれあるいはどの向きにであれ、どれだけ回転させられても〔磁石の〕その部分を追いかける。その引き寄せは、水を容れた容器に鉄が浮かべられ、その容器の下に手〔にした磁石〕が置かれるならば、〔磁石で触れられた〕鉄の部分が磁石の方にむかって水中に沈んでゆくほどである。また磁石が鉄の上方のどこかの位置に持ってこられたならば、〔磁石で〕触れられた鉄の部分は、どこであれ磁石の持って行かれたほうに飛んでゆく。そして磁石の他の端が鉄のそのおなじ部分に置かれたならば、鉄のこの部分は、まるで敵から逃げるように、子羊が狼から逃げるように、飛び離れる。そして磁石が取り除かれたならば、その触れられた部分は磁石のその部分に類似の天の場所の方向を（ad locum coeli similem parti magnetis）向く。通常の哲学者たちは〔鉄の〕この部分についてのよく知られている経験の原因を知らず、船乗りの星（stella nautae〔北極星〕）がそれを引き寄せていると信じている。しかしその効果をもたらしているのはその星ではなく、天の部分（pars coeli）であり、そして天の他の三つの部分すなわち南・東・西も北とおなじように作用する。同様に彼ら哲学者は、世界のこの四つの部分が磁石の中で区別されていることにも注意しないばかりか、多くの人たちは、その自然な性質において北極星に一致するひとつの部分に〔その観測される効果を〕帰している。(21)

小宇宙としての磁石には東西南北が区別され、磁化された鉄は磁石の東西南北のどの部分で触れられたかによって向く方向が決まるというのが、磁石の指向性にたいするベーコンの理解である。次章で見るように、この見方は一応はペレグリヌスに受け継がれたが、実験と観察をより重視するペレグリヌスにおいては東西と南北が対等ではなく、かならず両端に現れる南北の極だけが重視されている。ベーコンは経験学を唱えたが、実際に磁石を手にとって実験したことはなかったのであろうか。

ところで、磁石や磁化された鉄の指北性が北極星によるものではないというこの引用の最後の部分にたいして、ベーコンが磁気偏角の事実（地球上で磁針が正確に北を向かず東西にふれる現象）を知っていたことを示しているかのような解釈もあるようだが[22]、それはいくらなんでも牽強付会と言うべきであろう。むしろ、磁針や磁化された鉄を引きつける力は、北極星という物体に淵源するのではなく、東西南北という天の場所に由来するということこそが、ここでベーコンの主要に強調したかった点であり、まさにその点こそがアリストテレス主義者ベーコンの面目を躍如とさせるものである。

アリストテレスにあっては、重量物体の落下は、物体としての地球にむかってではなく、場所としての宇宙の中心にむかってである。現実には地球の中心と宇宙の中心が一致しているからその相違は見えてこないが、「もしも現在月のある場所に地球を置き換えるとしたならば、土の部分はどれも地球にはむかわないで、現在地球がある場所にむかって動くだろう」というのがアリストテレスの主張である[23]。一四世紀にビュリダンが「ある人々は、場所とは重いものを、ちょうど磁石が鉄を引きつけるように牽引するという仕方で動かす原因であると言う[24]」と指摘しているが、このようにアリストテレス主義者にとっては「場所は力（デュナミス）を有している」のである。[25]つまりアリストテレスの世界では、宇宙における上下の方向は絶対的であり、物体にたいして力を及ぼしているのはそのような絶対的な場所なのである。このことこそ、磁石が力を受けるのは天の物体としての北極星からではなく、天の場所としての東西南北からだとベーコンが考えた最大の根拠であろう。

さらにまたベーコンは、作用の結果としての物質の変化をも「可能態から現実態への転換」という例のアリストテレスの因果性の図式で捉えている。

ベーコンの『形象増殖論』によれば「受け手は、作用を受ける以前には作用者に似てはいないが、その作用によって作用者に類似のものになる」のであるが、そのわけは「作用者によって作り出される力能ないし形象はその自然本性において、その定義において、その固有の本質において、そしてその働きにおいて、その作用者に類似している」からだとされる（I-1, 86, 92）。形象が「類似性」とも呼ばれているのはそのことのゆえにであろう。しかしベーコンによれば、そのさい形象は作用者から受け手に一方的に与えられるのではない。受け手における形象の形成は、受け手のうちにあらかじめ可能的・潜在的にあったものが作用者による働きかけの結果として現実化・顕在化したことによる。

作用者は受け手の質料に形象を送り込む（Agens influit species in materiam patientis）。それゆえ最初に作り出された形象によって作用者は、〔受け手の〕質料の可能態から（de potentia materia）それがめざしている完全な効果を産み出すことができる。……作用者はその努力を受け手をおのれと似たものにするように仕向けているが、しかしその場合に、アリストテレスが『生成消滅論』で語っているように、受け手は作用者がその現実態において（in actu）有しているものをつねに可能態において（in potentia）有していなければならない。（『形象増殖論』I-1, 77–87）

光の伝播については『大著作』にも、光源から発せられる光の形象としての空気中のヒカリは「光る物体からの流出によって作られるのではなく、空気の質料の可能態から引き出されることによる（V, p. 490〔257〕）」と、はっきり記されている。この意味で、この伝播の様式はホイヘンスの言うようなエーテル媒質の打撃による振動の伝播という機械論的描像とは決定的に異なる。それゆえベーコンの場合では、作用者がなんであれ、受け手の質料に可能的・潜在的に存在しないものが形象として受け手に与えられることはありえない。たとえば火はそれに隣接する物体にその形象を与えて物体を燃やそうとするが、すべての物体が燃えるわけではない。それが可能態として火の本質を有している物体——可燃性物体——であれば燃える、すなわち現実態としての火になり、受け手の側に火の形象が引き出されるが、そうでない物体——不燃性物体——にたいしては火の形象は与えられない。

そしてまさにこのことの端的な例として、ベーコンは色ガラスとならんで磁石を挙げている。色ガラスを通した太陽光が物体にそのガラスの色を与えるという事実にたいして、「その色は現実のものというよりはむしろ見かけのものであり、それは単に〔色ガラスの〕形象であり、それゆえ物体、とりわけ混合物体の可能態から作られうる」と断じ、次のように論じている。

その色ガラスの形象は、不透明な混合物体の上に作られるに先だって、空気中に作り出される。しかしその形象は、空気中では空気の物体の単純性ゆえにきわめて弱々しい。そしてそれが色彩により適した混合物体に到達したときには、空気中に存在する形象はその物体の可能態からより強力な形象を呼び出すことができる。それは、磁石の力（virtus magnetis）は空気を介して鉄に伝えられるけれども、鉄は〔その受容に〕より適しているため、磁石の力が空気においてよりも鉄においてはより強いのと同様である。（『形象増殖論』I-3, 187–191）

形象の増殖は、ベーコンの場合、すでに見たように近接作用であり、したがって光も磁力も空気中では空気を媒質として伝播する。磁力が空気を媒質として伝わるということは、当時、他でも語られていたようである。一二世紀にはユダヤ人哲学者マイモニデスが「磁石は鉄を、その鉄に接している空気を介して伝えられるある力によって、遠くから引きよせる」と記している。[26] また、一二五〇年頃にシチリアのグイード・デッラ・コロンネは「学識ある人たちは、もしもあいだに空気がなかったならば磁石はその力で鉄を引き寄せることができないであろうと語っている」[27]と記している。しかしベーコンはそのことを語っただけではなく、それをアリストテレスの図式で説明したのである。そのさい媒質としての空気自体は、可能的・潜在的に磁性を有しないがゆえに、磁化されることも磁石に引き寄せられることもない。それは、色ガラスを通過した光が照射した物体を色づけるにせよ、あいだにある空気自体をほとんど色づけないのと同様である。それゆえに「磁石の力は、鉄に達するまでに空気中を通ってくるけれども、〔磁石に〕隣接する空気においてよりも、遠方にある鉄においてのほうがより強力である（IV-1, 71）」ということになる。すなわち、磁石から発する磁気力は空気を媒質として伝播し、それが鉄に到達したときにはじめて、鉄が可能的・潜在的に有している磁性が現実化・顕在化させられ、こうして鉄に磁石の形象が引き出され、磁石は鉄をおのれに同化——磁化——させ、おのれの方に引き寄せるのである。

近接作用論者アリストテレスは、遠隔作用に見えた磁力をおのれの自然学に首尾よく収めることができなかった。ベーコンの形象増殖論は、アリストテレスの論理の枠内でアリストテレスのこの限界を克服したと言える。すなわち、遠隔的で魔術的に見えた磁力を、原子論や流体論による還元主義以外の立場から近接作用として合理的に捉えようとしたはじめての試みである。一四世紀前半にオクスフォードの神学者ウィリアム・クラソーンが「磁石が介在する空気に与える形象は磁石に与える形象ほど完全ではないけれども、磁石はそれが〔離れた所にある〕鉄に作用する以前に媒質〔としての空気〕に作用しているのである」と語ることにより、[28] 磁力が空気を媒質とする近接作用であることを語っているが、ここにベーコンのあからさまな影響を見て取ることができる。

＊

ベーコンは磁力が光と同様に空気を媒質として有限時間で伝播するという近接作用論を語り、その現象を可能態と現実態の枠組をもちいたアリストテレスの因果性の図式で説明した。ここで「形象」が「類似性」とも称されることを思い出すならば、そして『大著作』に「磁石と鉄は、その本性の類似性ゆえに、前者が後者を引き寄せる（VI, p. 631［412］）」とあることを読みあわせれば、まさにベーコンの形象増殖論は、「相似たものは相似たものによって動かされ、類縁的なものどうしはたがいにむかって運動する」、「同種のものどうしは仲間のほうへと動いてゆく」というデモクリトスそしてプラトン以来のテーゼを、アリストテレスの論理でもって再解釈し新しい立場で根拠づけたと言えるであろう。しかしそのかぎりで磁力の謎はアリストテレス自然学の朦朧のうちにいまだ埋没していたのである。ベーコンは「経験学」を語り、自然学における経験と数学の重要性を語り、さらには自然力の技術的応用という学の理想を提示したが、すくなくとも磁力においてはそれを実践しなかった。その実践は次章に見るペトロス・ペレグリヌスに委ねられたのである。

第八章　ペトロス・ペレグリヌスと『磁気書簡』

1　磁石の極性の発見

ヨーロッパが新しく知ることになった磁石と磁針の指北・指南性を実験物理学の対象としてはじめて研究したのは、というより、そもそも実験物理学というものをはじめて実践したのは、トマス・アクィナスやロジャー・ベーコンらと同時代のピカールディー人、マリクールのピエール・ペルラン、ラテン名ペトロス・ペレグリヌスであった。彼の『フーコークールの兵士シジェルに宛てたマリクールのペトロス・ペレグリヌスの書簡——磁石について（*Epistola Petri Peregrini de Maricourt ad Sygerum de Foucaucourt militem: De magnete*）』（以下『磁気書簡』）こそは、磁石についての目的意識的で能動的な観察・実験と合理的な考察のまとまった記述の最初のものであり、初歩的で素朴ではあれ現在の自然科学研究の要件をある程度満たしていて、その近代性において中世の科学文献に屹立している。

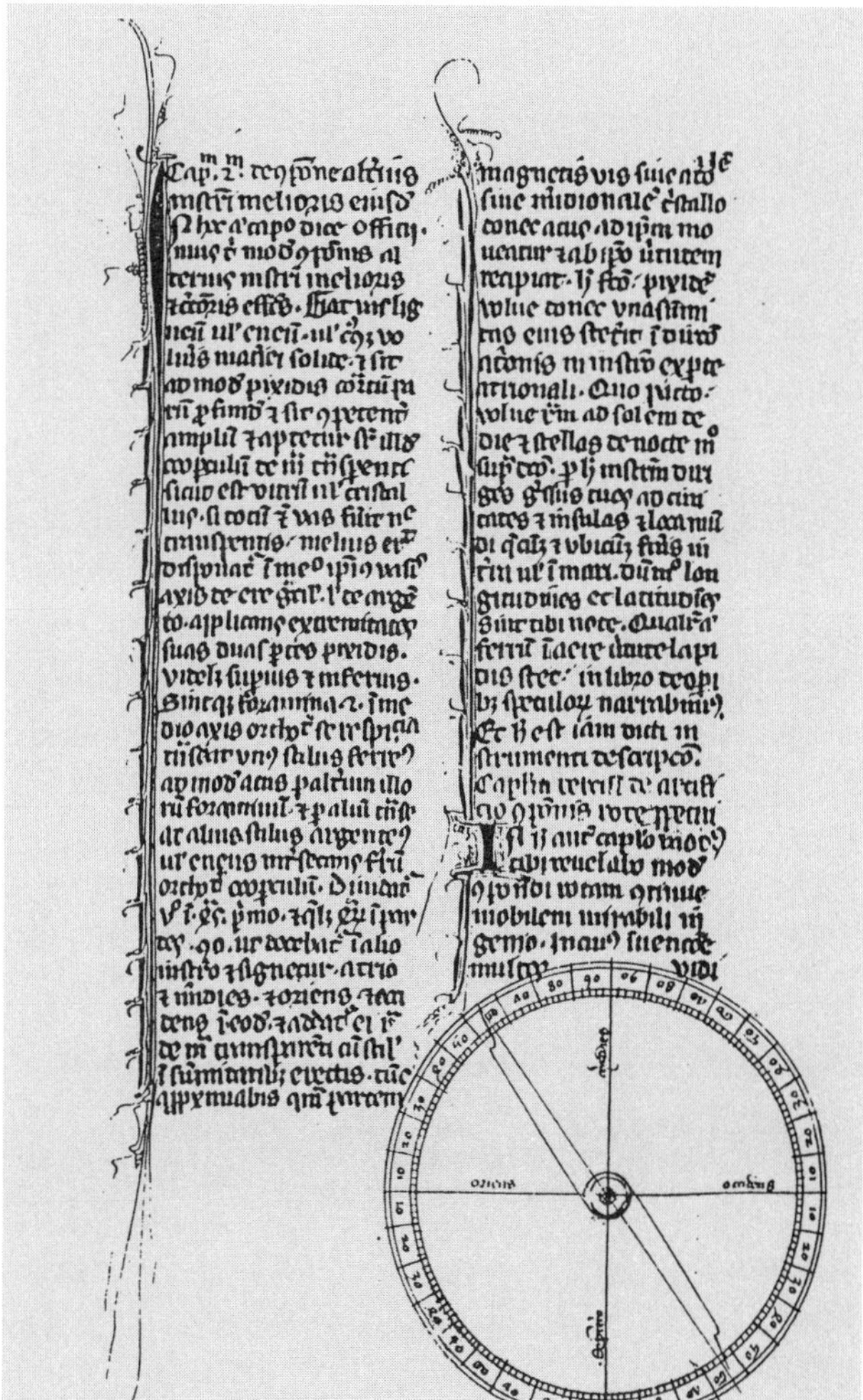

図 8.1　ペトロス・ペレグリヌス『磁気書簡』写本の一頁

この『磁気書簡』は、はじめて印刷されたのは一五五八年のアウグスブルクであるが、それ以前には手写本でもって回覧されていた(1)。

この『磁気書簡』は、一二六九年にアンジュウ伯シャルル（ルイ九世の弟）の軍隊がフリードリヒ二世の建設したイスラーム教徒の居住地である南イタリアの都市ルチェーラを包囲・攻撃したときに、従軍していたペレグリヌスがその年の八月八日に野営地から同郷人にあてた手紙である。一二六六年にシチリアにアンジュウ王朝を樹立したシャルルが、フリードリヒ二世の息子マンフレディを倒し、さらに孫コンラディンをも馘首した一年後のことである。

さて、マリクールというのはピカールディーのある村の名前らしい。だからその名前はマリクール村のピエールの謂である。他方、ペレグリヌス（Peregrinus）とは、辞書によれば「外国人・異邦人」とあるが、フランス語の pèlerin すなわち英語の pilgrim（巡礼）に相当し、当時は十字軍の帰還兵ないし同行者に与えられた称号のことであった。とするならば、ペトロス・ペレグリヌスはルイ九世の率いた、そしてみじめに敗北した第六次十字軍（一二四八―五四）に従軍したのであろうか。それともペレグリヌスなる称号は、単にこのルチェーラ攻囲戦への従軍を指しているのであろうか。いずれにせよ、何らかの形でイスラーム社会との接触を経験した者であることは間違いがない。

『磁気書簡』は第一部と第二部から構成され、第一部は磁石についての観察・実験と考察に当てられ全一〇章よりなり、第二部は磁力の応用を論じ三章からなっている。とはいえそれぞれの章は短く、全体としても小冊子程度のものである（引用は章のみを記し頁を注記しない）。

第一部第一章は「親愛なる友よ、貴兄の切なる要請に応じて、磁石のある隠れた力（quaedam magnetis lapidis occulta virtus）を平明なる言葉で明らかにしよう」と始まる。この後には「しかしこの書簡では私は、磁石のあらわな（manifestus）性質のみを語ることにしよう。というのもこの冊子はどのようにして物理的な装置を組み立てるかについて論じる著作の部分となるものだからである」と続いている。その言わんとする処は、実験で直接観測される磁石の性質や力のみを論じ、力の原因や本質のたぐいの哲学的な考察はしないということにある。『磁気書簡』の主要な目的は、なんらかの形而上学的原理にもとづいて磁力を説明することではなく、磁石をもちいた実用的な装置を作製することにあった。

第二章では実験に携わるものの資質について興味深い記述があるが、それについては後に触れよう。第三章には、良質の磁石の特徴とは、わずかに藍色ないし青色のかかった鉄の色をし均質で重く傷のないものであるとし、これらは北国で見出されることが、ノルマンディーやフランダースやピカールディーの港で船乗りたちにより語られているとある。

そして第四章で、磁石の極の位置の求め方が次のように記されている。

貴兄は、この石〔磁石〕が天と類似していること（hic lapis in se gerit similitudinem celi）を知らなければならない。そのことの証明は以下のとおりである。天には他のすべての点よりも重要な点が二点ある。というのも天球がその二点を軸として回転するからである。この二点は、その一方が北極、他方が南極と呼ばれている。それと同様にこの石には、それぞれ北および南と呼ばれる二点があることを貴兄ははっきりと認めるにちがいない。貴兄はいくつかのやり方でこの二点を見出すことができる。そのひとつは、次のようにすればよい。結晶やその他の石を研磨する道具で磁石を球形に整形する。針ないし針のように細長く引き伸ばした鉄片をこの磁石の上に置き、その針ないし鉄片の方向にそって磁石を二つの等しい部分に分割する線を引く。次にその針ないし鉄片をこの磁石の別の位置に置き、その位置で同様にすれば第二の分割線が引かれる。この操作はいくらでも多くの位置にたいして実行することができる。そしてこれらの線のすべては、すべての子午線が天の相対する二つの極に集まるのとおなじように、二点に集まる。この点の一方が北で、他方が南であることがわかる。証明は後章。

この重要な点のいまひとつのより優れた決定法は、先に述べた球形磁石の上で針の先端がもっとも密集してそしてもっとも強く引き寄せられる点に注目することである。というのもこの点は、前述の方法で見出された点の一方だからである。

この点を正確に決定するためには、針や細長い鉄片をほぼ指の爪二つ分くらいになるように分割し、それを先の操作で見出された点に置く。もしもこの鉄片が磁石〔の表面〕にたいして垂直に立てば、その点が求める点であることはまちがいない。もしそうならなければ、そうなるまで鉄片を移動させてみるとよい。こうして見つかった点に注意深く印を付ける。反対側では、同様にしてもうひとつの点も見つかるであろう。以上の事がすべてまちがいなく実行され、もしもこの磁石が均質で上質のものならば、この二点は天球上の極のように（tanquam poli in spera）完全に対称な点に位置しているであろう。

磁石の極のこの発見法は、三〇〇年後にギルバートによって再論される。この方法の意義については後節で論じる。さしあたってここではペレグリヌスのもちいた「球形磁石（lapis rotundus）」が「天球（spera celestis）」に模して作られていることにだけ注目していただきたい。

つづいて第五章では、磁石の指北・指南性とその北極・南極の特定の仕方が述べられる。すなわち木製の皿に磁石（lapis）を置き、じゅうぶん大きな容器に入れた水に皿ごと浮かべると、皿は磁石の二つの極が南北を指すまで回転する。「このように置かれた石〔磁石〕は、その北極が天の北を指しその南極が〔天の〕南を指すまで（quousque polus septemtrionalis lapidis, in directo septemtrionali celi, et meridionalis, in directo meridionali steterint）その皿を回転させる。」この結果は磁石をどのように回転させた後に実験しても変わらない。

うっかりすると読み過ごしそうだが、これはマイケル・スコットが最初に示唆した磁石それ自体（天然磁石であって磁針ではない！）の指向性についての、ヨーロッパにおけるはじめての実験的検証の記述である。実際この四章と五章は、磁石それ自体の極性とその指向性についての最初の言及であり、『磁気書簡』のもっとも重要な部分である。それまで磁石の指向性と極について明確に捉えた者はなく、実に磁石の極性はペレグリヌスによってはじめて発見されたのである。そもそもが知られているかぎりで磁石にたいして「極（polus）」という言葉をはじめて使ったのはペレグリヌスであり、(2) したがってもちろん、南北を向く磁石の両端を「磁石の南極（polus meridionalis lapidis）」「磁石の北極（polus septemtrionalis lapidis）」と名づけたのもペレグリヌス自身である（ただしペレグリヌスはおなじ意味で「南の部分（pars）」「北の部分」という用語も使用している）。

磁極についてもうすこし見ておこう。やや先回りするが、第九章には次の実験が記されている。

> ひとつの磁石をとり、それをADと呼ぼう。Aは北、Dは南である。この石を二つに切り離し、Aをふくむ方を水に浮かべれば、Aがこれまでどおり北を指すことがわかるであろう。石が均質（unigeneus）であるならば、この切断は石の部分の性質を破壊しない。したがってその石の切断された点は南でなければならず、その点をBと記し、今語っているこの破片をABと呼ぼう。Dをふくむもう一方の破片は、水に浮かべればDが始めと同様に南を指すゆえ、Dが南であることがわかるであろう。この破片の反対側をCと記せば、それは北であろう。この磁石をCDと呼ぼう。……分割する前にはつながっていたひとつの石のなかで接していた二つの石の二つの端〔BC〕は、切断後には一方が北、他方が南になっていることがわかる（due partes duorum lapidum, que, ante separationem, in uno lapide erant continue, post separationem, una invenitur septemtrionalis, altera meridionalis）。

こうしてペレグリヌスは、天然磁石が南北の二極をもつだけではなく、それらを切り離せないこと——すなわち北極を＋（プラス）、南極を−（マイナス）で表すと、磁石［＋　−］を中央で切断すれば、［＋−］［＋−］となり［＋　］［　−］とはならないこと——をも同時に主張したのである。現代用語で言うならば、磁石がつねに「磁気双極子（magnetic dipole）」として存在し、「磁気単極子

(magnetic monopole)」と言われる南極だけの磁石や北極だけの磁石を作れないということである。ペレグリヌスの文を読むと、切断は部分の性質を破壊せずBは南を向くから南極だと、当たり前のように書かれているが、かならずしも自明のことではない。一九世紀以降の電磁気学の理論的発展にとってこの事実はきわめて重要であったが、しかし管見によれば、この発見の意義と重要性に気づいた歴史家は見あたらない。このことが両極の発見とならぶ独立な発見であり、重要な価値をもつことを最初に指摘したのは、一九世紀のイギリスの電気工学者フレミング(一八四九―一九四五)である。(3)

2　磁力をめぐる考察

第六章では、上記の水を入れた容器の縁の、浮かんでいる磁石の北極に近くの位置に、手に持った別の磁石の南極を置き、それを縁に沿って動かすと浮かんでいる磁石がそれに引きずられて皿ごと回転し、逆に、手に持った磁石の北極を浮かんでいる磁石の南極の近くに置いて動かしてもやはり磁石は皿ごと回転するという観察が記され、そこから「一方の磁石の北の部分は他方の磁石の南の部分を引き寄せ、南の部分は北の部分を引き寄せる(pars septentrionalis in lapide, partem meridionalem attrahit in alio lapide et meridionalis septentrionalem)」という「法則(regula)」が導かれている。また逆に、一方の南極を他方の南極に近づけると、後者は前者から逃げてゆき、一方の北極を他方の北極に近づけても同様のことが起る。「これは、一方の北の部分は他方の南の部分を求め(appetere)、したがって北の部分を斥ける（fugare）からである。」

磁石どうしがときに引き合いまたときに反撥しあうことはアルベルトゥス・マグヌスやロジャー・ベーコンも現象としては気づいていたようだが、それを整理して統一的に捉えた者はかっていなかったし、ましてや、その現象を磁極と関連づけた者もいなかった。すなわち北極どうしないし南極どうしは反撥しあい北極と南極は引き合うという法則性の発見はペレグリヌスによる。磁極の発見者がペレグリヌスであるから当然といえば当然のことであるが、これもまたけっして自明ではない。

第七章では鉄（鉄針）の磁化とその指向性が語られる。

実験をしたすべての人たちには、細長い鉄片が磁石に接触（tangere）した後に軽い木片か麦藁に結わえられて水に浮かべられたならば、北極の近くにあるので船乗りの星と呼ばれている星〔北極星〕の方向をその一方が向くように回転することが知られている。しかし本当はその星に向けられるのではなく〔天の〕極に向けられるのである（non movetur ad stellam dictum, sed ad polum）。その証明は後のしかるべき章で述べることにしよう。鉄のもう一方の端は天のもう一方の部分（ad partem celi reliquam）に向けられる。鉄のどちらの端が天のどちらの部分に向けられるのかについて言うならば、磁石の南の部分に接触した方の端が天の北に向けられ、逆に、磁石の北の部分に接触した方の端が天の南に向けられることがわかる。

ペレグリヌスは磁石で擦られた鉄針（磁針）が磁石であるとは認めていないから、磁針にたいしては北極・南極という言葉遣いをしていないが、ようするに磁石の北極で擦られた部分が鉄針の南端、磁石の南極で擦られた部分が鉄針の北端になるということである。

こうして第八章で、磁石の北極と鉄針の南端、磁石の南極と鉄針の北端はたがいに引き合い、磁石の北極と鉄針の北端、磁石の南極と鉄針の南端はたがいに反撥しあう、と結論づけられる。ただし、鉄針の南端と北端は、鉄針を以前と逆向きに磁石に接触させれば容易に入れ替わる。「その原因は後からの働きの影響が最初の効果を打ち負かし変えてしまうからである。」

鉄の磁化現象（磁気誘導）そのものも鉄と磁石の間の力ももちろん以前から知られていた。しかしこのように、その磁化の極性を明確にしたのも、その極性と引力・斥力の相関を指摘したのもペレグリヌスが最初である。

さて、以上の観察を踏まえて第一部最後の第九章と第一〇章で、ペレグリヌスは磁力の本質と原因についての考察に踏み込む。すなわち第九章では「なぜ一方の磁石の北の部分が他方の南の部分を引き寄せ、またその逆に南の部分が北の部分を引き寄せるのか」と設問し、その理由を次のように説明している。

すでに述べたように、一方の磁石の北の部分が他方の南の部分を引き寄せ、逆に北の部分は南の部分を引き寄せる。この場合、より力の強い方が〔能動的な〕作用者（agens）となり、より力の弱い方が

〔受動的な〕受け手（patiens）となる。私はこの現象の原因を次のように考える。作用者が受け手を引くのは、おのれに模するだけではなく、おのれとひとつにさせ、作用者と受け手からひとつのものを作り出すためである（agens intendit suum patiens non solum sibi assimilare, sed unire, ut ex agende et patiente fiat unum per numerum）。

つまり、両極をもつ磁石どうしは、結合してやはり両極をもつ一個の磁石になるように、引き合うということである。そのことを論証するためのペレグリヌスは、前節で引用した、一個の磁石ADを両極の中間で切断し、二つの磁石ABとCDを作り出す実験を語っている。

いま、前者の磁石〔AB〕を作用者と考えるならば、後者の磁石〔CD〕は受け手になるであろう。……さて、もしも切断された部分が近づけられたならば、一方が他方を引き寄せ、それらは切断の生じたBとCの点でふたたび結合し、こうして自然の欲求により（de naturali appetitu）、以前と同様に単一の磁石が形成されるであろう。このことはその部分が接着剤で接合されたならば、そのときその石が切断される以前と同一の効果を示すことを意味している。

ついでペレグリヌスは、この現象を「作用者はおのれに合一させよう（sibi unire）としてその受け手を引き寄せる（intendere）。そのことは両者のあいだの類似性ゆえに生じる（hoc fit ratione similitudinis inter ea)」と解釈している。この議論を単純に磁極間の力を論じたものと見なして「類似のものへの傾向（inclinatio ad simile）」という古来のテーゼで掬いとろうとするならば、ペレグリヌスの真意を誤解することになる。そもそもが、それならばなぜ磁石では異極どうしが引き合い同極どうしでは反撥しあうのか、この点が説明できなくなる。

ここでペレグリヌスが語っているのは、個々の磁極間の力ではなく、両極をもつ磁石（磁気双極子）の全体としての働きである。実際、第九章では、上の引用につづいて、磁石ABとCDをこの向きに並べてBとCで接合するかCDとABの向きに並べてDとAで接合することは可能だが、片方を逆向きにしてAとCないしBとDで接合することはできないという観察が記され、次のように結論づけられている。

> 自然は可能なよりよい仕方で存在しかつふるまおうとするのであり、自然が前者の接合の仕方を選ぶのは、後者の接合の仕方よりも同一性がより多く救われるからである（Natura, quae tendit ad esse, et agit meliori modo quo potest, eligit primum ordinem actionis, in quo melius salvatur idemptitas quam in secundo）。

すなわち、磁石どうしの作用は、北極と南極よりなる双極子としての磁石の同形性の保存への欲求——双極子としての磁石どうしが合一してやはり一個の双極子を作り出そうとする傾向性——にある、というのがその真意である。つまり磁石は [+ −] または [− +] としてのみ存在し、[+ −][+ −] や [− +][− +] の配置は結合して単一の磁石 [+ −] や [− +] となるので引き合うが、[+ −][− +] や [− +][+ −] の配置は結合して単一の磁石になれないので斥けあうということである。磁力の性質と原因にかんする、これまでには語られることのなかったまったく新しい観点である。

『磁気書簡』は第一部の最後の第一〇章で、「磁石はそれが有する自然の力をどこから得るのかについての問い」に関して論じている。

鉄を引き寄せる磁石の性質は、磁石（磁鉄鉱）が掘り出された鉱脈にあり、磁石が北を向くのは北方に多くの鉄鉱山があるからであるという、当時流布していたとされる説については、ペレグリヌスは、地球上のあちこちに鉱山があり、そもそも北極には人が住んでいないし、磁石は北極だけではなく南極も指すとして、それを否定する。人の居住の有無がなぜ影響を与えると考えられていたのかはよくわからないが、それは措くとしよう。さらにまたペレグリヌスは、北極星は天の回転中心に厳密には一致していないということから、磁石が北極星を指し、したがって北極星が磁石に影響を及ぼしていると見なす当時の——トマス・アクィナスも語っていた——見方をも斥ける。実際、先に引用した第七章の部分では、磁針が指しているのが北極星ではなく「天の極」とされている。

ところで現代人の常識にのっとって球形に整形した磁石が地球に類似していると見てしまうと、ペレグリヌスが磁石の極を引き寄せている点をどうして地球の極ではなく天の極としたのか、また地球は一個の磁石であるとする発見をなぜ三〇〇年後のギルバートに譲ったのか、この点が不可解に思える。一般的には、トマス・アクィナスもふくめて、磁力はその力を天から得ているということがその当時広く信じられていたことがあるだろう。それとともに磁極の発見者ペレグリヌスが天の北極を指す方の極を磁石の北極だとしたことにあるのかもしれない。というのも、もしも地球が磁石であって地上の磁石がその指北性を磁石としての地球から得ているのだとすれば、地理上の北極にあるのは地球磁石の南極でなければならないことになり、そうすれば、地球磁石だけは——一般の磁石と異なり——天の北極を指すのが南極になってしまうからである。おそらくそういうことはペレグリヌスには考えられなかったのであろう。*

＊　後に地球自体が磁石であることを発見したギルバートは、地球の地理的北極にある極を地球磁石の北極、地理的南極にある極を地球磁石の南極だと考えた。その場合、地球上の磁石（磁針）がその地球磁石に引かれているとするならば、ペレグリヌスの命名では、磁針の北極が地球磁石の北極と、磁針の南極が地球磁石の南極と引き合うことになり、矛盾する。それゆえギルバートは、地球上で北を指すのはその磁針の南極、南を指すのは磁針の北極であると考えた。現在では、地球の地理的北極には地球磁石の南極があり、地理的南極にあるのが地球磁石の北極とされているので、磁針の北を指す極が北極、南を指す極が南極とされている。それゆえ現在の観点では、むしろペレグリヌスの命名があてはまる。

しかしそれ以上に本質的な点は、ペレグリヌスにとっては——先に述べたように——球形磁石は当初から天球に類似のものであったというか、天球に模して作られたものであったということにある。

こうしてペレグリヌスは、第一〇章で「磁石の両極（poli magnetis）はその力を天の両極から（a

polis mundi）引き出している。……磁石の諸部分（partes magnetis）がその力を引き出しているのは天の諸部分から（a partibus celi）である」と結論づけている（なお、これからわかるようにペレグリヌスは mundus と coelum を同義に使っているようで、ここではともに「天」と訳した）。

しかしそれだけではなく、この後にさらに

磁石の他の諸部分について言うならば、それらはその影響を天の諸部分から受け取っている。それゆえ、磁石の両極が天の両極から力と影響を得ているだけではなく、磁石の全体もまた天の全体から力と影響を受け取っている（non solum polos lapidis a polis mundi, sed totum lapidem a toto cele recipere influentiam et virtutem）と考えてよい。

と語られている。ベーコンの場合もそうであったが、磁石はひとつの小宇宙として大宇宙に対応しているのであり、南北の極だけではなく東西の方向にも天から影響を得ていると思念されていたのである。そしてこれこそがペレグリヌスが球形磁石を天球に似せて考案した根拠であった。

天動説の立場では、天球の極は恒星天球の回転中心（回転軸の通過点）という力学的に特別な点であり、それが地球上の物体になにがしかの物理的な影響を及ぼすと考えるのは、現在人が思うほど奇妙なことではなかったのであろう。コペルニクスによって恒星天の日周運動は地球の自転が地球上の観測者に及ぼす錯視であるとされるまでは、天球の両極は特別な力を持つ点であることをやめなかった。

畢竟するに、磁石の極を引き寄せているのが天球の極ではなく地球の極であるという理解に達するのには、天動説から地動説への宇宙観の転換を必要としたのである。一六〇〇年にギルバートが使用することになる球形磁石は、たしかにペレグリヌスに倣って考案されたものであるけれども、その意味はペレグリヌスのものと異なっていた。ギルバートのものは「小地球（テレラ）」と呼ばれたように地球に模したものであったが、それと言うのも、後述するようにギルバートはすでにコペルニクスの地動説を受けいれ、地球が地軸のまわりに一日一回転し天球は静止しているという立場に立っていたからである。

なお天の各部すなわち東西南北がすべて磁石に影響しているということから、ペレグリヌスは、第一〇章で、南北の極を軸受けで支えてその軸を子午線にそって水平に保った球形磁石を軸のまわりに自由に回転できるようにすれば、この球形磁石は一日一回転すると述べている。つまり磁石はその南北の極が天の両極に引かれるだけではなく、磁石の東西の部分もそれぞれ天の東西の部分に引かれるため、天球の日周回転に引きずられてみずからも軸のまわりに回転するというのである。そしてもしも読者がやってみてうまくゆかなければ、それは「実験手腕の未熟」によるとまで語っている。

しかし三〇〇年後の一六〇〇年にギルバートが『磁石論』でこの話に疑問を呈し、さらに一六三二年にはガリレイが『天文対話』でこれを否定することになる。(4) しかし地球が磁石であることを見出したギルバートは、地球自体にこの話——磁気日周回転——をあてはめることになる。この点については、後章であらためて触れる機会もあるだろう（本書第一七章8）。

3　ペレグリヌスの方法と目的

ペレグリヌスによる両磁極とその引力・斥力の相関の発見は、それ自体もちろん磁気学史において時代を劃しているけれど、彼がその発見に到達した方法も、あるいはその発見に導いた目的もまた、その先駆性において傑出している。

方法という点では、ペレグリヌスの磁力研究においてなによりも著しいのは、計画的で能動的な実験と観察にある。第三章でペレグリヌスは磁石の極を見出す方法を、さらに第九章では棒磁石の切断と接合の実験を記しているが、それはともに磁石にたいする目的意識的でコントロールされた実験の最初の記述である。

とくに、磁石を球形に研磨しそれと小磁針を組み合わせて極を見出す先述の方法は、人工的に整形した磁石について語られた最初の記録であるばかりか——これまで必ずしも十分に評価されてはこなかったようではあるが——極性（軸対称性）が等方性（点対称性）との対照においてはじめて認められる性質であることを顧慮するならば、まことに秀逸なアイデアである。というのも物体の形状自体が幾何学的な等方性を持っていなければ、かりにそのふるまいが非等方的であったとしても、そのことは物理的性質の非等方性の現れであるのか、それとも幾何学的非等方性それ自体の結果なのか判別がつかないからである。考察する物体の幾何学的形状を等方的なもの（球形）にしてはじめて、そのふるまいの非等方性を物理的性質に帰着させることが可能となる。つまり、人工的に磁石を完全な球形に整形することではじめて、磁力の極性を浮かび上がらせることができたのである。

一八世紀にカントは『純粋理性批判』で、近代自然科学の方法の特徴を次のように述べている。

> 理性は一定不変の法則にしたがう理性判断の諸原理を携えて先導し、自然を強要して自分の問いに答えさせねばならないのであって、いたずらに自然に引き回され、あたかも幼児が手引き紐でよちよち歩きをするような真似をしてはならない。……また実験は、理性がかかる原理にしたがって案出したところのものである。理性はこのような原理を一方の手に握り、またこのような実験を他方の手にもって、自然を相手にしなければならない。それはもちろん自然から教えられるためであるが、しかしその場合に理性は生徒の資格ではなく本式の裁判官の資格を帯びるのである。生徒なら、教師の思うままのことを何でも聞かされてだけいなければならない。しかし裁判官になると、かれは自分の提出する質問にたいして証人に答弁を強要する。(5)

カントがこれを書いたときに念頭においていたのは、この引用の前に「自然科学者たちの心に一条の光が閃いたのは、ガリレイが一定の重さの球を斜面上で落下させた時であった」と明記されているように、人口に膾炙せるガリレイの斜面の実験であった。つまり落下の法則(等加速度運動の公式)を検証するために、物体のあるがままの落下(自由落下)を観測するのではなく、滑らかで傾斜の小さい斜面にそって物体をすべらせることで落下時間をひき伸ばして時間測定を容易にかつ正確にし、同時に減速させることで空気抵抗の影響を低減させ、こうして一方で所望の効果を人為的に拡大し、他方で予測される副次的攪乱要因を抑制して理想化された状態に近づける、そのガリレイの目的意識的に計画された実験処方を指している。

しかしこのガリレイの思想、したがってまた近代科学の実験思想は、実質的に三五〇年前にペレグリヌスによる磁極の発見の実験において実現されていたのであり、「球形磁石（magnes rotundus）」という彼の卓抜なアイデアは、地球が一個の磁石であるというギルバートの三〇〇年後の発見への径を開くものである。そのことに想いをめぐらせば、ペレグリヌスにたいする「中世における最高の実験家」という科学史家ツィルゼルの人物評や、『磁気書簡』にたいする「自然科学の正しい方法、つまり帰納的・経験的方法をめざした最初の業績」というシュルンドの評価や「実験科学の知られている最初の仕事」というモットレイの指摘、さらには「中世における実験的方法のもっとも優れた例」というワイトマンの賛辞もけっして過褒ではない(6)。

このようにペレグリヌスの実験は、現代人の眼から見ても十分に近代的であるが、当時の知的土壌と文化的風土に照らすならば、彼の実験思想の先駆性はより以上に鮮明に浮かび上がる。

ペレグリヌスについては、現在では生年はもとより没年ですら知られていない。しかし当時はそれなりに知られた人物であったようだ。同時代人ロジャー・ベーコンは、この『磁気書簡』の書かれる一年前に著した『第三著作』において、「師ペトロス」ことペレグリヌスを次のように称賛している。

私はこの学〔経験学〕の業績において称賛に値する人物を唯一人知っています。というのも彼は言葉をめぐる論議や論争には頭を悩まさず、知恵の働きのみを追い求め、知恵の働きのなかに安息を見出すからです。他の人たちは夕闇の中のコウモリのようにぼんやりとしか見ないのにたいして、彼はものごとを太陽の照りつける明るみの中に直視します。なぜならば、彼は経験の巨匠だからです。彼が自然学や医学や錬金術や天上と地上のすべての事柄を理解するのは、経験によってであります。彼は、俗人や老人や兵士や農夫の知っていることに無知であることを恥としています。彼は金属鋳造のすべての操作および金や銀や他の金属やすべての鉱物の採掘を学び、軍隊と兵器と兵法に関する万般に精通し、農業にかかわるすべてのことと土地の測量と土木作業を習得し、魔女や魔術師の魔法や実験やからくりそして奇術師のトリックや目くらましさえも研究しています。したがって、知るに価する物事で彼に隠されていることは何ひとつなく、また彼は誤ったことや魔術的な事柄をいかに批判すべきかをも知っています。哲学が完全なものとなり、有効に確実に扱われるためには、彼の助けを欠かすことはできません。(7)

ペレグリヌスについて実質的に知られているのは、『磁気書簡』自体をのぞけば、ベーコンによるこの人物紹介がすべてである。この紹介からすると、ペレグリヌスは、アンジュウ伯シャルルの軍隊には技師として工兵隊長のような資格で従軍していたのではないかと推測される。

ここでベーコンがペレグリヌスを「経験の巨匠（dominus experimentorum）」と呼び、あらゆる実用的で実際的な技（ars）に「経験によって（per experimentum）」通暁しているペレグリヌスの姿勢を「言葉をめぐる論議や論争」と対比していることに着目しよう。

以前に見たように、当時の高等教育の基本は「自由学芸」であった。ここに「自由学芸」の「自由」とは「自由人の」という意味で、「奴隷の技芸」としての「機械技術」との対比で語られていた。ものの本によると、紀元前四世紀のクセノフォンは「機械的と言われる技術は社会的に不評判で、われわれの国々では正当にも賤しいものと見られている」と語っているとのことである。これは文化が奴隷労働に支えられていた古代ギリシャの話だが、しかしヨーロッパではその風潮は中世はもとより近代にいたるまで尾を引くことになった。一五世紀にはヴェサリウスが「当世の医師たちは、古代ローマ人にならって手仕事を蔑んでいる」と零し、さらには一八世紀後半にディドローが『百科全書』の「技術」項目を書いたとき、工芸技術の省察は「下賤」で「それとかかわりをもつことは不面目」とする風潮を嘆かねばならなかったのである。[8] それどころか現代においても、『オクスフォード英語辞典（*OED*）』（一九三三年版）には、mechanical という形容詞は人にたいして使われるときには、「手仕事（manual labour）に従事し職人階級（artisan class）に属する」、転じて「賤しい（vulgar）」の意味を有するとある。

ところがベーコンによれば、ペレグリヌスは他ならぬそのような「賤しむべき技術」の達人であるというのだ。事実『磁気書簡』ではペレグリヌスは「手作業」の重要性を公然と主張している。『磁気書簡』第一部第二章には、実験に携わるものの資質が次のように語られる。

親愛なる友よ、以下のことを弁えていただきたい。この問題を研究する者は自然の事柄に精通していなければならず、また天体の運動に無知であってはならない。その者はまた、磁石を扱って驚嘆すべき効果（effectus mirabilis）を示しうるように、つねに手作業にまめ（industriosus in opere manuum）でなければならない。というのも、もしそうするならばその者は注意深さによって容易に誤りを正すことができるであろうが、手をまめに使おうとはせずただ自然学と数学のみに頼っていたのでは、いつまでたっても誤りを正すことができないからである。隠れた作用においては手作業を大いに必要とし、手を惜しむならば何事も完全には成し遂げられないのである。

手仕事を蔑むという時代の知的風潮にてらして読むならば、この一節はほとんど文化革命の宣言にも匹敵しよう。しかしだからと言って、ベーコンやペレグリヌスが時代をまったく超越していたわけではない。実際にはこの時代にヨーロッパでは、イスラーム社会との接触や技術の発展によって機械技術にたいする新しい見方が少しずつではあれ芽生えていた。一〇世紀にイスラーム社会から天文学を学んだ先駆者ジェルベールは、自分の手で精巧な天球儀を作製して同時代人を瞠若たらしめたと伝えられる。また「一二世紀は機械技術にたいする古代の侮りとルネサンス期の全面受容の中間に位置している」と言う論者もいる。(9) 事実、すでに一一二〇年代にサン・ヴィクトル修道院学校の中心教授フーゴーは『ディダスカリコン』において機械学や農学をふくむ実践学の教育の重要性を語っている。(10)

牛歩ながらも時代は動きはじめていたのである。ともあれ、ベーコンによる紹介もあわせて考えるに、軍事技術者ペレグリヌスは「自由学芸（artes liberales）」と「機械技術（artes mechanicae）」のいずれの「術（ars）」にも通じていたと判断される。ツィルゼルは一六・一七世紀科学革命が底辺では学者の知識と職人の技能をあわせもった「高級職人（higher artisan）」に支えられていたとしているが、(11)ペレグリヌスはまさにそのような「高級職人」の先駆者であろう。

その意味では、ペレグリヌスの近代性をより明瞭に浮かび上がらせているのは、「磁石の自然な働きを概観したので、その自然な働きについての知識に依存した工夫について語ることにしよう」という言葉で始まり、第一部で得られた結果の応用にあてられている『磁気書簡』第二部である。

その第一章では、磁石をもちいて太陽や月や星の方位角を決定する装置の設計と製作が述べられている。これには図が添付されているが（図8・2）、基本的には浮子に接着させた磁石（図の magnes）を円形の容器に入れた水に浮かべたものである。これは湿式の羅針儀（コンパス）には違いないが、しかし、磁針ではなく磁石それ自体を使用した羅針儀のヨーロッパでのはじめての記述であるとともに、コンパス・カードつまり三六〇度の目盛りが刻まれ磁石とともに回転する円盤を装着した羅針盤のはじめての記述でもある（図では東が〇度、北は二七〇度になっている）。さらにこれには、盤面の上に磁石とは独立に回転するルーラー（図の Regula）がつけられていてその両端には鉛直に針が立てられている。これをもちいれば、日中その鉛直な針の影がルーラーの上にくるようにすれば太陽の方位角（子午線にたいする角度）を読み取ることができ、また夜間は二つの針と月や星が一直線になるようにすれば同様に月や星の方位角を知ることができる。

第二章はその改良型についての議論で、これは乾式コンパス、つまり円形容器と透明なガラスの蓋を作り、その中央に位置する点の容器の底と蓋の間にピボット――回転軸――をわたし、それによって水を使うことなく磁針を自由に回転できるようにしたものである。

第二部第三章の冒頭は、次の宣言ではじまる。

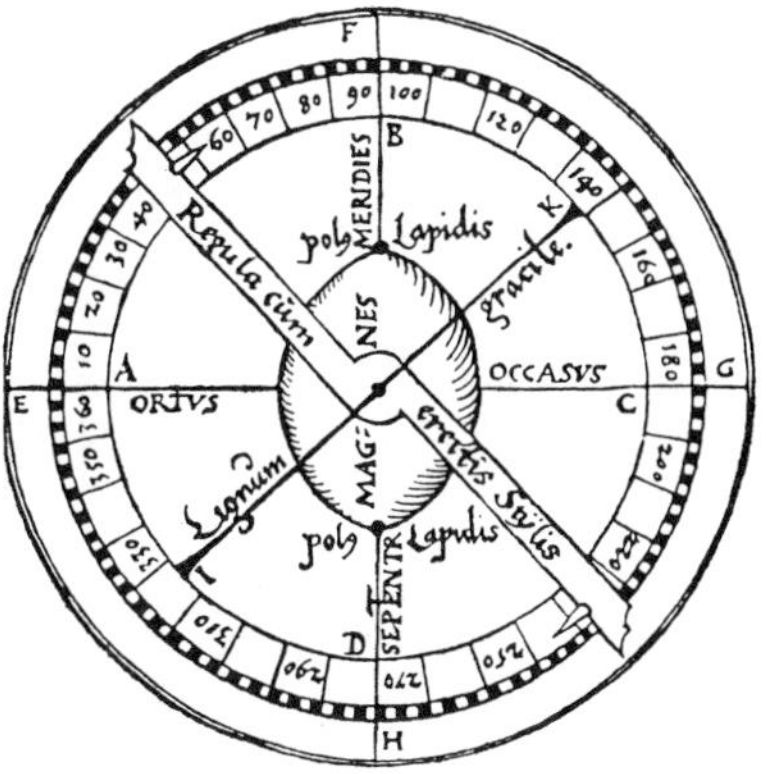

図 8.2　太陽や月や星の方位角を測定する装置

> この章では私は、驚くべき工夫による（mirabili ingenio）、不断に動きつづける車輪（rota continue mobilis）の作り方を貴兄にお知らせしよう。そのような発明のために、多くの人たちが多大な労力を空しく費やしてきたことを私は見てきた。そのわけは、磁石の能力や動力をもちいれば（per virtutem seu potentiam huius lapidis）これを達成できるということを、その人たちが知らなかったからである。

すなわち、枯渇することのない動力源として磁力を使用する永久運動機関（自動回転車輪）の考案である。

もっともここに記載されている永久運動機関のからくりの細部は率直に言ってよく理解できないところもあり、その詳細は端折る。もとより永久運動機関なるものが不可能なことは今では認められているのであるから、ペレグリヌスの考案がどのように巧妙なものであれ、それが彼の思惑どおりに働くはずはなく、いまさらそのメカニズムを立ち入って吟味するには及ばないであろう。

それよりも重要なことは、『磁気書簡』第二部に示されているペレグリヌスの研究の目的である。一五五八年にはじめて印刷されたアウグスブルク版のタイトルは『磁石ないし永久運動車輪についての書簡』とあり（図8・3）、そして一九世紀のベンジャミンの書物では、ペレグリヌスが磁石を研究し『磁気書簡』を書いた真の意図は、永久運動機関の製作にこそあったと書かれている。そこまで断言してよいかどうかの判断には立ち入らないにしても、磁力という自然力を動力源に利用することがペレグリヌスの磁石研究のひとつの重要な狙いであったことは疑いえない。それは、言うならば、電磁エネルギーの力学的エネルギーへの転換の人類史上はじめての試みであり、成功したか否かにかかわらず——リン・ホワイトの言うように——構想したこと自体が決定的である。[12] そしてこれこそが、ロジャー・ベーコンが「経験学の第三の特権」で目指していたことの具体的な実践に他ならない。

4 『磁気書簡』登場の社会的背景

ちなみに、ベーコンがその経験学を構想した背景にはイスラーム社会における高度な技術力にたい

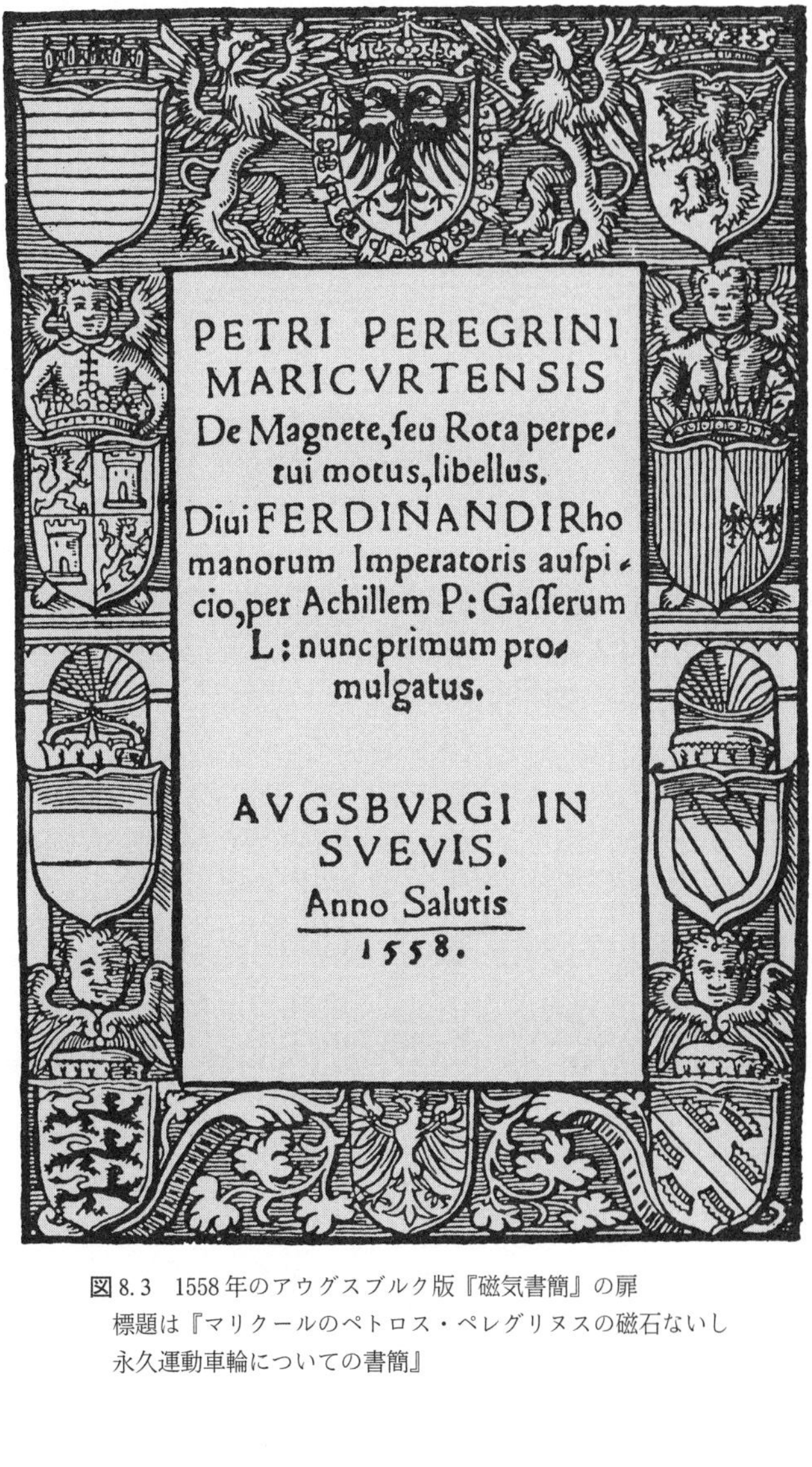

図 8.3　1558 年のアウグスブルク版『磁気書簡』の扉
標題は『マリクールのペトロス・ペレグリヌスの磁石ないし永久運動車輪についての書簡』

する認識があったと考えられることを前章で指摘したが、ペレグリヌスにとってはこの点はより以上に直接的であろうと推察される。実際、ペレグリヌスは、シチリア・ノルマン王朝以来フリードリヒ二世の時代にいたるまでラテン・ヨーロッパがイスラーム文化に接する最前線であった南イタリアの地に実際に足を踏み入れ、その地で先進的なイスラーム文化に接しただけではない。イスラーム教徒の居住地ルチェーラで彼は直接イスラーム軍と戦っているのである。したがって科学史家クロンビーの言うように「ペレグリヌスのおこなった実験のいくつかに刺激を与えたのはアラビア人の仕事であった」[13]ということは、無理な想像ではない。この点についてジクリト・フンケの『アラビア文化の遺産』には、きわめて具体的かつ断定的に、「ロジャー・ベーコンの教師で〝十字軍兵士〟なるマリクールのピエールは、十字軍からの帰路、直接にアラビア人から磁気作用と羅針儀の知識をフランスに持ち帰り、それを一二六九年の彼の著作『磁気書簡』においてヨーロッパに提示した」とある。[14]しかしペレグリヌスが磁気作用や羅針儀の知識をアラビア人から直接学んだということを証拠だてるものは、現在まで見つかってはいないから、ここまで書くとやはり勇み足の感はぬぐえない。

たしかにペレグリヌスの磁石研究の動機と機縁がイスラーム文化との接触によるというのは、十分に推量しうることである。しかしそのことは、フンケの言うようにペレグリヌスが磁石や羅針儀の具体的な知識を直接イスラーム社会で学んだというようなことを意味するわけではない。彼がイスラーム文化から吸収したものがあったとすれば、それは――推測の域を出ないが――自然現象にたいするそれまでのヨーロッパにはなかった新たな接し方それ自体ではないだろうか。クロンビーは「自然界の諸問題にたいするアラビア人の特殊な接近方法」として「自然のどの側面が神の道徳的な目的をもっとも鮮やかに説明するかということでもなければ、聖書に記されているあるいは日常経験の世界で見られる諸事実を合理的に説明する自然的原因がなんであるかということでもなくて、いかなる知識が自然支配の力を与えるか」(15)という問題設定を挙げているが、ペレグリヌスの磁石研究の真の動機も根本的な新しさも、まさにこの実用本位の態度にあった。修道士ベーコンにおいては経験学はあくまでもキリスト教社会の防衛という目的に従属するものであったが、『磁気書簡』に関するかぎりペレグリヌスにはそのような配慮は毛頭見られない。のみならず自然の力を説明するという姿勢すらも希薄で、むしろ自然力の技術的応用それ自体が目的とされているのである。

このようにペレグリヌスの『磁気書簡』のスタンスはきわめて近代的で、中世キリスト教社会の精神的世界を超越しているように見えるけれども、それでもやはりそれが生まれるだけの基盤は存在していたのであり、時代の背景のなかで理解されなければならないものである。実際リン・ホワイトの著書によると、一三世紀にヨーロッパの技術者を熱中させていたのは、重力で駆動する時計の製作だとある。(16)動力の問題は技術者の共通の関心事であった。そんなわけで、ペレグリヌス自身が上記の引用ではっきり認めているように、この時代に永久運動機関を考案した技術者は彼以外にもいた。

技術史家ギャンペルによれば、この時代には巨大な大聖堂《カテドラル》が数多く建設され、一一世紀のロマネスク様式の巨大石造教会建築のはじまり以来、一三世紀のゴシック様式の最盛期にいたるまで、フランスでは八〇の大聖堂、五〇〇の大教会堂、数万の教区教会堂が建てられたという。(17)同時にその時代は築城ラッシュの時代でもあった。そんなわけで、当時建築技術者は相当の学識と技能を要求され、それなりに社会的に高い地位にあったようである。そのような建築技師の一人で、ペレグリヌスと同郷のピカールディーにほぼ同時代に生まれたヴィラール・ド・オヌクールが描いた『画帖』が遺されている。それは、自分のために作ったスケッチ・ブックを同僚や弟子が使うための参考書ないし指示書とするために余白に説明書きを加えたものであり、日本語にも翻訳されている。そこには、建築物だけではなく人体やライオン等の動物のデッサン、そしてまた水力を動力とする鋸やあるいは機械じかけの玩具の図などがあり、それらが実際に使用されたものか単なるアイデアにすぎないものであったのかはわからないけれども、はなはだ興味深い。そしてその中に「工匠たちは車を自転するようにさせることについて何日も論じあった。ここに奇数個の木槌もしくは水銀をもちいてするその方法を示す」とキャプションをつけた重力を動力とする永久運動車輪の図が描かれている(18)。

まさにこの時代、もはや古代の権力者のようにおびただしい数の奴隷労働に依存することのできなくなったこの時代には、新しい動力源の開発あるいは新しい動力装置の考案は、すくなくとも技術にたずさわる者のあいだではそれなりに広く関心を集め、強く意識されていたのであろう。同時代のロジャー・ベーコンが書いたと言われる『魔術の無効について』という一文がある。それは「たとえ自然が強力にして驚くべきものであるにしても、それでも自然を道具としてもちいる術(ars)は自然の力以上に強力である」とはじまり「たった一人で操縦することができ、漕ぎ手がいっぱいいるときよりもはるかに速く動く航海用の大きな船を作ることができる。動物の助けを借りずとも信じられぬ

表　フランスにおける水車の稼動数[21]

世紀	Aube	Aubette	Forez	Picardie (年)	Robec	Rouen
10					2	
11	14	1		40 (1080年)		1
12	60	3	1	80 (1125年)	5	5
13	200	6	80	245 (1280年)	10	6

スピードで動く車も作りうる」といったたぐいの技術予想がいくつも記されている[19]。これは本当にベーコン本人が書いたものかどうかは疑問視されているが、それが他人の手によるものにせよ、少なくともこの時代にこのように新しい動力源に想いを馳せた無名の技術者がベーコン以外にも幾人もいたことを示唆している。リン・ホワイトが言うように、ベーコンは「単に孤独な夢見る人として語っているのではなく、むしろ当時の技術者たちを代表して語っているのである[20]」。

現実に、ヨーロッパではこの時代にエネルギー使用は急速に増大している。そのことは、一一世紀以降に多くの水車が新設され、使用可能なエネルギー量が飛躍的に増大したことに見て取れる。一〇世紀から一三世紀にかけてのフランスの特定地域の水車の数を表に与えておいたが、一三世紀には、とりわけペレグリヌスやヴィラールの出生地であるピカールディーでは、水車の数の増加は著しい。

水車の数の増大とともに、水車の適用範囲も大幅に拡大した。製粉や製材以外の縮絨や鍛鉄への水車の利用の証拠は一一世紀に現れる[22]。また鉄の歴史についての書物によると、一二世紀末に「製鉄水車」が登場し、一三世紀以降それは砕鉱その他の製錬の工程に広く使用されるようになり、それによって鉄の生産量は飛躍的に増大することになった。[23] こうして軍事はもとより農具から馬の蹄鉄や鐙にいたるまで鉄が広く使用されるようになった。

このように、この時代は多くの産業分野に技術革新の波が押し寄せ、その担い手として高い知的関心を有する技術者・職人層が産み出されていたのである。

蛮族の侵入以降一一世紀頃まで、ヨーロッパは基本的に農耕社会であった。修道院を別にすれば、農村で食うや食わずの働きづめの生活をおくる農民たちと、城塞でなかば軍隊生活をおくる封建貴族や騎士たちからなる社会であり、無学な農民も無骨な騎士も大部分は学問や文化とは無縁な存在で、学問や文化、総じて精神世界はきわめてわずかな数の聖職者に独占されていた。しかし一二世紀の都市の勃興と大学の形成以降は、知的分野において修道院のはたす役割の比重が低下し、聖職者による知の独占は掘り崩されてゆくことになった。

かくして一三世紀には、大学でいわゆる「自由学芸」を修め、社会の技術的要請に応えうる専門家としての実力を身につけ、知識を生計の手段とした新しい階層としての都市市民が登場することになる。[24] ペレグリヌスはおそらくそういう世俗の知識人ないし技術者の一人であったのだろう。『磁気書簡』に見られる実証的であるだけではなく実用主義的でもある研究姿勢は、もちろんその時代の一般的な思想状況からすればきわめて先駆的であったにしても、しかし社会に超越してあったのではない。いまもって弱体とはいえしかし台頭しつつある都市の住民の関心と心性——一言でいって「町人気質(esprit bourgeois)」——を体現していたのである。

5　サンタマンのジャン

ペレグリヌスは、たしかに磁石についての巧妙な実験で、磁石の極を発見しその力と極性を関連づけ、そして磁石がつねに双極子として存在していることを明らかにし、同極間に斥力が働き異極間に引力が働くわけを、双極子としての磁石が結合したときに同形性を保存するためであると説明した。しかし、鉄の磁化の仕組みや根拠、つまりなぜ磁石の南極に触れた鉄の部分が北極の性質を、そして北極に触れた部分が南極の性質をもつようになるのか、この点については満足のゆく説明を与えてはいない。そもそもペレグリヌスの『磁気書簡』は磁力の実際的応用を主要な目的としたものであって、そこに磁気誘導について特定の観点からの合理的な解釈や整合的な説明を読み取ることは困難である。

この点を磁石は鉄のなかの潜在的な磁性を現実化して受動的な鉄をおのれに同化させる能動的作用者であるという「アリストテレスの因果性の図式」にもとづいてそれなりに理論化したのが、一三世紀後期にパリで医療に携わっていたと考えられているサンタマンのジャンであった。それは『ニコラウスの解毒剤（*Antidotarium Nicolai*）』への彼の注釈の一節に記されている。そのジャンの議論を、これを発掘して紹介したソーンダイクの論文[25]に依拠して見てゆくことにしよう。

ジャンも、ベーコンやペレグリヌスと同様に磁石に東西南北があるとしている。

私は磁石（adamas）の中には世界の跡（vestigium orbis）が存在すると言うが、そのわけは、磁石にはそれ自体において西の性質を有する部分があり、また東の性質を有する部分があり、北の性質を有する部分、南の性質を有する部分があるからである。そして、南北の方向はもっとも強く引き寄せ、東西の方向の引き寄せは弱い。したがって磁石においては〔南北の〕両極の力（virtus polorum）はより強く、そのことは船乗りたちに認められている。

ここに「世界」と訳したorbisには、「円」の他に「天球」「地球」の意味があり、これを「地球」と解せば、三〇〇年後のギルバートの所説を予示するものとなろう。しかし前後の文脈からすればこのorbisはむしろ「天球（coelum）」という意味での「世界（mundus）」を指していると思われる。ジャンにとっても、磁石はひとつの小宇宙であった。

ともあれ、小宇宙としての磁石はそのうちに東西南北を持つというこのような見方がベーコンの所説の直接的影響であるのか、それとも当時は広く一般的にこのように信じられていたのか、その点は不明である。しかしジャンは、東西方向にくらべて南北方向の力がより強く支配的であるとすることによって、実質的にはペレグリヌスの磁極概念を――「極（polus）」という用語もふくめて――受け入れている。さらには、ジャンが語っている南北の見分け方は、ペレグリヌスのものと同一であって、自由に回転しうるようにしたときに北を向くのが北極、南を向くのが南極とされている。ジャンがペレグリヌスの『磁気書簡』を読んでいたことはまず間違いがないであろう。*

＊ ペレグリヌスはそれまでにすでに知られていたことを統合しただけで『磁気書簡』には「完全に新しいことはほとんどない」と主張しているスミスの論文では、ジャンのこの書を『磁気書簡』より「たぶん前」としている。[26]スミスは他の文献については細かくその成立年代を特定しているのに、ジャンのこの書についてだけはこのように大雑把な書き方をしているのは、ペレグリヌスのオリジナリティーを低減させることでおのれの主張を補強するための作為のように思われる。なおソーンダイクはジャンの盛期を一二六一―九八年、クロンビーはジャンとペレグリヌスを単に「同時代」とし、[27]リン・ホワイトはジャンがこれを書いたとき、ペレグリヌスの実験は知られていたとしている。[28]ジャンがベーコンだけではなくペレグリヌスの影響をも受けていると見るのが妥当であろう。

さて鉄の磁化、つまり磁石の北極に接した針の部分が逆に南の性質を帯びることのジャンによる説明は、逐語的に訳すならば次のように表現されている。

一方の側が南の性質を有し他方の側が北の性質を有するひとつの磁石をとり、一本の針をその磁石に接するように置く。そうすれば針の一方の先は磁石の一方の端に接し、他方の先は他方の端に接し、針の先端にそれが接している〔磁石の〕部分の力能（virtus）が流入し、それゆえ、もし針のその先端が磁石の南の端に接していれば、南の力能が流入する。次に針を高く持ち上げる。そうすれば、磁石から入り込みその上に置かれた針全体をとおる流れが存在するので、当初南の力能が存在していた針の部分は、その流れが磁石から針全体をとおって流れるにおうじて、北の性質に変化する。

これをクロンビーは「ファラデーやマックスウェルの力管の観念と類似のもの」と評しているが、[29]

それはやはり読み込みすぎであろう。ましてや「これは正負の極および電流という表象に接近するものである」というソーンダイクの評価は、見当違いと言わなければならない。それどころか、そもそもジャンの議論が説明になっているのか、ましてやその説明が納得のゆくものであるのか、このような点についてさえ異論もあるであろう。しかし、すくなくともここに説明しなければならない問題が潜んでいることを見抜いたという事は確かであり、その点はジャンの慧眼であった。

他方、ジャンはペレグリヌスと異なり、南極と南極の間の、そして北極と北極の間の斥力を認めない。磁石の南極は実際には磁石や磁針の北極を引き寄せているだけのことで、その北極にたいする強い引力のため「あたかも南の部分を斥けているかのように見えるだけである」とジャンは考える。つまり現実には引力だけが存在するというのだ。実際、以下に見るように、彼の理論で説明できるのは引力だけである。

そしてジャンは、引力のみとしての磁力の起源を「類似性を増殖させることにより、磁石の形相(forma adamantis)によって完全なものとされるべく鉄のなかに不完全に存在していた可能的能力(potentia activa incompleta existenta in ferro)を磁石が励起することによる」と考える。すなわち

> 南の部分は北の特質と本性をもつ部分を引き寄せる。それというのも、両者は同一の形象的形相を有しているにもかかわらず、南の部分にはより完全な形で存在している性質が北の部分には潜在的にしかなく、その〔引き寄せの〕さいにその潜在性が完全なものとされるからである。

もちろんこれは、受け手のなかにあらかじめ存在していた性質を作用者が現実化させるというアリストテレスの因果性の図式にもとづくものである。

そしてまた「このような現象において、類似のものが引き寄せられるのは現実にはその類似性によってではなく、同一の形象（species）や形相（forma）を有する部分がさまざまな性質を有し、その一方が完全で他方が不完全なことがありうるので、そのために引力が生じるのである」とあるように、「類似のものは類似のものによって引かれる」というくだんのテーゼが、ベーコンの場合と同様にアリストテレスの図式で根拠づけられたことになる。しかしこのジャンの議論は、その図式が斥力にたいしてはまったく無力であることを同時に示すことになった。すくなくとも磁石の異極間の引力と同極間の斥力を認めたペレグリヌスの観測にたいしてジャンの理解は大きく後退している。トマス・アクィナスによってアリストテレス・スコラが確立されたまさにその時点で、アリストテレス自然学が自然の実験的研究と齟齬をきたすことが早くも垣間見られるようになったのである。

＊

ペレグリヌスは磁石が南北の極をもつ双極子であること、そしてその同極は反撥しあい異極は引き合うことを実験的に示すことで、実証的な磁石研究の第一歩を切り開いた。こうして一三世紀後期には、トマス・アクィナスがアリストテレス哲学に与えた権威と合理的な自然研究がかならずしも聖書に矛盾するものではないという御墨付き、ロジャー・ベーコンによる経験学の提唱と自然学の実用性の強調、そしてペレグリヌスによる実験的研究の開始によって、ヨーロッパは、ディオスコリデスやプリニウス以来マルボドゥスやアルベルトゥス・マグヌスにいたるまでの磁力と磁気をめぐる中世の神秘的で迷信的な言説からの脱皮の時を迎えたと思われた。「一三世紀は改革の兆しを見せつつ幕を閉じる」(30)のである。しかしにもかかわらず、それらに直接引きつづく磁気学の発展は、すくなくとも一四・一五世紀には――次章で見るニコラウス・クザーヌスを唯一の例外として――見られることはなかった。

ひるがえって顧みるに、ペレグリヌスの磁力論では、磁石の指北性は語られているものの、その現象にたいして地球のはたしている役割の認識が完全に欠落していた。畢竟、磁石に及ぼされる地球の影響が明らかになるためには、地球そのものの発見、すなわち大航海時代と、地球を不活性で不動の土塊と見るそれまでの自然観からの脱却が必要とされたのである。それは天候不良によるうち続く食料危機とくり返してのペストの流行によってヨーロッパが長期にわたって疲弊し停滞した一四世紀いっぱいと一五世紀前半をくぐりぬけてようやく始まる。時代は中世からルネサンスへと移り行く。

山本義隆

磁力と重力の発見

1

古代・中世

2003年5月22日　第1刷発行
2021年9月10日　第20刷発行

発行所 株式会社 みすず書房
〒113-0033 東京都文京区本郷2丁目20-7
電話 03-3814-0131(営業) 03-3815-9181(編集)
www.msz.co.jp

本文印刷所 理想社
扉・表紙・カバー印刷所 リヒトプランニング
製本所 誠製本

ISBN 4-622-08031-1
[じりょくとじゅうりょくのはっけん]

著者略歴

（やまもと・よしたか）

1941年，大阪に生まれる．1964年東京大学理学部物理学科卒業．同大学大学院博士課程中退．現在　学校法人駿台予備学校勤務．著書『知性の叛乱』（前衛社，1969）『重力と力学的世界』（現代数学社，1981，ちくま学芸文庫，全2巻，2021）『熱学思想の史的展開』（現代数学社，1987，新版，ちくま学芸文庫，全3巻，2008-2009）『古典力学の形成』（日本評論社，1997）『解析力学』全2巻（共著，朝倉書店，1998）『一六世紀文化革命』全2巻（みすず書房，2007）『福島の原発事故をめぐって——いくつか学び考えたこと』（みすず書房，2011）『世界の見方の転換』全3巻（みすず書房，2014）『私の1960年代』（金曜日，2015）『近代日本一五〇年——科学技術総力戦体制の破綻』（岩波新書，2018，科学ジャーナリスト賞受賞）『小数と対数の発見』（日本評論社，2018，日本数学会出版賞受賞）『リニア中央新幹線をめぐって——原発事故とコロナ・パンデミックから見直す』（みすず書房，2021）ほか．編訳書『ニールス・ボーア論文集（1）因果性と相補性』『同（2）量子力学の誕生』（岩波文庫，1999-2000）『物理学者ランダウ』（共編訳，みすず書房，2004）．訳書　カッシーラー『アインシュタインの相対性理論』（河出書房新社，1976，改訂版，1996）『実体概念と関数概念』（みすず書房，1979）『現代物理学における決定論と非決定論』（学術書房，1994，改訳新版，みすず書房，2019）『認識問題（4）ヘーゲルの死から現代まで』（共訳，みすず書房，1996）ほか．監修　デヴレーゼ／ファンデン・ベルヘ『科学革命の先駆者 シモン・ステヴィン』中澤聡訳（朝倉書店，2009）ほか．

本書は第1回パピルス賞，第57回毎日出版文化賞，第30回大佛次郎賞を受賞した．韓国語訳が2005年，英訳 *The Pull of History: Human Understanding of Magnetism and Gravity*（World Scientific）が2018年に出版されている．

注

文献についてくわしくは第三巻末尾の文献リストを見ていただきたい．

序文

(1) Jammer, *Concepts of Force*, 邦訳『力の概念』, p. 14［21］〔原書頁［邦訳頁］〕.

(2) Mendelssohn『科学と西洋の世界制覇』p. 113.

(3) Platon『ティマイオス』80C〔Stephanus版全集の頁，段落〕，種山恭子訳（『プラトン全集』12所収）p. 152.

(4) Aristoteles『自然学』VII-1, 242b59, VII-2, 243a34〔巻（ラテン数字）－章（アラビア数字），Bekker版の頁と行〕，出隆・岩崎允胤訳（『アリストテレス全集』3所収）pp. 270f., 272.

(5) Roger Bacon, *De multiplicatione specierum*, in *Roger Bacon's Philosophy of Nature*, A Critical Edition, p. 62, line 122.

(6) Gilbert, *De magnete*, 邦訳『磁石論』, II-2, p. 56［88］〔巻（ラテン数字）－章（アラビア数字），原書および Thompson 訳の頁［邦訳の頁］〕.

(7) Charleton, *Physiologia Epicuro-Gassendo-Charltoniana: or A Fabrick of Science Natural*, p. 345.

(8) Debus, *The Chemical Philosophy*, 邦訳『近代錬金術の歴史』, p. 280［255］〔原書頁［邦訳頁］〕.

(9) Crombie, *Augustine to Galileo*, 邦訳『中世から近代への科学史』, Vol. 2, p. 59［下，p. 45］〔原書頁［邦訳頁］〕，および idem, *Robert Grosseteste*, p. 212, n. 2（羅文）より．なお，Hesse, *Forces and Fields*, p. 102 参照.

(10) Paracelsus, *The Diseases that deprive Man of his Reason*, in *Four Treatises*, p. 153.

(11) Francis Bacon『ノヴム・オルガヌム』（『世界の大思想(6) ベーコン』所収）II-48, p. 388.

(12) Gilbert, II-2, p. 46［75］.

(13) Adam Smith『哲学・技術・想像力　哲学論文集』p. 19.

(14)　Balzac『ことづけ』(『知られざる傑作』所収) p. 30.

(15)　Einstein, *Autobiographical Notes*, in *Albert Einstein: Philosopher-Scientist*, p. 8.

(16)　Thomas Aquinas『神学大全』II-II, Quaestio 96, Art. 2, 邦訳, 第19冊, p. 367.

(17)　Pomponazzi, *De naturalium effectuum causis sive de Incantationibus*, 仏訳 *Les Causes des Merveilles de la Nature ou les Enchantements*, p. 22f. [121]〔原書頁 [仏訳頁]〕.

(18)　Thomas Aquinas, *The Soul*, p. 10.

(19)　Ficino, *Three Books on Life*, Vol. 3, Ch. 15, p. 314f.

(20)　Kepler, *Epitome Astronomiae Copernicanae*, in *Gesammelte Werke*, Bd. 7, 英訳 *Great Books of the Western World*, No. 16, p. 319 [919]〔原書頁 [英訳頁]〕.

(21)　Kelly, *The DE MUNDO of William Gilbert*, p. 70.

(22)　Birch, *The History of the Royal Society of London*, Vol. 2, p. 70.

(23)　Mitchell, *TMAE*, Vol. 51 (1946), p. 324.

(24)　Schmitt『中世の迷信』p. 4.

第1章

(1)　Aristoteles『霊魂論』山本光雄訳 (『アリストテレス全集』6所収) I-2, 405 a 19, 内山編『ソクラテス以前哲学者断片集』(以下『断片集』) I, 11 (A) 22.

(2)　Diogenes Laertius『ギリシア哲学者列伝』(以下『列伝』) 上, I-1, p. 30, 『断片集』I, 11 (A) 1 (24).

(3)　Lloyd『アリストテレス』p. 154, Hall『生命と物質』上, pp. 19, 112, Hesse, *Forces and Fields*, p. 37, 廣川洋一「ソクラテス以前における自然概念」(『古代の自然観』所収) 等参照.

(4)　『断片集』I, 13 (A) 5.

(5)　『断片集』II, 31 (A) 89, Alexander, *Quaestiones*, p. 28, 72, 12–18〔英訳頁, Bruns 版頁, 行〕.

(6)　『断片集』II, 31 (A) 86 (7).

(7)　Aristoteles『生成消滅論』戸塚七郎訳 (『アリストテレス全集』4所収)

I-8, 324b27. *Ibid*., 325b1 参照.

(8) 『断片集』II, 24(A)5.

(9) 『列伝』下，IX-9, p. 146, 『断片集』III, 64(A)1.

(10) 『断片集』III, 64(A)33, Alexander, p. 29f., 73, 14–25.

(11) 『断片集』IV, 68(A)38, 125, 129. *Ibid*., 68(A)135 参照.

(12) 『断片集』IV, 68(A)126. Aristoteles『感覚と感覚されるものについて』副島民雄訳（『アリストテレス全集』6 所収）第 4 章参照.

(13) 『列伝』下，IX-7, p. 135, 『断片集』IV, 68(A)33.

(14) 『断片集』IV, 68(A)38. *Ibid*., 68(A)63 参照.

(15) Homeros『オデュッセイア』XVII-218, 邦訳，下，p. 129.

(16) 『断片集』IV, 68(B)164. *Ibid*., 68(A)128 参照.

(17) 『列伝』下，IX-6, p. 120. 『断片集』IV, 67(A)1.

(18) Alexander Neckam のものは，Smith, *JMH*, Vol. 18(1992), p. 36, n. 92 より．Bacon は *Opus Majus*, VI, p. 631 [412]〔部（ラテン数字)，英訳頁 [邦訳頁]〕.

(19) Paracelsus, *Astronomia Magna*, p. 108. Biringuccio, *The Pirotechnia*, p. 115.

(20) Kepler, *Astronomia nova*, in *Gesammelte Werke*, Bd. 3, p. 25, 英訳 *New Astronomy*, p. 55.

(21) 『断片集』IV, 68(A)165, Alexander, p. 29, 72, 31–73, 8.

(22) Platon『イオン』533DE, 森進一訳（『プラトン全集』10 所収）p. 128.

(23) Platon『ティマイオス』種山恭子訳（『プラトン全集』12 所収)．以下，本章における本書からの引用は，引用箇所を「Stephanus 版全集の頁，段落」で記し，注記しない.

(24) Farrington『ギリシヤ人の科学』上，p. 181.

(25) Boas, *OSIRIS*, Vol. 10 (1952), p. 430, Brett, *The Philosophy of Gassendi*, p. 73 参照.

(26) 『断片集』II, 31(B)100, Farrington, *op. cit*., 上，p. 79.

(27) Roller & Roller, *AJP*, Vol. 21(1953), p. 345, Roller & Roller, 'The Development of the Concept of Electric Charge,' in *Harvard Case Histories in Experimental Science*, Vol. 2, p. 541, Roller, *The DE MAGNETE of William Gilbert*, p. 22.

(28) Plutarchos『モラリア 13』1005BC, p. 27f. 41 頁の引用はこれに続く部

分.

(29)　Aristoteles『自然学』出隆・岩崎允胤訳（『アリストテレス全集』3 所収）VIII-10, 267a2.

(30)　Aristoteles『生成消滅論』II-2.

(31)　Aristoteles『自然学』I-5, 188b23.

(32)　Aristoteles『生成消滅論』II-8, 9.

(33)　Aristoteles『天体論』村治能就訳（『アリストテレス全集』4 所収）．この段落における引用は，順に I-3, 270b13, I-2, 269a7, I-3, 270a5, I-2, 269a31.

(34)　Aristoteles『自然学』VII-1, 241b24,『天体論』II-6, 288a28.

(35)　Aristoteles『自然学』VIII-4, 255a29.

(36)　*Ibid.*, VIII-4, 255b33.

(37)　Aristoteles『形而上学』出隆訳（『アリストテレス全集』12 所収）XII-7, 1072b6, 1074a30.

(38)　Aristoteles『自然学』VII-1, 242b59.

(39)　*Ibid.*, VIII-5, 256b24.

(40)　Aristoteles『霊魂論』II-4, 415b9, I-3, 406a30, I-4, 408b30.

(41)　Farrington, *op. cit.*, 下，p. 30f. に原典の引用あり．Lloyd『後期ギリシア科学』p. 16 参照.

(42)　Theophrastus, *On Stones*. 以下，本章における本書からの引用は，引用箇所を原典の段落番号で記し，注記しない.

(43)　Plinius『博物誌』37 巻 13.

(44)　Aristoteles『気象論』泉治典訳（『アリストテレス全集』5 所収）III-6, 378a20f.

(45)　Boyle, *The Works*, Bd. 4, p. 343.

(46)　Gilbert, *De magnete*, 邦訳『磁石論』, V-12, p. 208 [238], p. 210 [241].

(47)　Aristoteles『霊魂論』II-2, 413a21, II-1, 412b16, 412a26.

(48)　Johnson, *Astronomical Thought*, p. 94f.

(49)　Farrington, *op. cit.*, 上，p. 38f. Russell『西洋哲学史』上，p. 220.

第 2 章

(1)　以下『ヘロドトス宛の手紙』は，邦訳『エピクロス――教説と手紙』から引用．本章では引用箇所はこの頁数で記し，注記しない．なおこの手紙は

Diogenes Laertius『列伝』下，第 10 巻にも全文収録されている．

(2) Lucretius『物の本質について』の訳者「解説」p. 320 より．

(3) 以下，引用は樋口訳を下敷に，羅英対訳から訳したもの．本章では「引用箇所は巻（ラテン数字），行番号（アラビア数字）」で指示し，注記しない．

(4) Boyle, 'Of the Excellency and Grounds of the Corpuscular or Mechanical Philosophy,' *The Works*, IV, p. 68. Gassendi については Brett, *The Philosophy of Gassendi*, pp. 102f., 222f. 参照.

(5) Brett, p. 73, Duhem『物理理論の目的と構造』p. 162f., Cyrano de Bergerac『日月両世界旅行記　第一部』p. 112.

(6) 川喜田『近代医学の史的基盤』上，p. 100.

(7) Cardano『カルダーノ自伝』p. 74. Heiberg『古代科学』p. 192.

(8) Galenos『自然の機能について』からの引用は種山訳により，本章では引用箇所はこの訳書の頁で記し，注記しない．

(9) Aristoteles『形而上学』V-4, 1014b17,『霊魂論』II-3, 414a31. *Ibid.*, II-2, 413a25 参照.

(10) Hippocrates「人間の自然性について」大槻マミ太郎訳（『ヒポクラテス全集』第 1 巻 所収）参照.

(11) 川喜田，上，pp. 66, 109.

(12) Lloyd『後期ギリシャ科学』p. 223.

(13) 川喜田，上，p. 91.

(14) Gilbert, *De magnete*, 邦訳『磁石論』, II-3, p. 62 [95].

(15) Alexander, *Quaestiones*, p. 29, 72, 21–27,『断片集』II, 31(A)89.

(16) Alexander., p. 30, 73, 26–30.

(17) *Ibid.*, p. 29, 73, 8–13,『断片集』IV, 68(A)165.

(18) Alexander., p. 30, 74, 6–8.

(19) *Ibid.*, p. 30f, 74, 8–14.

(20) *Ibid.*, p. 31, 74, 21–27.

(21) *Ibid.*, p. 31, 74, 28–30.

(22) Porphyrios, *On the Abstinence from Killing Animals*, IV-20, p. 117.

(23) Hazard, *TMAE*, Vol. 8 (1903), p. 179（これは Bertelli 論文の要約）．なお Mitchell, *TMAE*, Vol. 37 (1932), p. 114, および Mottelay, *Bibliographical History*, p. 7 参照.

(24) Albertus Magnus, *Book of Minerals*, p. 148.

第3章

(1)　Wolff『ヨーロッパの知的覚醒』p. 133.

(2)　Russell『西洋哲学史』上，p. 277.

(3)　Aelianus『ギリシア奇談集』IV-11, p. 162, IV-21, p. 173, XII-19, p. 319, V-9, p. 183.

(4)　French, *Ancient Natural History*, p. 262.

(5)　『ディオスコリデスの薬物誌』からの引用は，邦訳に部分的に多少手を加えてある．引用箇所は巻と項目番号を記し，注記しない．

(6)　ガレノスの評については，二宮『医学史探訪』p. 23, および大槻「ディオスクリデス『ウイーン写本』」p. 2, idem『ディオスコリデス研究』p. 12 より．カッシオドルスについては，Singer『魔法から科学へ』p. 244，および Crombie, *Augustine to Galileo*, 邦訳『中世から近代への科学史』, Vol. 1, p. 38［上, p. 17］より．なお *Ibid*., p. 230［225］，および Schipperges『中世の医学』p. 149 参照.

(7)　Guillaume de Conches『宇宙の哲学』(『中世思想原典集成』8 所収）p. 372，Bacon, *Opus Majus*, VI, p. 620［400］．なお Haskins『十二世紀ルネサンス』p. 276 参照.

(8)　Jones, *Ancients and Moderns*, p. 5f.，および Fischer『ゲスナー　生涯と著作』p. 158 参照.

(9)　van Helmont『医術の日の出』(『キリスト教神秘主義著作集』16 所収) p. 79.

(10)　川喜田『近代医学の史的基盤』上，p. 99，および大槻『ディオスコリデス研究』p. 14 参照．文頭の引用は Dodds『ギリシァ人と非理性』p. 359.

(11)　Sigerist, *A History of Medicine*, I, pp. 343, 486.

(12)　『ヒポクラテス全集』第2巻，p. 373.

(13)　Thorndike, *History of Magic & Experimental Science*, Vol. 1, p. 581.

(14)　『プリニウス書簡集』p. 116.

(15)　*Ibid*., pp. 230–236.

(16)　以下『博物誌』の引用は，一部羅英対訳によったが，基本的には邦訳にもとづく．なお『博物誌』は各巻毎に章番号と節番号が付されているから，以下では「巻番号・章番号」で引用箇所を指示し注記しない．また各巻・各章の小見出しは邦訳者によるものであるが，流用させていただく．

(17)　Beda『事物の本性について』(『中世思想原典集成』6 所収）p. 94.

(18) Guillaume de Conches, p. 355. Johannes Saresberiensis『メタロギコン』(『中世思想原典集成』8 所収) p. 711. 『ルーオトリープ』(『ヴァルターの歌』〔作者不詳〕所収) p. 196f.

(19) Richard de Bury『フィロビブロン』p. 129.

(20) Nicolaus Cusanus『創造についての対話』p. 513.

(21) Febvre & Martin『書物の出現』下, p. 221f.

(22) Oviedo『カリブ海植民者の眼差し』pp. 23, 16.

(23) Agricola, *De Natura Fossilium*, p. 2.

(24) Bacon, *Opus Majus*, IV, p. 155 [132f.].

(25) Haskins, *op. cit.*, p. 89.

(26) 川喜田, 上, p. 98.

(27) Blackman, *Contemporary Physics*, Vol. 24(1983), p. 328 参照.

(28) Tacitus『ゲルマーニア』p. 215.

(29) Agricola, *op. cit.*, p. 85f., Gilbert, *De magnete*, 邦訳『磁石論』, I-6, p. 18 [44].

(30) Stahl, *Roman Science*, p. 106. Grant『中世の自然学』p. 16 参照.

(31) Jammer, *Concepts of Force*, 邦訳『力の概念』, p. 45 [52].

(32) Hesiodos『神統記』161 行, 186 行.

(33) 作者不詳『フラメンカ物語』2100–5 行, p. 72.

(34) Gilbert, I-2, p. 11[36].

(35) たとえば, Kunz, *The Curious Lore of Precious Stones*, p. 95, Mottelay, *Bibliographical History*, p. 15 等参照.

(36) Thomas Aquinas『神学大全』II-II, Quaestio 96, Art. 2, 邦訳, 第 19 冊, p. 367. サンタマンのジャンについては Thorndike, *ISIS*, Vol. 36(1946), p. 156 より.

(37) Albertus Magnus, *Book of Minerals*, p. 70.

(38) Agricola, *op. cit.*, p. 121.

(39) Marlowe『カルタゴの女王ダイドウ／フォスタス博士』p. 123.

(40) Shakespeare『夏の夜の夢』第 2 幕・第 1 場. この 'adamant' は小田島雄志の訳 (『シェイクスピア全集』p. 43) では「磁石」と訳されている.

(41) Gilbert, I-2, p. 11 [36].

(42) Roller, *The DE MAGNETE of William Gilbert* , p. 25 より.

(43) Plutarchos, *Moralia*, Vol. 8, p. 174f.

(44)　Staub ed.『ギリシャ・ローマ古典文学参照事典』p. 127 より．
(45)　Claudianus, *Claudian with an English Translation*, Vol. 2, p. 234f.
(46)　Bromehead, *Proceedings of the Geologists' Association*, Vol. 56 (1945), p. 115.
(47)　French, p. 263.
(48)　Aelianus, *On the Characteristic of Animals*, Vol. 2, Lib., X-14, p. 304–305.
(49)　Kunz, p. 96.
(50)　Russell『西洋哲学史』上，p. 250.
(51)　Dodds『ギリシャ人と非理性』p. 298f.　なお，p. 358 参照.
(52)　Stahl, p. 119.

第 4 章

(1)　Augustinus『神の国』五，服部・藤本訳，岩波文庫，p. 270f.（松田・岡野・泉訳，『アウグスティヌス著作集』15 所収，教文館，p. 206f.）.
(2)　*Ibid*., p. 285（p. 217）.
(3)　*Ibid*., p. 273（p. 208）.
(4)　Augustinus『告白』下，X-35, p. 70f.〔巻（ラテン数字）－章（アラビア数字），訳書頁〕.
(5)　Lindberg「科学と初期のキリスト教会」p. 30.
(6)　Augustinus『告白』下，X-35, p. 72.
(7)　Gervasius『皇帝の閑暇』p. 23.
(8)　Augustinus『神の国』五，pp. 270, 271（『アウグスティヌス著作集』15, pp. 206, 207）.
(9)　Roller, *The DE MAGNETE of William Gilbert*, p. 26 より．
(10)　Mandeville『東方旅行記』p. 125.
(11)　Isidorus, *Etymologiae*, in 'An Encyclopedist of Dark Ages,' p. 254.
(12)　Marbodus, *De Lapidibus*, line 30, in *Sudhoffs Archiv*, Beiheft 20 (1977), p. 36.
(13)　Johannes Saresberiensis『メタロギコン』（『中世思想原典集成』8 所収）p. 749.　ただしここでは「鉛と山羊の血」がアダマスを砕くとある.
(14)　Hartmann『エーレク』p. 134.　Wolfram『パルチヴァール』p. 54.

(15) Albertus Magnus, *Book of Minerals*, p. 70.

(16) Bacon, *Opus Majus*, VI-1, p. 584[361].

(17) Paracelsus, *Hermetic and Alchemical Writings*, Vol. 1, p. 17.

(18) Augustinus『キリスト教の教え』(『アウグスティヌス著作集』6) II, 9-14, p. 93〔巻（ラテン数字），章－節，訳書頁〕.

(19) *Ibid.*, II, 16-24, p. 105, II, 16-25, p. 106, II, 18, p. 109, II, 29-45, p. 125.

(20) Basileios『修道士大規定』(『中世思想原典集成』2 所収) p. 276f.

(21) Sigerist『文明と病気』下，p. 16.

(22) Thomas Aquinas, *Summa Theologia*, Pt. II-1, Qu. 85, Art. 5, 川喜田『近代医学の史的基盤』上，p. 128, Hill『イギリス革命の思想的先駆者たち』p. 41，および d'Haucourt『中世ヨーロッパの生活』p. 126f. 参照.

(23) Schipperges『中世の患者』p. 198.

(24) Montaigne『エセー』第 2 巻第 37 章,『世界古典文学全集』38, p. 129.

(25) Milis『異教的中世』p. 16.

(26) Schipperges『中世の医学』p. 107.

(27) Augustinus『キリスト教の教え』II, 23-36, p. 117, II, 29-45, p. 126.

(28) Borst『中世ヨーロッパ生活誌』2, p. 153.

(29) Augustinus『キリスト教の教え』II, 29-45, p. 126.

(30) Southern『中世の形成』p. 138 (訳文は若干手直ししてある).

(31) Beda『イギリス教会史』p. 9.

(32) Marbodus, *Christian Symbolic Lapidary*, in *Sudhoffs Archiv*, Beiheft 20(1977), p. 125.

(33) Priestley, *The History and Present State of Electricity*, p. 2f.

(34) Roller & Roller, *AJP*, Vol. 21(1953), p. 351.

(35) Marbodus, *De Lapidibus*, line 22–23, in *Sudhoffs Archiv*, Beiheft 20 (1977), p. 34.

(36) Jammer, *Concepts of Force*, 邦訳『力の概念』, p. 46 [53].

(37) Dioscorides『薬物誌』5 巻 146 項，Plinius『博物誌』第 36 巻 34. Isidorus, *op. cit.*, p. 253.

(38) Marbodus, *op. cit.*, line 270–83, 56f.

(39) Plinius *op. cit.*, 37 巻 60. Isidorus, *op. cit.*, p. 255. Marbodus, *op. cit.*, line 594, p. 81.

(40) Marbodus, *op. cit.*, line 284–311, p. 58.

(41) Klein-Franke, *Ambix*, Vol. 17 (1970), p. 141.

(42) Wolfram, p. 414.

(43) 作者不詳『聖杯の探索』pp. 331, 335.

(44) Guillaume de Lorris & Jean de Meun『薔薇物語』p. 32.

(45) Jacobus de Voragine『黄金伝説』4, p. 379.

(46) 作者不詳『狐ラインケ』p. 230.

(47) Green『パンドスト王』p. 19. Plinius, *op. cit.*, 36 巻 39. Marbodus, *op. cit.*, line 369–70, p. 64.

(48) Marlowe『カルタゴの女王ダイドウ／フォスタス博士』p. 147.

(49) Schipperges『中世の医学』p. 15.

(50) 種村『ビンゲンのヒルデガルトの世界』pp. 58, 255.

(51) Milis, *op. cit.*, pp. 256, 259.

(52) Hildegard『聖ヒルデガルトの医学と自然学』p. 182f.

(53) *Ibid.*, p. 202f.

(54) *Ibid.*, p. 201.

(55) Roller, *op. cit.*, p. 28.

(56) Albertus Magnus, *op. cit.*, p. 103f.

(57) Riesenhuber『西洋古代・中世哲学史』p. 277.

(58) Haskins『十二世紀ルネサンス』p. 260.

(59) Jeauneau『ヨーロッパ中世の哲学』p. 96.

(60) Thomas Aquinas, *On Spiritual Creatures*, p. 36, idem, *Commentary on Aristotle's Physics*, Lib. 7, lec. 3, 903, p. 461.

(61) Albertus Magnus, *op. cit.*, p. 93.

(62) *Ibid.*, p. 55f.

(63) 種村, *op. cit.*, p. 55.

(64) Schipperges『中世の医学』p. 90. *Ibid.*, p. 130 参照.

(65) Bromehead, *Proceedings of the Geologists' Association*, Vol. 56 (1945), p. 124.

(66) Boyle, 'An Essay about the Origin and Virtues of Gems,' in *The Works*, Vol. 3, pp. 512–561, 該当箇所は p. 517.

(67) バルトロメウス（Bartholomeus）の磁石についての見解は，Grant ed., *A Source Book in Medieval Science*, p. 367f. にあり．

第5章

(1)　Seibt『図説　中世の光と影』下, p. 425f.

(2)　White『中世の技術と社会変動』第2章, Gimpel『中世の産業革命』第3章, Morrall『中世の刻印』pp. 176–181 等参照.

(3)　湯浅『文明の人口史』p. 184f., Gimpel, *op. cit.*, pp. 87–9.

(4)　Gerhards『ヨーロッパ中世社会史事典』「都市」項目, p. 247.

(5)　Verger『中世の大学』p. 45.

(6)　Marenbon『後期中世の哲学　1150–1350』p. 15.

(7)　伊東『近代科学の源流』p. 135.

(8)　Wolff『ヨーロッパの知的覚醒』p. 190f.

(9)　Southern『中世の形成』pp. 141, 149, Wolff, *op. cit.*, p. 193f., Haskins『十二世紀ルネサンス』p. 261.

(10)　Libera『中世知識人の肖像』p. 127, Wolff, *op. cit.*, p. 295.

(11)　飯塚『東洋史と西洋史とのあいだ』p. 126f., Dufourcq『イスラーム治下のヨーロッパ』p. 300f.

(12)　Dufourcq, p. 88.

(13)　高山『中世シチリア王国』p. 184. Idem『神秘の中世王国』p. 273 参照.

(14)　Libera『中世哲学史』p. 387.

(15)　Sarton『古代中世科学文化史』II, p. 328f., Marenbon, p. 61, Haskins, *op. cit.*, p. 245, 伊東『文明における科学』p. 120, idem『十二世紀ルネサンス』p. 168f.

(16)　Grant『中世の自然学』p. 36. なお Haskins, *op. cit.*, 第12章, および稲垣『トマス・アクィナス』p. 22 参照.

(17)　Needham, *Science and Civilisation*, 邦訳『中国の科学と文明』, Vol. 4, p. 249［第7巻, p. 301］〔原書頁［邦訳頁］〕, Mitchell, *TMAE*, Vol. 37 (1932), pp. 110, 130. なお, 古代中国の「指南車」が磁石の指向性を利用したものという説もあるが, 確かなことは不明で, 否定的な見解も多い. Malin, *Geomagnetism*, Vol. 1, p. 3 参照.

(18)　Gilbert, *De magnete*, 邦訳『磁石論』, I-1, p. 4［27］.

(19)　Turner『図説　科学で読むイスラム文化』p. 154, 佐藤『イスラームの生活と技術』p. 10 等. Sarton, *op. cit.*, I, p. 354 には「磁石の指向性を航海の目的に最初に使用したのはイスラーム教徒の船乗り」とあるが（同 III, p. 52 参照), これには証拠がない.

(20) Mitchell, *op. cit.*, pp. 123, 130, Smith, *JMH*, Vol. 18(1992), p. 24.

(21) Bedini, 'Compass, Magnetic,' in *Dictionary of the Middle Ages*, Vol. 3, p. 506f.

(22) Aczel, *The Riddle of the Compass*, Ch. 5, Della Porta, *Magiae naturalis*, VII-32〔巻－章〕, Gilbert, I-1, p. 4 [27].

(23) Braudel『地中海世界』I, p. 145.

(24) Hazard, *TMAE*, Vol. 8(1903), p. 180, Aczel, p. 61.

(25) Winter, *Mariner's Mirror*, Vol. 23(1937), p. 99. 引用は Peregrinus の『磁気書簡』第1部第3章の一節．この『磁気書簡』にはいくつも写本が残されていて，写本によっては引用部分「港で（in portibus)」が「部分で(in partibus)」に，"Normannie, Picardie et Flandrie" が "Normannie, Flandrie" になっているものもある（Thompson, *Proceedings of the British Academy*, Vol. 2 (1905/6), p. 15).

(26) 該当部分は Hellmann, *Zeitschrift der Gesellschaft für Erdkunde*, Bd. 32(1897), p. 126(羅文), Roller, *The DE MAGNETE of William Gilbert*, p. 35(羅文)，Benjamin, *The Intellectual Rise in Electricity*, p. 128f.(英訳), Mottelay, *Bibliographical History*, p. 31 (英訳)，Needham, Vol. 4, p. 246(英訳）にあり．引用はこれらより．なお，Bromehead, *TMAE*, Vol. 50 (1945), p. 139f., および May, *Journal of the Institute of Navigation*, Vol. 8 (1955), p. 283f. 参照.

(27) 該当部分は，Hellmann, p. 127（羅文)，Smith, *op. cit.*, p. 34（羅文と英訳)，May, p. 283（羅文と英訳)，Benjamin, p. 129（羅文と英訳）にあり．引用はこれらより．

(28) Benjamin, p. 129, n. 2, May, p. 283 および Smith, *op. cit.*, p. 34f. 参照.

(29) Humboldt, *Cosmos*, Vol. 2, p. 656, note.

(30) 該当部分は，写本の写真が Mottelay, p. 30 の次頁に，原文は Smith, p. 39, n. 108, Needham, Vol. 4, p. 246f., および Aczel, p. 30 にあるが，これらの間で異同がある．Smith のものは古いフランス語かプロヴァンス語で，Needham と Aczel のものは現代フランス語に改めてあるのだろうか．英訳は Smith 論文と Aczel の著書に，独訳は Lipmann, *Quellen und Studien zur Geschichte der Naturwissenschaften und der Medizin*, Bd. 3(1932), p. 22 にあり．邦訳は詩文の形式のものと現代語の意訳の二通りが Needham の著書の邦訳（第7巻, p. 298）にあり，ここではその意訳を下敷に使わせて

もらった.

(31) Aczel, p. 31.

(32) 該当部分は, Roller, *op. cit.*, p. 36（羅文）, Smith, p. 41（羅文と英訳）, Benjamin, p. 154（英訳）, Motellay, p. 31（英訳）にあり.

(33) Thorndike, *History of Magic & Experimental Science*, II, p. 388.

(34) Mitchell, *op. cit.*, p. 128.

(35) Benjamin, p. 131.

(36) Needham, Vol. 4, p. 246［第 7 巻, p. 297］.

(37) *Ibid.*, p. 249f.［第 7 巻, p. 302］, Mitchell, *op. cit.*, p. 110. なお「方家」は Needham の訳では 'magicians,' Mitchell の訳では 'fortune tellers' となっているが,『漢語大詞典』によれば「学術と技芸に精通した者」とある.

(38) *Ibid.*, p. 255f.［第 7 巻, p. 307f.］.

(39) 該当箇所, 原文は Haskins, *ISIS*, Vol. 4 (1922), p. 270f., n. 2. Smith, p. 45 に原文と英訳あり.

(40) Lipmann, pp. 34, 44.

(41) Smith, p. 52, n. 165, Gilbert, II-1, p. 11［36］.

(42) Norman, *The Newe Attractive*, p. 2.

(43) Haskins, *op. cit.*, p. 264.

(44) Thorndike, *Michael Scot*, p. 7. Idem, *History of Magic & Experimental Science*, II, p. 316 参照.

(45) Thorndike, *Michael Scot*, p. 33.

(46) Bacon, *Opus Majus*, II-13, p. 63［744］. Libera, *op. cit.*, p. 474f. 参照.

(47) 田中『イスラム文化と西欧』p. 159, Libera, *op. cit.*, p. 211.

(48) Marenbon, p. 60. Libera, *op. cit.*, p. 474 参照.

(49) Sarton, *op. cit.*, III, p. 16.

(50) 田中, pp. 102–104, および Steenberghen『十三世紀革命』pp. 121, 134. なお Kristeller『ルネサンスの思想』p. 42 参照.

(51) 今来「中世ドイツ皇帝の異端児」(『関西学院大学創立 80 周年文学部記念論文集』所収) p. 148. なお Labande『ルネサンスのイタリア』第一部第三章二, pp. 69–71 参照.

(52) Haskins, *English Historical Review*, July (1921), p. 334.

(53) *Ibid.*, p. 341.

(54) Frederich II, *The Art of Falconry*, p. 3f.

(55)　*Ibid.*, p. 79.
(56)　Albertus Magnus『動物論』p. 517.
(57)　Crombie, *Augustine to Galileo*, 邦訳『中世から近代への科学史』, Vol. 2, p. 17［下, p. 1］.

第6章

(1)　Origenes『諸原理について』p. 283.
(2)　作者不詳『フィシオログス』pp. 115, 128, 117.
(3)　Bonaventura『魂の神への道程』p. 45.
(4)　Augustinus『告白』上, VII-9, p. 219.
(5)　Aristoteles『動物発生論』島崎三郎訳（『アリストテレス全集』9所収）IV-4, 770b11,『天体論』村治能就訳（『全集』4所収）II-1, 283b28.
(6)　Aristoteles『自然学』II-7, 198b3.
(7)　Guillaume de Conches『宇宙の哲学』p. 310f. なお大谷「コンシュのギヨームの『宇宙の哲学』」(『中世の自然観』所収), Steel「学の対象としての自然」(『ヨーロッパ中世の自然観』所収）参照.
(8)　1210年と1231年の禁令, および1255年のパリ大学の決定のThorndikeによる英訳は *A Source Book in Medieval Science*, ed. by Grant, pp. 42–44にあり.
(9)　Steenberghen『十三世紀革命』p. 117.
(10)　この点について, Riesenhuber『西洋古代・中世哲学史』(p. 289）や稲垣『トマス・アクィナス』(II-2, pp. 80–83), idem『トマス＝アクィナス』(pp. 34–37）にはそのように記されているけれども, Jeauneau『ヨーロッパ中世の哲学』(p. 96）には, トマスはナポリ大学でアリストテレス哲学に触れる機会はなかったとある.
(11)　Riesenhuber, *op. cit.*, p. 265.
(12)　Thomas Aquinas『神学大全』I, Quaestio 46, Art. 2, 邦訳, 第4冊, p. 65.
(13)　Aristoteles『自然学』VII-2, 243a37. *Ibid.*, VIII-7, 260a28参照.
(14)　Aristoteles『形而上学』VII-7, 1033a3.
(15)　Thomas Aquinas『形而上学注解』(『中世思想原典集成』14所収）Lib. 12, lec. 2, p. 354.

(16) Thomas Aquinas『自然の原理について』(『世界大思想全集 社会・宗教・科学思想篇』28 所収) p. 271.
(17) Thomas Aquinas『存在者と本質について』(『中世思想原典集成』14 所収) pp. 102f., 105.
(18) Thorndike, *ISIS*, Vol. 36 (1946), p. 156.
(19) Aristoteles『自然学』VIII-3, 253b5.
(20) Thomas Aquinas, *Commentary on Aristotle's Physics*, Lib. 2, lec. 1, n. 145, p. 76.
(21) Thomas Aquinas『形而上学注解』Lib. 12, lec. 3, p. 369f.
(22) Thomas Aquinas, *On Spiritual Creatures*, p. 36.
(23) Thomas Aquinas, *The Soul*, p. 10.
(24) Aristoteles『動物誌』VIII-1, 588b4. Lovejoy『存在の大いなる連鎖』p. 58f. 参照.
(25) Thomas Aquinas『離存的実体について(天使論)』(『中世思想原典集成』14 所収) p. 603.
(26) Aristoteles『自然学』VII-2, 243a45, b19.
(27) Thomas Aquinas, *Commentary on Aristotle's Physics*, Lib. 7, lec. 3, n. 903, p. 460f.
(28) *Ibid.*, Lib. 2, lec. 6, n. 189, p. 100.
(29) Thomas Aquinas『知性の単一性について』(『中世思想原典集成』14 所収) p. 521.
(30) Thomas Aquinas『神学大全』II-II, Quaestio 96, Art. 2, 邦訳, 第 19 冊, p. 369.
(31) Aristoteles『気象論』I-2, 339a22.
(32) Thomas Aquinas『形而上学注解』Lib. 12, lec. 9, p. 438f.
(33) Thomas Aquinas『離存的実体について(天使論)』pp. 687, 670.
(34) *Ibid.*, p. 604.
(35) *Ibid.*, pp. 608f., 611.
(36) *Ibid.*, p. 603.
(37) Thomas Aquinas, *On the Truth of the Cathoric Faith: Summa contra Gentiles*, Bk. 3, Pt. 2, p. 45f.
(38) Thomas Aquinas, *The Disputed Questions on Truth*, Vol. 1, p. 251.
(39) Thomas Aquinas『神学大全』II-II, Quaestio 96, Art. 2, 邦訳, 第 19

冊，pp. 367, 369.

(40)　Buridan『天体・地体論　四巻問題集』(『科学の名著』5 所収) pp. 166, 168.

(41)　Debus, *The Chemical Philosophy*, 邦訳『近代錬金術の歴史』, p. 245 [224]〔原書頁 [邦訳頁]〕.

(42)　Thomas Aquinas『存在者と本質について』pp. 75, 76.

(43)　Thomas Aquinas『ヨハネ福音書講解』, 引用は稲垣『トマス・アクィナス』p. 331 より.

(44)　Thomas Aquinas『形而上学注解』Lib. 12, lec. 12, p. 490f.

(45)　Thomas Aquinas『離存的実体について (天使論)』pp. 669, 667.

第 7 章

(1)　Bacon『大著作 (*Opus Majus*)』からの引用は「Part (部) の番号 (ラテン数字), Burke 英訳の頁 [邦訳の頁]」で記し，注記しない．邦訳は，第 2 部が平凡社，第 4–6 部が朝日出版社のもので，ともに高橋訳．第 1 部・第 3 部・第 7 部はいまだ日本語には訳出されていない．

(2)　Michelet『魔女』上，p. 139.

(3)　'scientia experimentalis' にたいする「経験学」の訳語は高橋訳にならった (Bacon『大著作』第 6 部，邦訳訳注 625，および Thorndike, *History of Magic & Experimental Science*, Vol. 2, pp. 649–659 参照)．Bacon の「経験学」が広い意味を含むものであることについては Lindberg, *ISIS*, Vol. 78 (1987), pp. 518–536, Hackett, 'Roger Bacon on *Scientia Experimentalis*,' in *Roger Bacon & the Sciences*，小松「ロジャー・ベイコンの知識論 (I)」『科学史研究』II, Vol. 22 (1983), p. 108f. 等参照．中世そして Bacon における 'experientia' 'experimentum' が現代的な意味での「実験」を意味するものでないことについては，Dijksterhuis, *The Mechanization of the World Picture*, p. 138, Wallace, 'The Philosophical Setting of Medieval Science,' in *Science in the Middle Ages*, p. 98f. 参照.

(4)　Platon『ティマイオス』27D–28A, 29BC.

(5)　Aristoteles『分析論後書』I-2, 71b12, 19, 72a25.

(6)　*Ibid.*, II-19, 99b36, 100a4, 100b5.

(7)　*Ibid.*, I-18, 81b8.

(8) Aristoteles『自然学』I-1,『形而上学』V-11. *Ibid.*, 訳者注 II-1(3)参照.

(9) Aristoteles『分析論後書』I-13, 79a2.

(10) Grosseteste, *De Luce*, 英訳 *On Light*, 邦訳『光について』(『キリスト教神秘主義著作集』3所収), p. 10 [179]〔英訳頁［邦訳頁］〕.

(11) Grosseteste『物体の運動と光』(『中世思想原典集成』13所収) p. 222f.

(12) Grosseteste, 'Concerning Lines, Angles and Figures,' in *A Source Book in Medieval Science*, ed. by Grant, pp. 385f.

(13) *Ibid.*, p. 387.

(14) 'species' の訳語は, Crombie『中世から近代への科学史』の渡辺・青木訳では「種」, Grosseteste の諸論著の降旗訳や須藤訳, Bacon『大著作』の高橋訳では「形象」. ここでは後者を採った. 他方「増殖」の原語 'multiplicatio' は, 文字どおり「増加・増殖」の意味で, 高橋訳では「多化」, 降旗訳や渡辺・青木訳では「増殖」. どちらも同様の意味であるが, 後者のほうが日本語としてなじみやすいと思われるので, 後者を採った.

(15) 内山編『断片集』IV, 67(A)29.

(16) Grosseteste, 'Concerning Lines, Angles and Figures,' p. 387.

(17) *Ibid.*, p. 385.

(18) Galilei『偽金鑑識官』(『世界の名著(21) ガリレオ』所収) p. 308.

(19) Bacon, *De multiplicatione specierum*, in *Roger Bacon's Philosophy of Nature*. 引用は「部（ラテン数字）－章（アラビア数字), 行番号」で指示.

(20) Kepler, *Astronomia nova*, *Gesammelte Werke*, Bd. 3, p. 34, 英訳, p. 67.

(21) Bacon, *Opus Minus*. 引用は, Mitchell, *TMAE*, Vol. 42(1937), p. 272, n. 14(羅文), Roller, *The DE MAGNETE of William Gilbert*, p. 38f., Crombie, *Robert Grosseteste*, p. 206 (英訳) より.

(22) Mitchell, *op. cit.*, p. 243f. 参照.

(23) Aristoteles『天体論』IV-3, 310b3.

(24) Buridan『天体・地体論　四巻問題集』(『科学の名著』5所収) p. 200.

(25) Aristoteles『自然学』IV-1, 208b10.

(26) Wolfson, *Crescas' Critique of Aristotle*, p. 563 より.

(27) Smith, *JMH*, Vol. 18(1992), p. 52, n. 165, Mottelay, *Bibliographical History*, p. 44, Benjamin, *The Intellectual Rise in Electricity*, p. 156.

(28) Crathorn, *On the Possibility of Infallible Knowledge*, in *The Cambridge Translations of Medieval Philosophical Texts*, Vol. 3, p. 280.

第 8 章

(1)　『磁気書簡』は，現在ではその写本がヨーロッパ各地に全部で 30 部前後（Thompson によれば 28, Schlund によれば 31）確認されている（各種の写本については Thompson, *Proceedings of the British Academy*, 2 (1905/6), Schlund, *Archivum Franciscanum Historicum*, Vol. 5 (1912) 参照）．それは 1558 年に医師 Gasser によりアウグスブルクで『磁石あるいは永久運動車輪についての書簡（*De magnete, seu Rota perpetui Motus, libellus*）』の標題で印刷されたが，それまでの 300 年間の運命はよくわからない．近代になってからは，1868 年にイタリア人 Bertelli により九つの写本のテキスト批判にもとづく版がイタリアで雑誌に掲載され，それは 1898 年にドイツで Hellmann が編集した『磁気稀覯書（*Rara Magnetica*）』第 10 巻に収録され，さらには 1975 年には仏語との対訳つきで *Revue d'Histoire des Sciences*, Vol. 28 (1975) に載せられた．実は『磁気書簡』は 1520 年以前にローマで一度印刷されたようだが，それは Raymond Lullus のものとされ，ほとんど注目されなかった（Sarton, *ISIS*, Vol. 37 (1947), p. 178f., *Six Wings*, p. 92）．英訳は 20 世紀になって三つ出されている．ひとつは 1902 年の Thompson によるもので，これは私家版として 250 部印刷されただけである．いまひとつは 1904 年の Brother Arnold（別名 J. C. Mertens）によるもので，これは Grant の編集した *A Source Book in Medieval Science* (1974) に全文収録されている．さらに 1943 年には Harradon による英訳が学術雑誌 *Terrestial Magnetism and Atmospheric Electricity*, Vol. 48 (1943) に掲載された．以下では，基本的には Arnold および Harradon の英訳に依拠し，必要に応じて 1975 年の羅仏対訳を参照する（残念ながら Thompson 訳は見ることができなかった）．ラテン語との比較で言うと，Arnold 訳より Harradon 訳の方が原文に忠実で正確に思われる．なお Thompson 論文は『磁気書簡』標題にある「フーコークールのシジェル（Sygerus de Foucaucourt）」を「ブラバンのシジェル」のことであるとしているが，これは Thompson の勝手な思い込みで，裏づけはない．

(2)　Schlund, *Archivum Franciscanum Historicum*, Vol. 4 (1911), p. 636, n. 5.

(3)　Fleming, *TMAE*, Vol. 2 (1897), p. 47.

(4)　Gilbert, *De magnete*, 邦訳『磁石論』, VI-4, p. 223 [257], Kelly, *The DE MUNDO of William Gilbert*, p. 64, Galilei『天文対話』下，p. 188.

(5) Kant『純粋理性批判』上, p. 30.

(6) Zilsel「ギルバートの科学的方法の起源」(『科学と社会』所収) p. 174. Schlund, p. 437. Mottelay, *Bibliographical History*, p. 45. Wightman, *Science and the Renaissance*, Vol. 1, p. 163.

(7) Bacon, *Opus Tertium*. 引用は, Smith, *JMH*, Vol. 18 (1992), p. 68f., n. 249 (羅文と英訳), Crombie, *Robert Grosseteste*, p. 205 (英訳), idem, *Science, Optics and Music*, p. 53 (英訳) より.

(8) クセノフォンについてはFarrington『ギリシヤ人の科学』上, pp. 31, 111, および平田寛『科学の起源』p. 11 より. Vesalius, *Fabrica* からの引用は *Moments of Discovery*, ed. by Schwaltz & Bishop の抄訳より. 該当箇所は Vol. 2, p. 520. Diderot「技術」(『百科全書』所収) p. 297.

(9) Stock, 'Science, Technology and Economic Progress in the Early Middle Ages,' in *Science in the Middle Ages*, p. 45.

(10) Hugo de Sancto Victore『ディダスカリコン』(『中世思想原典集成』9 所収) Bk. 3, Ch. 1, p. 79. ただし, この野心的なプログラムが実際におこなわれていたと信じることはできない. Verger『入門　十二世紀ルネサンス』p. 106f. 参照.

(11) Zilsel「科学の社会的基盤」(『科学と社会』所収) pp. 1, 14.

(12) Benjamin, *The Intellectual Rise in Electricity*, p. 167, White『機械と神』p. 71.

(13) Crombie, *Augstine to Galileo*, 邦訳『中世から近代への科学史』, Vol. 2, p. 25 [下, p. 9].

(14) Hunke『アラビア文化の遺産』p. 25. *Ibid.*, p. 284 参照.

(15) Crombie, *op. cit.*, Vol. 1, p. 67 [上, p. 43f.], Wolff『ヨーロッパの知的覚醒』p. 143 参照.

(16) White『中世の技術と社会変動』p. 137.

(17) Gimpel『カテドラルを建てた人びと』p. 9.

(18) 藤本『ヴィラール・ド・オヌクールの画帖に関する研究』巻末図版 9, キャプションの訳文は p. 33.

(19) Bacon, *Roger Bacon's Letter*, pp. 15, 26.

(20) White『機械と神』p. 72, idem『中世の技術と社会変動』p. 151.

(21) Reynolds, *Stronger than a Hundred Men*, p. 54.

(22) White『中世の技術と社会変動』p. 103f.

(23) Johannsen『一般人の鉄の歴史』p. 59.

(24) Le Goff『中世の知識人』p. 9, 伊東『十二世紀ルネサンス』p. 31f.

(25) Thorndike, *ISIS*, Vol. 36 (1946), p. 156f.

(26) Smith, *JMH*, Vol. 18 (1992), p. 73, n. 272, p. 71.

(27) Crombie, *Styles of Scientific Thinking in the European Tradition*, p. 424, idem, *Science, Optics and Music*, p. 69.

(28) White『中世の技術と社会変動』p. 150.

(29) Crombie, *Augstine to Galileo*, Vol. 1, p. 133 [上, p. 113].

(30) Libera『中世哲学史』p. 517.

雑誌名略記号

AJP=*American Journal of Physics*,

JMH=*Journal of Medieval History*,

TMAE=*Terrestrial Magnetism and Atmospheric Electricity*.